꽃들이 나에게 들려준 이야기

01 어디서나 피는 꽃

꽃들이 나에게 들려준 이야기

01 어디서나 피는 꽃

이재능 지음

신구문화사

책을 내면서

어느 날 꽃이 저에게 이야기를 건넸습니다. 그때 그의 이름을 불러주지 못해 미안했습니다. 그 후로는 만나는 꽃마다 사진을 찍어서 사람들에게 물어보기 시작했습니다. 알아내지 못한 이름은 책과 인터넷에서 찾아냈습니다. 그 의미는 몰랐지만 부르기만 해도 정겹고 소박한 이름들이 좋았습니다. 이름을 불러주면서부터 날마다 새로운 친구가 생겼고 꽃들은 더 많은 이야기를 들려주었습니다. 어떤 꽃 이름은 애틋한 전설을 간직하고 있기도 했습니다.

그런데 꽃 이름의 내력을 알고 보니 안쓰럽고 불편한 이름들이 뜻밖에도 많았습니다. 우리나라에 식물분류학이 자리 잡기 전에는 이름을 가지지 못하고 있던 식물들에게 처음으로 이름을 붙여 주면서 마땅치 않은 이름들이 많이 지어지지 않았나 싶습니다. 하필 그 시기가 일제강점기와 겹쳐져서 우리의 문화나 자연생태계와 어울리지 않는 이름이 많이 지어진 것 같았습니다. 어떤 분은 "그런 이름을 부를 때마다 삼천리 산천초목마저 일제강점기를 거친 것 같아 마음이 아프다"라고도 했습니다.

예를 들자면 우리 속담에 "등잔 밑이 어둡다"는 말을 일본에서는 "등대 밑이 어둡다"고 합니다. 우리나라의 '등잔'을 일본에서는 '등대'라고 하기 때문입니다. 요즘 야생화에 관심을 갖는 사람들은 '등대풀'이 일본의 식물명 '등대초'를 베낀 것임을 모르고, 바닷가 등대 옆에서 흔히 볼 수 있으며 등대를 닮았다는 정도로 알고 있습니다. '등대풀'은 우리 고유의 생활도구인 등잔대를 닮았으므로 '등잔풀'

이 올바른 이름이라고 생각합니다. 이처럼 미심쩍은 이름이 부지기수여서 저는 언제부터인가 그 안타까움을 글로 기록해 두기 시작했습니다.

글을 쓰게 된 또 한 가지 이유는 우리 꽃 이름의 유래를 짐작할 수 있게 하는 많은 것들이 사라져가고 있기 때문이었습니다. 1960년대에 두메산골에서 어린 시절을 보낸 저에게는 친숙한 꽃 이름들이 다음 세대들에게는 이해되지 못할 것 같았습니다. 이를테면 괴불주머니, 삽주, 갈퀴, 동이, 체 등, 이제는 문명의 뒤안길로 사라진 도구들과 벼룩이나 빈대처럼 보기 어려운 것들이 꽃 이름에 들어 있기 때문입니다. 먼 훗날 누군가에게는 필요한 이야기가 될 듯해서 식물생태학이나 글쓰기를 일삼아 배운 적이 없는 저이지만 뭔가를 써서 남기고 싶었습니다.

글들을 모아 놓고 보니 그런 과정들이 참 행복했었다는 생각이 듭니다. 지난 10여 년 동안 꽃을 찾아다니면서 '자연을 사랑하는 사람들의 모임, 인디카'라는 인터넷 동호회를 알게 되었고, 인디카의 꽃벗들과 어울리면서 많이 배웠고 행복했습니다. 동호회의 홈페이지에 올리려고 시작한 글들이 어느새 두 권 분량을 빼곡히 채웠습니다. 어설픈 글들이 책이 되기까지 일일이 거명하기 어려울 정도로 많은 분들의 도움을 받았습니다. 그 많은 분들을 대표해서, 늘 저를 격려해주시고 지도해주신 '월류봉' 이상옥(李相沃) 선생과 '노인봉' 이익섭(李翊燮) 선생께 감사와 경의를 표하고자 합니다.

2014년 7월 이 재 능

차례

01 언제나 어디서나

02 눈 녹은 산과 계곡

03 아지랑이 피는 들녘

04 신록의 계절에

05 한여름의 숲과 들

06 여름과 가을 사이

07 가을에 피는 꽃

01 언제나 어디서나

언제나 어디서나 피는 꽃들이 있다.
산과 들, 논과 밭을 가리지 않으며
봄 여름 가을 겨울 아무 때나 꽃 피운다.
꽃이라야 눈에 띄지도 않을 만큼 작아서
아무렇게나 받은 이름이 그냥 '잡초'다.

잡초들은 농부보다 성실하고 강인하다.
뽑히고 잘려도 다시 살아 꽃대를 올리고,
추우나 더우나 비가 오나 눈이 오나
숙명처럼 꽃을 피우고 종자를 만든다.
그 생명의 노래는 영원하다.

별꽃

밤하늘 별들이 내려와
풀밭에서 쉬었다 간다
겨울의 모퉁이에서도
별처럼 반짝이고
한여름을 태우는 볕 아래서도
눈처럼 핀다

우리도 저마다의 꽃을 피우러
아마득한 우주에서 온 별이다
밤에만 홀로 반짝이는 섬들
별들이 사는 나라는 외롭다
세상의 꽃으로 필 수 있는
이 순간이 축복이다

잊지 말자
누구나 다시 하늘로 돌아가는
하나의 별인 것을

별꽃 *Stellaria media* (L.) Vill.
밭이나 길가에 나는 석죽과의 두해살이풀. 높이 10~20cm. 3~11월 개화. 5장의 꽃잎이 깊게 갈라져 10개처럼 보이므로 별이 반짝이는 듯하다. 수술 10개, 암술머리가 3갈래이다. 어린식물은 식용한다.

쇠별꽃

Stellaria aquatica (L.) Scop.

들이나 숲의 다소 습한 곳에 나는 두해 또는 여러해살이풀.
높이 20~50cm. 별꽃과 비슷하나 암술머리가 5갈래이다.
식물체에 물기가 많고 부드러워 소가 좋아한다.
3~11월 개화. 어린식물은 식용한다.
[이명] 콩버무리, 우번루(牛繁縷)

시지푸스의 운명을 닮은 개쑥갓

개쑥갓 *Senecio vulgaris* L.

들이나 밭에서 자라는 국화과의 한두해살이풀. 높이 10~40cm. 봄부터 가을까지 꽃을 피우며 남부 지방에서는 겨울에도 꽃이 핀다. 약간 독성이 있으나 삶아서 묵나물로 먹을 수 있고, 약재로 쓴다. 개항 무렵에 유럽에서 들어온 외래식물로 한국 전역에 분포한다. [이명] 들쑥갓, 구주천리광(歐州千里光, 한약재 명)

시지푸스(Sisyphus)는 신을 속이고 죽음의 세계로부터 도망쳤다. 그리고 그를 쫓아온 저승사자를 감금해 놓고는 장수를 누렸다. 그 전에도 신들의 왕인 제우스에게 괘씸한 짓을 한 적이 있었던 그는 높은 산꼭대기로 둥근 바위를 밀어 올리는 벌을 받았다. 바위는 산꼭대기에서 다시 아래로 굴러 떨어지게 되어 있어서 오늘도 시지푸스는 바위를 밀어 올리고 있을 것이다.

시지푸스의 운명을 닮은 들꽃이 있다. 사계절 끊임없이 꽃을 피우는 개쑥갓이 바로 그 꽃이다. 우리나라에 피는 수천 가지 들꽃 중에서 이처럼 일 년 내내 피는 꽃은 개쑥갓뿐이다. 꽃을 피우는 일은 출산처럼 고통스러운 일이다. 이렇게 항상 출산을 하는 식물이라서 그런지 생리통, 산통, 요통 등에 약효가 있다

하니 재미있는 일이다.

식물들이 꽃을 피워 결실을 하고 죽는 것은 생명을 모두 쏟아 부은 까닭이다. 그러므로 끝없이 꽃을 피워내야 하는 일은 하나의 형벌이다. 개쑥갓은 일년 내내 꽃을 피워내기 때문에 이른 봄에도 백발처럼 하얀 갓털(冠毛)을 볼 수 있다. 서양에서는 개쑥갓을 '봄노인'(old man in the spring)이라고도 부른다.

A. 카뮈는 바위를 끊임없이 밀어 올려야만 하는 형벌을 그저 부조리하게만 볼 것이 아니라 행복으로 받아들이라고 한다. 자신에게 주어진 운명을 사랑할 수 있어야 한다는 말이다. 끊임없이 꽃을 피우는 일은 고통일는지 모르지만 한편으로 생각하면 크나큰 축복이기도 하다. 하얀 솜털을 한가로이 날려 보내는 개쑥갓을 보면 분명 그 자신의 운명을 사랑하고 있는 듯하다.

사랑받지 못한 건 불운이지만
사랑하지 않는 건 불행이다.
– A. 카뮈

봄까치에서 만난 구세주의 얼굴

큰개불알풀 *Veronica persica* Poir.

빈터나 밭둑에 나는 현삼과의 두해살이풀. 높이 10~20cm. 남부 지방에서는 한겨울을 빼고는 일 년 내내 꽃이 핀다. 꽃의 지름 8mm 정도. 꽃잎에 수술을 붙인 채로 떨어진다.

[이명] 큰봄까지꽃, 왕지금꼬리풀(북한명)

겨울 양식이 모자라는 사람들에게는 봄이 더욱 더디게 온다. 서양 사람들은 황량한 겨울 들판에 핀 작은 꽃에서 구세주를 찾았다. 그것은 머지않아 봄이 오리라는 구원의 메시지이었기 때문이었다. 그래서 그들은 이 꽃을 '베로니카(Veronica)'라고 불렀다.

서양 전설에 의하면 예수님이 십자가를 지고 골고다의 언덕을 오를 때, 베로니카라는 여인이 예수님 얼굴에 흐르는 땀을 닦아드렸는데, 이 때 베로니카의 수건에 예수님의 얼굴이 새겨졌다고 한다.

이 꽃을 유심히 보노라면 사람 얼굴 모양이 보이는 듯도 하지만 예수님의 얼굴을 닮았다는 느낌이 들지는 않는다. 문득 금강경(金剛經)의 한 게송이 번개처럼 머리에 스쳤다.

"형체로 나를 보거나 음성으로 나를 구하지 말라. 이는 잘못된 방법이니 결

큰개불알풀의 열매(왼쪽)

코 부처를 보지 못하리."

마음으로 이 꽃을 보면 곧 예수님의 얼굴이요 부처님의 모습이라는 말이다. 닮은 곳을 찾는 마음, 즉 형체로 보고자 하는 마음을 버리니 비로소 이 꽃이 전하는 희망과 구원의 메시지가 보였다. 이 꽃은 우리나라 어디서나 오랫동안 피고 지는 꽃이며 어느 꽃보다도 먼저 피어서 희망의 메시지를 전해 준다.

이 꽃의 학명은 '복숭아 모양의 베로니카(*Veronica persica*)'라는 뜻인데 종소명의 복숭아는 이 꽃의 열매 모양에서 유래한 것으로 생각된다. 이 열매가 일본 사람들에게는 개의 불알로 보였던지 일본의 식물도감에는 '큰개불알풀'(大犬の陰嚢)로 되어 있다. 그런데 우리의 국가표준식물명도 일본과 같이 '큰개불알풀'로 쓰고 있다.

개불알풀에는 '봄까지꽃'이나 '봄까치'라는 아름다운 우리말 이름이 있다. 까치는 좋은 소식을 전하는 길조이니 봄까치는 곧 '좋은 봄소식'이다. 라틴어 속명 *Veronica*나 우리말 이름 '봄까치'는 새 봄의 희망을 주는 이 꽃에게 잘 어울리는 이름이다.

'큰개불알풀'에 비해 '큰봄까치'는 얼마나 좋은 이름인가.

개불알풀
Veronica didyma var. *lilacina* (H. Hara) T. Yamaz.

들이나 밭에 나는 한해살이풀.
높이 10cm 가량. 3~6월 개화. 꽃의 지름은 2~3mm로 큰개불알풀 꽃보다 아주 작고, 자주색이 돈다.
[이명] 봄까지꽃, 개불꽃, 지금

선개불알풀
Veronica arvensis L.

개불알풀과 닮았으나 줄기가 곧게 선다. 높이 10~30cm. 줄기는 밑에서 가지가 갈라지고 털이 있다.
4~6월 개화. 꽃의 지름 2mm 미만.
[이명] 선봄까지꽃, 선지금 등

눈개불알풀
Veronica hederaefolia L.

줄기가 땅을 기며 뻗어가며 긴 털이 많이 난다. 4~5월 개화. 꽃의 지름이 4mm 가량으로 선개불알풀의 꽃보다 크고 색이 연하다. 남부 지방에 드물게 분포한다.

쎄빠지게 꽃을 피워내는 주름잎

주름잎 *Mazus pumilus* (Burm. f.) Steenis
논둑이나 밭에서 자라는 현삼과의 한해살이풀. 높이 5~20cm. 전체에 털이 있고 밑에서 줄기가 밀생한다. 3~11월 개화. 어린잎은 식용한다. [이명] 고초풀, 담배깡랭이, 주름잎풀

'쎄빠진다'라는 표현이 있다. 이 말은 '혀 빠진다'의 경상도식 발음으로, 아주 힘들거나 지쳐서 혓바닥이 나올 지경이라는 뜻이다.

사람 사는 세상에서도 삶의 기반이 불안정하면 허리가 꼬부라져도 평생 '쎄빠지게' 일을 해야만 한다. 들풀 중에서도 시도 때도 없이 꽃을 피우는 '주름잎'은 사람으로 치자면 이런 고약한 팔자를 타고 났다. 그것은 언제 뽑

히고 갈아엎어질지 모르는 잡초의 숙명이다. '주름잎'이라는 이름은 잎이 쭈글쭈글해서 붙은 이름이다. 잎도 쭈글쭈글한 데다가 꽃도 별나게 납작해서 어린 모습부터 여러 차례 밟힌 듯이 보인다. 게다가 혓바닥이 나온듯한 모양의 이 꽃을 보면 '쎄빠지게' 고생하는 모습의 풀이라는 생각이 들지 않을 수 없다.

이 쎗(혓)바닥 가운데는 벌들이 쉽게 앉을 수 있도록 친절하게도 노란 무늬로 표시까지 해 놓았다. 그리고 입천장에 해당하는 곳에 드리워져 있는 암술머리는 끝이 두 갈래로 갈라져서 새가 부리를 벌린 모양을 하고 있다. 모처럼 찾아든 벌이 암술머리에 꽃가루를 묻혀주면 먹이를 받아먹듯이 부리를 오므려 소중히 갈무리한다. 이처럼 암술머리가 움직이는 것은 매우 특별한 경우다. 이렇게 알뜰하게 꽃을 피우고 씨앗을 만들어도 언제 뒤집힐지 모르는 불안정한 땅에 살아가므로 끝없이 '쎄빠지는' 노동으로 종족을 보전해야 한다.

주름잎은 고난의 세월을 겪어온 이 땅의 백성들을 닮았다. 그렇게 밟히고 주름진 모습으로 논과 밭을 기면서

©최인화

선주름잎 *Mazus stachydifolius* (Turcz.) Maxim.

밭이나 밭둑에 나는 한해살이풀. 높이 30cm 가량. 줄기가 곧게 서서 자라고 가지가 갈라지지 않는다. 전체에 흰색의 거친 털이 나고 잎에 주름이 없는 편이다. 6~8월 개화.

[이명] 곧은담배풀, 선고초풀, 선담배풀

도 연년세세 모진 생명을 꽃피우고 있으니 말이다.

대체로 높은 곳에서 화려하게 피는 꽃은 짧고 덧없지만 낮은 곳에서 보일 듯 말 듯 작게 피는 꽃은 유구하다. 기름진 사람들은 불안한 부귀영화가 찰나에 그치지만 주름진 사람들은 정직하고 값진 행복을 오래 누린다.

©엄의호

©정귀동

누운주름잎 *Mazus miquelii* Makino

논두렁이나 습지에서 자라며 주름잎이 한해살이풀인 데 비해 누운주름잎은 여러해살이풀이다. 높이 5~10cm. 잎은 밑에서 밀생하고, 땅을 기는 줄기로 번식한다. 4월 초순~6월 초순 개화. 꽃의 길이는 1.5~2cm이다. 전국에 분포하나 매우 희귀하다. [이명] 누은주름잎, 누은담배풀, 퍼진고추풀 등

어머니가 그리워지는 이름 애기똥풀

애기똥풀 *Chelidonium majus* var. *asiaticum* (Hara) Ohwi
들에 나는 양귀비과의 두해살이풀. 높이 50cm 가량. 전체에 길고 연한 털이 있고 줄기를 자르면 노란 유액이 나온다. 4~10월 개화. 전초와 뿌리는 약용한다. 우리나라 전역에 흔한 풀이나 제주도에는 자생하지 않는다.
[이명] 까치다리, 씨아똥, 젖풀(북한명)

애기똥풀은 줄기나 잎을 자르면 나오는 노란 유액이 애기의 똥과 비슷하다고 해서 붙은 이름이라고 한다. 이 식물의 속명 '*Chelidonium*'은 고대 그리스어로 '제비'라는 뜻으로, 제비가 이 식물의 유액으로 새끼의 눈을 씻어서 맑게 해 준다며 아리스토텔레스가 이름을 붙였다는 이야기가 전해진다.

이 풀은 씨앗에 개미씨밥(elaiosome)이라고 하는 단백질 덩어리를 단단히 붙여놓는다. 개미들이 이것을 떼어내지 못하고 집까지 가져간 후 먹고 남은 씨앗만 버리도록 해서 개체를 퍼뜨린다. 이런 방법으로 씨앗을 퍼뜨리는 식물이 지구상에 11,000여 종이나 있다고 한다. 애기똥풀은 주변에 흔한 풀이다 보니 이런저런 이야기도 많지만 이 풀을 보면 나는 무작정 어머니가 그리워진다.

©김희영

나는 어릴 적에 두메산골에서 서울로 전학을 왔다. 당시 서울에서 제일 높은 건물이 5층짜리 화신백화점이었다. 서울에는 한두 집 건너마다 빨랫줄에 하얀 천들이 많이 널려 있어서, 그 집들이 모두 방직공장인줄 알았었다. 그 천들이 애기 똥을 받아내는 기저귀란 걸 상상조차 못했었다.

내가 살던 시골집의 방바닥은 볏짚을 엮어 만든 자리였다. 아기들이 방구석 아무데나 똥을 누면 마당에서 놀던 똥개가 번개같이 달려와 똥은 물론이고 엉덩이까지 깨끗하게 핥아 먹었다. 요즈음은 개도 문명화되었는지 그런 진정한 똥개는 없는 듯하다.

그렇게 원시와 다름없는 시대에 어머니의 고생은 오죽했으랴. 기저귀로 쓸 헝겊조차 귀했던 두메산골에서 자란 분들은 '진자리 마른자리 갈아 뉘시던…' 하는 노랫말의 뜻을 알 것이다. 애기똥풀을 볼 때마다 어머니 모습이 떠오르는 것은 기저귀 하나 없이 나를 길러내신 그 기적 같은 손길이 새삼 그리운 까닭이다.

가녀린 괭이밥이 겪은 모진 시련

괭이밥 *Oxalis corniculata* L.

밭이나 길가에 흔히 나는 괭이밥과의 여러해살이풀. 높이 10cm 내외. 4~10월 개화. 어린잎은 식용한다. 민간에서는 옴과 벌레 물린 데 잎을 찧어서 바르고, 토혈에 달여 먹었다. [이명] 초장초, 괴싱이, 시금초

괭이밥은 고양이의 밥이라는 뜻이다. 고양이가 배탈이 나면 먹는다고 그런 이름이 붙었다고 한다. 괭이밥은 수산(蓚酸, Oxalic Acid) 성분이 있어서 새콤한 맛이 나는 까닭에 '초장초'나 '시금초'라고도 한다. 나물 비빔밥에 초장 대신 넣어서 '초장초'인 듯하다. 괭이밥의 속명인 '*Oxalis*'도 수산의 라틴어로서, 수산 성분 때문에 해충들이 잎을 갉아먹지 못한다고 한다. 실제로 수산은 응애 같은 해충 퇴치제로 널리 쓰이고 있으며, 이 성분이 고양이 배탈에 치료제가 되었는지도 모르겠다.

씨앗을 터뜨린 후의 괭이밥 씨방.
하얀 알갱이가 스프링 역할을 한다.

이 성분이 해충 퇴치에는 성공했으나 괭이밥 자신에게는 상상하지도 못했던 수난을 자초했다. 수산 성분은 금속의 녹을 제거하는 효과가 있어서 옛날에 이 풀을 뭉쳐서 놋그릇을 닦는 데 썼다. 요즈음은 놋그릇을 거의 쓰

지 않기 때문에 괭이밥의 기나긴 수난이 끝난 듯해 다행이다.

괭이밥은 회색 콘크리트 도시의 틈새에서도 흔히 볼 수 있다. 작고 가냘픈 식물이라 산과 들의 큰 풀들에 치여 살기보다는 보도블럭 틈새나 화분의 가장자리에서 한 줌 흙에 뿌리내리고 사는 것이 오히려 편안해 보인다. 괭이밥은 작은 촛대 모양의 씨방 속에 수백 개의 씨앗을 만들고, 씨앗마다 작은 스프링이 있어서 사방으로 씨앗을 튕겨 보낸다. 눈에 보이지도 않는 그 작은 씨앗들이 화분에서 화분으로, 틈새에서 틈새로 날아가 새로운 삶을 이어간다.

작은 풀이 한 줌도 되지 않는 흙에 의지하여 살다 보니 볕이 좋지 않으면 꽃을 피우지 않거나 일찍 접고, 추운 날씨에는 하트 모양의 잎을 우산처럼 접어서 힘을 아끼며 알뜰하게 살아갈 수밖에 없다.

한때는 모진 수난을 당했던 풀, 이제는 삭막한 도시에서 작은 꽃을 피우며 적게 가진 만큼 알뜰하게 사는 괭이밥에게 '사랑한다'는 말 한마디 해주고 싶다.

선괭이밥
Oxalis stricta L.

들이나 산지에서 자라는 여러해살이풀. 높이 20~30cm. 괭이밥은 줄기가 땅을 기는데 비해서 선괭이밥은 줄기가 곧게 선다. 5~8월 개화.
어린순은 식용하며 신맛이 있다.
[이명] 곧은괭이밥풀, 왕괭이밥, 왕시금초 등

큰괭이밥
Oxalis obtriangulata Maxim.

산자락의 반그늘, 습한 곳에 자라는 여러해살이풀. 높이 약 10cm. 3~5월 개화. 괭이밥은 잎이 나오고 꽃이 피나, 큰괭이밥은 꽃이 먼저 핀다. 잎을 개선에 걸리거나 독충에 쏘였을 때 약으로 썼다.
[이명] 큰괭이밥풀

애기괭이밥
Oxalis acetosella L.

깊은 산 계곡의 숲 속에서 자라는 여러해살이풀. 높이 5~10cm. 5~6월 개화. 어린잎은 식용한다.
[이명] 큰선괭이밥, 산괭이밥, 애기괭이밥풀

미심쩍은 이름 미나리아재비

미나리아재비 *Ranunculus japonicus* Thunb.
산이나 들에 나는 미나리아재비과의 여러해살이풀. 높이 50~70cm. 4~11월 개화. 어린잎과 줄기는 식용하고 전초는 약용한다. [이명] 놋동이, 바구지, 자래초

미나리아재비는 우리나라 어디에나 흔한 풀이다. 들이나 산자락, 깊고 높은 산을 가리지 않고 살며, 이른 봄부터 늦가을까지 아무 때나 꽃을 피운다.

미나리아재비의 노란 꽃잎은 코팅이라도 한 것처럼 반질거린다. 이 꽃을 보면 과연 흰 떡가루 같은 꽃이 피는 미나리의 아저씨뻘일까 하는 의구심이 부쩍 들곤 했다. 식물분류계통으로 보아도 미나리와 미나리아재비는 아무런 관계가 없다.

혹시 옛날 사람들이 이 식물의 싹을 미나리로 잘못 알고 반찬을 만들었다가

아이를 잡을 뻔한 일이 있지는 않았을까? 아무래도 어린 아이들은 독성에 면역이 되어 있지 않으니 말이다. 미나리아재비에는 독성이 있어서 잘 조리하면 음식과 약이 되지만, 귀동냥으로 어설프게 장만해서 먹으면 아이를 잡는 '아잽이'가 된다. 식물명에 흔히 붙는 '아재비'는 어떤 식물과 비슷하다는 의미로 쓰이지만, 지명에는 '아이를 잡는다'는 뜻의 '아잽이'로 쓰인 사례가 있다.

경기도 가평군 명지산 자락의 '아재비고개'가 그러한 곳이다. 옛날에 굶주림에 지친 산모가 해산을 하러 친정에 가는 길에 이 고개를 넘게 되었다. 고갯마루에서 아이를 낳고 혼수상태에서 옆에 보이는 고기를 먹었는데, 정신이 들어보니 제 아이를 잡아먹은 것이어서 '아재비고개'가 되었다고 한다.

요즘 세상에도 나물이나 해산물을 잘못 조리해 먹어서 생명을 잃는 일이 더러 생기는데, 과학과 정보에 어둡던 옛날에는 오죽했겠는가. 극심한 굶주림에 무슨 풀로도 배를 채워야 했고, 의술이나 약도 보잘 것 없었던 시대를 생각하면 미나리아재비과의 식물들은 아이를 꽤나 잡았을 법한 혐의가 있다.

사약의 재료로 쓰는 백부자나 투구꽃 종류가 모두 미나리아재비 집안이다. 같은 과의 할미꽃 뿌리도 독성이 강한 편이다. 이들은 어떻게 처방하느냐에 따라 사약도 되고 보약도 된다. 미나리아재비를 보며 같은 말이라도 어떻게 쓰느냐에 따라 사람에게 독도 되고 약도 되는 이치를 새삼 생각하게 된다.

왜미나리아재비

Ranunculus franchetii H. Boissieu

주로 높은 산에 나는 여러해살이풀. 높이 20~30cm. 전체에 털이 약간 있고, 잎은 깊게 3갈래로 갈라진다. 4~5월 개화.

[이명] 실젓가락나물

바위미나리아재비

Ranunculus crucilobus H. Lev.

고지의 풀밭에 나는 여러해살이풀. 높이 10~30cm. 전체에 갈색 털이 난다. 잎은 3갈래이며 거친 톱니가 있다. 5~8월 개화. 한국(제주도 한라산 해발 1,000m 이상) 특산.

[이명] 구름미나리아재비, 금털미나리아재비, 바위젓가락나물 등

산미나리아재비

Ranunculus acris var. *monticola* (Kitag.) Tamura

높은 산에 무리지어 나는 여러해살이풀. 높이 10~50cm. 털이 거의 없고, 줄기에 나는 잎은 2~3갈래로 가늘게 갈라진다. 6~7월 개화. 백두산 일대에 자생한다.

*미나리아재비에 비해 키가 작고, 잎은 가늘며, 꽃은 크다.

산골 아이의 선악과 뱀딸기

뱀딸기 *Duchesnea indica* (Andr.) Focke

풀밭이나 논둑에서 자라는 장미과의 여러해살이풀. 덩굴이 옆으로 뻗으면서 마디에서 뿌리가 내린다. 4~10월 개화. 뱀이나 벌레에 물렸을 때 열매의 즙을 약용한다.

[이명] 배암딸기, 큰배암딸기, 홍실뱀딸기

어릴 적에는 뱀딸기를 자주 따먹곤 했었다. 그 때의 맛은 달작지근한 추억으로 남아 있는데, 요즘 먹어보면 달지도 않고 밋밋하기만 하다. 필시 혀가 사치스러워진 탓이리라. '뱀딸기'는 뱀이 먹는다고 해서 붙은 이름이라지만, 뱀이 이 열매를 먹는 것을 보지는 못했다.

중국 이름이나 한약재로 쓸 때 이 풀을 '사매(蛇梅)'라고 하며, 열매의 즙이 뱀이나 벌레에 물린 데 약이 된다고 한다. 뱀딸기는 뱀이 다닐만한 논둑이나 풀밭에 살면서 뱀처럼 땅을 기는 줄기를 길게 뻗어가면서 자라니 이래저래 이 풀은 뭔가 뱀과 관련이 있는 듯하다.

뱀딸기는 뱀이 겨울잠을 자고 나오는 봄에 꽃을 피우기 시작해서 땅속으로 들어가는 가을까지 오랫동안 꽃이 피고 열매를 맺는다. 정말 뱀처럼 긴 생명력

을 보여주는 식물이다. 뱀딸기의 개화 기간은 쥘 르나르(Jules Renard)의 뱀이라는 시와도 크게 다르지 않다.

뱀 / 너무 길다.

세상에서 '제일 짧다'는 이 시는 '너무 길다'이다. 뱀의 유혹으로 선악과를 먹은 후 시작된 인간의 죄가 뱀처럼 길게 수만 년을 이어지고 있다는 메시지일까. 나의 죄는 뱀딸기를 따먹었을 때 시작된 지도 모른다. 먹으면 배탈이 난다는 금단의 열매였기 때문이다. 어쩌면 뱀이 잘 다니는 풀밭에 함부로 들어 갔다가 자칫 뱀에게 물릴 것을 염려한 금기였을는지도 모르겠다. 하지만 몽글몽글 먹음직한 빨간 사탕 같은 열매는 먹을 것 없었던 산골 아이에게 참기 힘든 유혹이었다.

서너 살 꾀끄만 입술에 빨간 물을 묻히고서도 먹지 말라는 뱀딸기를 왜 먹었냐는 꾸지람에 고개를 잘래잘래 흔들었을 아이의 모습이 떠오른다.

고들빼기에 얽힌 어설픈 전설

고들빼기 *Crepidiastrum sonchifolium* (Bunge) Pak & Kawano

산과 들에 나는 국화과의 한두해살이풀. 높이 80cm 정도. 줄기는 적자색, 줄기에 나는 잎은 계란 모양이고 끝이 뾰족하며, 밑이 넓어져서 줄기를 감싼다. 5~10월 개화. 어린잎은 나물이나 김치를 담가 먹기도 한다.

[이명] 좀고들빼기, 씬나물

옛날에 한 마을에 살던 고씨 형제와 백씨, 이씨, 이렇게 네 사람이 산삼을 캐러 높고 깊은 산에 갔다가 그만 길을 잃었다. 그들은 며칠 동안 이름 모를 풀로 굶주림을 달래며 간신히 길을 찾아 마을로 돌아올 수 있었다. 그 일 이후로 그 풀은 길을 잃었던 네 사람의 성을 따서 '고 둘, 백, 이'라고 불리다가 '고들빼기'가 되었다는 전설이 있다.

전설은 그냥 이야기로 재미있게 듣고 넘기면 그만이지만, 이 고들빼기의 전설은 꾸밈새가 어설프다. 깊은 산중에서 고들빼기를 만났다는 대목이 그렇다.

고들빼기는 들녘이나 낮은 산자락에 사는 풀이기 때문이다.

오랫동안 한 지역에서 살아온 사람을 '토박이'라고 한다면, 고들빼기는 들녘에 사니까 '들박이' 식물이라고 할 수 있다. 그렇다면 '쓸 고(苦)'에다가 '들박이'를 붙여서 '고들빼기'가 되지 않았을까 하는 생각을 해 보았다. 즉 '들판에 사는 쓴 맛의 풀'이라는 뜻이 된다. 고들빼기는 적당하게 쌉쌀한 맛으로 식욕을 돋우므로 요즈음도 고들빼기김치로 만들어 즐겨 먹고 있다.

고들빼기는 5월부터 10월까지 무려 여섯 달 동안이나 꽃을 피운다. 이렇게 오랫동안 꽃이 피는 식물은 우리나라에 사는 수천 가지 식물 중에서 열 가지를 넘지 않는다. 봄부터 가을까지 들녘과 낮은 산자락에는 고들빼기와 비슷한 노랗고 작은 꽃들이 연달아 피기 때문에 한 꽃이 이렇게 오래 피고 지는 것을 모르고 지날 뿐이다.

언제나 우리 곁에 있는 것들에 대한 무심함이 또 이와 같지 않을까. 늘 함께 하는 가족, 있는 듯 없는 듯한 친구와, 늘 숨 쉬는 신선한 공기와 따뜻한 햇살, 그리고 이루 손꼽지 못하는 존재들의 고마움을 느끼지 못하고 오늘을 무심하게 살고 있지나 않은지….

이고들빼기
Crepidiastrum denticulatum (Houtt.) Pak & Kawano
산과 들의 건조한 곳에 나는 한해살이풀. 높이 30~70cm. 꽃봉오리나 결실을 맺고 난 다음에 자라난 하얀 갓털이 사람의 이처럼 보여서 이런 이름이 붙었을까 추측이 된다. 7~10월 개화. 뿌리와 어린순은 식용한다.
[이명] 강화고들빼기, 깃고들빼기, 꽃고들빼기

까치고들빼기
Crepidiastrum chelidoniifolium. (Makino) Pak & Kawano
깊은 산의 숲 가장자리에서 자란다. 높이 20~40cm. 잎줄기에 날개가 없으며 새깃꼴로 깊게 갈라진다. 8~10월 개화. 꽃의 지름은 1cm 정도이다. 전국에 분포한다. 가을에 시들어 썩으면 고약한 냄새가 난다. 까치고들빼기와 이고들빼기의 자연교잡종으로 추정되는 지리고들빼기는 잎과 꽃의 변이가 다양하다.

갯고들빼기
Crepidiastrum lanceolatum (Houtt.) Nakai
바닷가의 바위틈에 나는 여러해살이풀. 높이 15~20cm. 줄기는 짧고, 목질화되어 뿌리 모양으로 된다. 10~11월 개화. 경남, 거문도 등지에 자생한다.
[이명] 개고들빼기, 깃고들빼기, 좁은잎고들빼기 등
©엄의호

아름다운 추억의 박제 토끼풀

토끼풀 *Trifolium repens* L.
풀밭에 나는 콩과의 여러해살이풀. 높이 20cm 가량. 4~10월 개화. 유럽에서 목초로 들여 온 것이 널리 번졌다. 아일랜드의 국화이며 '클로버'라고도 부른다.

살아오면서 서른 번이 넘게 이사를 다녔다. 삼십 년이 넘도록 군 생활을 했으니 당연한 일이지만, 그 과정에서 많은 책들과 헤어져야 했던 일이 아쉬웠다. 남을 주거나 버린 책이 못해도 천 권은 넘을 터인데, 40년 가까이 간직하고 다닌 책이 대여섯 권 있다. 그것은 소월이나 윤동주의 시집들이다. 누렇게 변색되고 낡은 그런 책들을 열면 아직도 책갈피에 박제된 네잎클로버가 남아 있다.

토끼풀의 꽃말은 '행복'이고 잎이 네 개 달린 것을 만나면 '행운'이 따른다는 전설이 있다. 사람은 토끼풀을 보고 행복과 행운을 기원하지만, 식물의 입장에서 토끼풀은 축복받은 풀이다.

토끼풀은 언젠가 서양에서 들어와서 우리나라에서도 열 손가락 안에 들 정도로 번성하는 풀들 중의 하나다. '번성'은 생명체가 받을 수 있는 가장 큰 축복이자 성공이다. 토끼풀이 그 어느 들풀보다 번성하는 데는 땅과 곤충과 동물들에게 아낌없이 베풀고 그들끼리 서로 돕는 미덕이 있기 때문이다.

토끼풀 뿌리는 질소를 품어서 땅을 기름지게 하고, 소담스럽고 하얀 꽃은 벌들에게 풍부한 꿀을 주며 부드러운 줄기와 잎은 초식 동물의 좋은 양식이 된다. 물론 그 이름처럼 토끼들도 좋아하는 풀이다. 그리고 꽃과 꽃끼리 서로를 보듬고 도와가며 산다. 한 송이의 토끼풀 꽃은 수많은 작은 꽃들이 머리 모양으로 뭉쳐난 것이다. 먼저 핀 꽃이 수분을 했더라도 바로 시들어 떨어지지 않고 꽃을 크게 보이도록 해서 벌과 나비를 부르는 일을 거들고 있다.

푸른 초원에 무리지어 꽃 피우는 토끼풀을 보노라면 그 풍요로움과 베풂에서 오는 평화와 행복이 느껴진다. '행복'이라는 토끼풀의 꽃말은 그래서 생긴 듯하다. 나는 가끔 빛바랜 책갈피를 넘겨본다. 사십 년 전, 누군가 내게 준 행운은 지금 작은 행복으로 박제되어 있다.

붉은토끼풀
Trifolium pratense L.
풀밭에 나는 여러해살이풀.
높이 30~40cm. 유럽에서 목초로 들여온 것이 널리 퍼졌다. 4~10월 개화.
토끼풀보다 꽃과 잎, 키가 크고 줄기에 털이 많다.

노랑토끼풀
Trifolium campestre Schreb.
주로 바닷가 풀밭에서 자라는 한해살이풀. 높이 10~25cm. 잎 끝의 가운데가 오목하게 들어가 있다. 4~6월 개화. 지중해 연안이 원산지로 알려져 있으며, 제주도, 울릉도, 진도, 태안반도 및 남양주 일대에 자생한다.

잔개자리
Medicago lupulina L.
들에 자라는 여러해살이풀.
줄기가 50cm 정도 땅을 기어 옆으로 번지며 전체적으로 털이 밀생한다. 잎 끝 가운데에 뾰족한 톱니가 나와 있다. 5~7월 개화. 사료용으로 유럽에서 도입되었다.
[이명] 승앵이자리

자주개자리
Medicago sativa L.
들에 자라는 여러해살이풀.
높이 30~90cm. 전체에 털이 없고 줄기는 곧게 선다. 7~8월 개화. Alfalfa라고 알려진 목초로서 사료 작물로 도입되었다.
[이명] 자주꽃개자리

본받아야 할 노랑이 벌노랑이

벌노랑이 *Lotus corniculatus* var. *japonicus* Regel
양지바른 풀밭에 자라는 콩과의 여러해살이풀. 높이 30cm 가량. 전체에 털이 없고, 밑부분에서 가지가 많이 갈라져 비스듬히 선다. 5~10월 개화. 꽃의 지름 5mm 가량.

'벌노랑이'는 '벌판에 피는 노란 꽃'이다. 이 꽃은 5월부터 10월까지 여섯 달 동안이나 꽃을 피운다. 이렇게 오래도록 피고 지는 꽃은 손에 꼽을 정도다. 토종의 '벌노랑이'는 서너 개의 꽃이 앞을 보고 피고, '서양벌노랑이'(*Lotus corniculatus* L.)는 예닐곱 개의 꽃이 모든 방향으로 핀다. 이 꽃은 벌 같은 곤충이 출입하는 틈새가 보이지 않고 수술이나 암술 같은 꽃술도 전혀 보이지 않는다. 벌노랑이는 과연 꽃술이 없는 꽃일까?

벌노랑이의 꽃잎은 위에 한 장, 아래에 두 장으로 모두 세 장이다. 윗부분의 꽃잎은 정면을 보고 서 있으면서 중심 부분의 줄무늬로 곤충에게 꿀의 위치를

벌노랑이(왼쪽)의 꽃은 한쪽 방향으로 3~4개가 달리고, 서양벌노랑이(오른쪽)의 꽃은 6~7개가 모든 방향으로 달린다.

알려준다. 아래에 있는 두 장의 꽃잎은 틈새가 보이지 않게 마주 붙어 있어서 하나의 작은 주머니처럼 보이는데 뱃머리 모양을 닮아서, 콩과 식물의 구조를 설명할 때 이 부분을 '용골'이라고도 한다.

벌이 아래 꽃잎에 앉아 위 꽃잎과의 틈새에 머리를 들이밀고 꿀을 빨려고 용을 쓰면 그 힘으로 두 장의 용골이 벌어진다. 이 때 아래 꽃잎 속에 눌려져 있던 꽃술이 용수철처럼 튀어나와 벌의 배에다 꽃가루를 묻히기도 하고 꽃가루를 받기도 한다. 국어사전에서 '노랑이'라는 말을 찾아보면 '속이 좁고 마음 씀씀이가 인색한 사람을 낮잡아 이르는 말'로 나와 있는데, 요즈음은 '노랑이'라는 표준말보다 '노랭이'라는 말을 더 많이 쓰는 것 같다. 벌노랑이를 보면 자연스레 구두쇠 '노랑이'가 떠오르지 않을 수 없다.

그 이름부터가 억측의 여지없이 '벌노랑이'인 데다가 봄부터 가을까지 부지런하게 꽃을 피워내는 근면성하며 꽃가루는 함부로 드러내지 않고 소중하게 갈무리해 두었다가 꼭 써야 할 경우에만 확실하게 전달하는 대목이 노랑이답다.

근면과 절제는 대자연의 훌륭한 가르침이며 미덕이다. 벌노랑이가 노랑이짓을 하는 것처럼 보여도 배울 것이 많다.

자유를 찾아 탈출한 개망초

개망초 *Erigeron annuus* (L.) Pers.

밭, 들, 길가에 나는 국화과의 두해살이풀. 높이 30~100cm. 전체에 털이 있고, 가지가 많이 갈라진다. 5~10월 개화. [이명] 개망풀(북한명), 넓은잎잔꽃풀, 망국초 등

엘비라 마디간의 손에서 하얀 나비가 날아오르는 순간 한 발의 총성이 울리고, 잠시 후 또 총성이 들리면서 영화가 끝난다. 그 때 흐르던 모차르트의 피아노협주곡 21번 2악장을 배경으로 하얀 꽃들이 수놓은 풀밭의 잔상이 사십 년이 흐른 지금도 생생하다. 나는 막연하게 그 초원의 꽃들이 개망초라고 믿게 되었다.

온 세상의 풀밭에서 봄부터 가을까지 지천으로 피는 꽃이 개망초 말고 또 있을까 하는 무의식적인 짐작 때문이었을 것이다. 개망초는 초원의 다른 풀들보다 키가 큰 편이고 꽃도 많이 피어서 곤충들을 불러 모으고 바람에 꽃씨를 날리는 데 유리하다. 게다가 자신의 영역에 다른 식물이 자라지 못하도록 타감작용을 하며 제초제까지 극복해내는 강인함이 있어 '초원의 지배자'라고 할 만하다. 더욱이 개망초의 꽃은 기후의 변화에 대한 적응력도 강한 듯하다. 추운 날씨에도, 강렬한 태양 아래서도, 비바람이 몰아치는 날에도 꽃을 접지 않고 수분과 번식의 기회를 극대화하고 있다. 개망초는 연중무휴로 가장 일찍 문을 열고 가장 늦게 문을 닫는 성실하고 억척스러운 가게 주인에 비유할 만한 식물이다.

그러면서도 개망초는 어느 꽃과 견주어도 뒤지지 않을 만큼 예쁘다. 이런

꽃을 '개망초'라니… 이름으로 말하자면 꽤 억울한 면이 있다. 친척인 망초나 큰망초에 비해서 훨씬 예쁜 꽃을 피우는데도 '개'라는 불명예스러운 이름이 붙은 것은 공평치가 못하다.

이 풀이 들어왔을 때 나라가 망해서 '망국초'나 '개망초'가 되었다는 설이 있다. 그것이 사실이라면 한일합방 전후에 우리나라에 들어온 식물이 백여 년 만에 삼천리를 뒤덮을 정도로 지나치게 번식력이 강해서 농민들의 미움을 받은 탓에 '개'를 뒤십어씼을 수도 있겠고, 망초보다 나중에 들어와서 '개'가 붙었을 수도 있겠다. 일본에서는 개망초를 원예용으로 미국으로부터 들여왔다. 그런데 다른 화려한 꽃들에 밀려서 천덕꾸러기가 되자 화단에서 탈출해 초원의 지배자가 된 것이다. 개망초처럼 탈출한 식물을 'Escape Weeds'라고 부른다.

다시 추억의 영화 〈엘비라 마디간〉의 이야기로 돌아가 보면 이 두 주인공은 자유와 사랑을 찾아 탈출한 연인이었다. 청년장교 식스틴은 귀족의 신분과 가정을 버리고 탈영을 했고 엘비라는 서커스단과 부모의 생계를 버리고 도피를 했다. 하지만 자유를 찾아 탈출한 개망초는 초원의 지배자가 되었지만 탈출한 두 연인은 개망초 흐드러진 초원에서 살 수가 없었다.

봄망초

Erigeron philadelphicus L.

혀꽃이 개망초보다 가늘고 많은 편이며 분홍색을 띤다. 줄기 속이 비어 있어 손가락으로 누르면 물렁하다. 4~6월 개화. 개망초보다 일찍 꽃이 피고 개화기가 짧은 편이다. 미국 원산으로 대구 지역에서 처음 발견되어 대구망초라고도 한다.

©이우락

망초

Conyza canadensis (L.) Cronquist

들이나 길가에 나는 한두해살이풀.

높이 50~100㎝. 줄기는 곧게 서고, 잎은 긴 주걱 모양이며, 어긋난다. 7~9월 개화.

[이명] 망풀, 잔꽃풀, 지붕초, 큰망초

실망초

Conyza bonariensis (L.) Cronquist

해안지방, 황무지나 길가에 나는 한두해살이풀.

높이 30~50㎝. 전체에 거친 털이 있고, 가지가 갈라지며, 잎이 가늘다. 5~9월 개화.

[이명] 망초, 실망풀, 실잔꽃풀, 털망초

큰망초

Conyza sumatrensis E. Walker

들이나 황무지에 자라는 한두해살이풀.

높이 80~100㎝. 가지가 많이 갈라지며 털이 있다. 5~9월 개화. 실망초와 마찬가지로 설상화가 거의 보이지 않는다. 주로 남부 지방과 제주도에 분포한다.

©홍순대

인간의 오랜 동반자 질경이

질경이 *Plantago asiatica* L.

풀밭이나 길바닥, 빈터에서 자라는 질경이과의 한해살이풀. 높이 10~40cm. 5~9월 개화. 한방에서는 잎과 씨앗을 약재(차전자, 車前子)로 쓰며, 이뇨작용이 있어 방광염, 요로염 등에 효과가 있다.

[이명] 길경, 길장구, 배부장이, 빼뿌쟁이 등

질경이는 스스로 짓밟히며 사는 길을 택했나보다. 길옆보다는 아예 길바닥에 주저앉아 살고 있으니 말이다. 사람이나 경운기 바퀴에 밟혀서 온몸이 만신창이가 되어도 신발이나 바퀴에 그 씨앗을 붙여 멀리 보내는 데 목숨을 건다. 짚신이나 마소의 발굽에 밟히며 살던 옛날에는 소똥이나 말똥 같은 좋은 날벼락도 받으며 살았지만, 요즘에는 등산화나 타이어에 밟혀 살아야 되니 이래저래 질경이의 삶은 고달프게 되어버렸다.

질경이의 이름은 질기다는 말이다. 줄기와 잎자루도 여간 질긴 것이 아니지만 그 생명력이 더욱 모질고 질기다. 그렇게 짓밟히면서 질경이는 온 세상에 자손들을 퍼뜨렸다. 백두산, 한라산 꼭대기의 등산로까지 올라온 질경이를 보면 이 작은 식물의 위대한 성취에 놀라지 않을 수 없다.

이 풀에는 '차전초'라는 별명이 있는데 그 유래는 이렇다.

옛날 중국 한나라에서 마무(馬武) 라는 장수가 이끄는 군대가 광대한 사막을 가로질러 전쟁터로 나갔다. 오랜 행군에 지치고 식량과 물이 부족하여 많은 병사와 말들이 배가 붓고 피오줌을 누는 '습열병'에 걸렸다. 그런데 말 한 마리가 생기를 되찾고 맑은 오줌을 누는 것이었다. 이 말은 마차 앞에 있는 풀을 열심히 뜯어먹고 있었다. 병사들은 곧 그 풀을 뜯어서 국을 끓여 먹었더니 오줌이 맑아지고 퉁퉁 부었던 배도 본래 모습을 찾았다. 그 후로 그 풀을 수레바퀴 앞에서 발견했다고 해서 차전초(車前草)라 부르게 되었다고 전해온다.

긴포꽃질경이의 꽃 ©이동희

질경이는 볕이 잘 들고 단단한 길바닥에 산다. 짐승들은 그런 길을 만들지 않는다. 질경이는 사람이 낸 길을 따라 사람과 영욕을 함께 해온, 인간의 아주 오래된 동반자다.

개질경이
Plantago camtschatica Cham. ex Link
바닷가나 들에 나는 여러해살이풀.
높이 15~30 cm. 전체에 거친 털이 빽빽하게 난다.
5~6월 개화. 종자는 약용한다.
[이명] 갯질경이

창질경이
Plantago lanceolata L.
들이나 길가에 나는 여러해살이풀.
높이 30~60cm. 종소명 'lanceolata'는 창을 닮았다는 뜻이다. 4~6월 개화. 유럽 원산으로 한국 중부 이남의 해안 지방에 분포한다.
[이명] 양질경이

긴포꽃질경이
Plantago aristata Michx.
하천변이나 풀밭에 나는 북미 원산의 귀화식물이다. 높이 5~15cm. 식물 전체에 털이 나 있고 꽃을 제외한 식물 전체가 억세다. 6~7월 개화. 보통 질경이류와는 달리 꽃의 지름이 4~6mm로 크고 포가 좁고 길다. 한강 하구와 포항 근교에서 세력을 확장하고 있다.
©김태원

갯질경
Limonium tetragonum (Thunb.) Bullock
바닷가의 모래땅에 사는 갯질경이과의 두해살이풀. 높이 30~60cm. 뿌리가 굵고 줄기는 곧게 선다. 잎은 모두 뿌리잎이다. 9~10월 개화. 꽃 윗부분은 노란색, 아랫부분은 흰색이다.
[이명] 갯길경, 갯질경이(북한명), 근대아재비

잡초의 재발견 쇠비름

쇠비름 *Portulaca oleracea* L.

길가나 밭에 나는 쇠비름과의 한해살이풀. 높이 30cm 가량. 5~9월 개화. 볕이 좋은 때만 꽃을 피운다. 꽃의 지름 3~5mm. 어린잎은 식용하며 말려서 묵나물로도 먹는다. 전초는 약용한다. [이명] 돼지풀(북한명)

쇠비름은 언제나 우리 주변에 널려 있었던 풀이다. 농사일을 성가시게 하는 흔한 잡초로만 알고 있었는데, 근래에 야생화에 관심을 가지고 여러 책을 읽다보니 이 식물에 대해 몰랐던 사실을 몇 가지 알게 되었다.

우선, 쇠비름도 꽃을 피우는 걸 처음 알았다. 아무리 무심코 지나쳤다고 하더라도 수십 년을 보아오던 풀이 꽃을 피우는지도 몰랐다니 놀라운 일이다. 이를 나의 무관심이나 무감각만을 탓할 수만은 없고, 볕 좋을 때에만 작은 꽃을 잠깐씩 피우는 이놈 탓도 있다.

둘째, 쇠비름은 일 년에 4세대까지 번식하는 괴물 잡초라는 사실이다. 식물의 씨앗은 대개 추운 겨울을 나야 새싹을 틔우는 걸로 알고 있었다. 어느 해인가 털별꽃아재비가 8월쯤에 씨앗을 만들더니, 그 2세가 싹을 내서 11월에 꽃을 피운 것을 보고 놀란 적이 있었다. 그런데 4세대라니…. 이런 괴물이 쇠비름 말

고 또 있을까 싶다.

셋째, 이 쇠비름을 먹을 수 있고, 좋은 약초가 된다는 것이다. 예로부터 쇠비름을 먹으면 오래 산다고 '장명채(長命菜)'라고도 했고, 줄기는 붉고, 잎은 초록, 꽃은 노란색이며, 뿌리는 희고, 열매는 검어서 음양오행의 원리에 잘 맞는 식물이라고, '오행초(五行草)'라고도 불렀다. 황대권 선생님은 이 풀에 '가장 완벽한 야생 약초'라는 타이틀을 붙였다.

어떤 자료를 보니 쇠비름은 뇌 활동을 촉진시켜 치매를 예방하고 콜레스테롤을 줄여서 동맥경화를 방지하는 효과가 있고, 혈당치는 떨어뜨리고 생명력을 왕성하게 해서 당뇨병에도 좋으며, 쇠비름을 끓인 물은 습진이나 무좀에도 효과가 있다고 나와 있었다. 게다가 근래에는 쇠비름에 오메가3라는 필수지방산이 많아서 주목 받고 있다고 하니, 이런 내용들이 과학적으로 검증이 된다면 쇠비름과 싸우는 농부들의 고생이 끝날 듯도 하다.

쇠비름처럼 가까이 있는 것들을 우리는 제대로 알고 있을까. 가까이 있는 사람이 얼마나 놀라운 능력을 가지고 있는지, 얼마나 고운 마음을 가지고 있었는지 때로 놀라지 않았던가. 그 모든 것이 관심을 가질 때 새롭게 보이는 듯하다.

자리 짜던 할배와의 추억 자리공

자리공이라는 식물이 있다. 꽃도 이상하게 생겼고 덩치는 커서 호감이 가지 않은데다 환경오염지표식물이라고 들은 바 있어 첫인상이 좋지 않았다. 무엇보다도 자리공이라는 이름부터 어떤 의미로 다가오지 않았다.

사전을 찾다가 '자리틀'이라는 낱말을 보고는 문득 '아 그것이 아닐까?' 하고 스치는 생각이 있었다. 1960년대만 하더라도 시골에서는 종이장판을 한 집이 드물었다. 거의가 볏짚을 엮어 만든 '자리'를 방바닥에 깔고 살았는데 이것이 오래 가지 못하다보니 몇 년마다 '자리'를 다시 짜야 했다. 꼭 그런 자리뿐만 아니라 돗자리며 거적 같은 자리도 짜서 썼다.

이런 '자리'를 짜는 도구를 '자리틀'이라 했다. 자리틀은 기둥 두 개 사이에 굵은 막대기를 걸쳐 놓은 간단한 기구였다. 그 막대기에는 일정한 간격으로 홈이 서른 개 정도 파져 있고 홈마다 노끈으로 서로 연결된 추 예순 개를 앞뒤로

©최인화

걸쳐 놓았다. 돌이나 나무를 아령 모양으로 깎은 이 추를 '고드랫돌'이라고 불렀다. 자리틀의 가로로 걸쳐진 막대 위에 볏짚 한 가닥을 올려놓고 앞에 매달려 있는 서른 개 정도의 고드랫돌들을 뒤로 넘기고 뒤에 있는 돌들을 앞으로 가져오는 동작을 반복하면 자리가 짜진다.

자리공이 동글동글한 열매들을 주렁주렁 매달고 있는 모습은 자리틀에 고드랫돌이 가지런히 매달린 모양과 아주 닮았다. 화문석을 짜는 틀은 그 추의 간격이 촘촘해서 고드랫돌도 작았다. 그렇다면 자리공이라는 식물의 이름은 자리를 짜는 사람이나 자리 짜는 일에 비유하지 않았을까 하는 생각에 다다른 것이다.

대체로 농가에서 자리를 짜는 일은 노인들이 해야만 했다. 근력이 약한 노인들은 논일 밭일 하기가 어려우니 자리틀 앞에서 생활에 필요한 여러 가지 자리 짜는 일을 맡았다. 그리 보면 이 자리공이란 고드랫돌을 많이 달고 자리를 짜는 할아버지를 연상하기에 충분하다.

자리공을 보면 꿈같은 추억에 빠져든다. 자리 짜시던 할배 옆에서 볏짚 한 올 한 올 얹어드리며 구수한 옛날이야기에 밤이 깊어가는 줄도 몰랐던 날들을….

■ **미국자리공** *Phytolacca americana* L.

산과 들에 자라는 자리공과의 여러해살이풀. 높이 1~1.5m. 5~9월 개화. 꽃차례가 옆으로 자라며 수술과 씨앗이 각각 10개이며, 하나의 껍질로 싸여 있다. 열매는 염료나 잉크 대용으로 썼다. 우리나라에서 보이는 자리공은 대부분이 미국자리공이다.

©이동희

©마용주

■ ■ **자리공** *Phytolacca esculenta* Van Houtte

산과 들에 자라는 자리공과의 여러해살이풀. 높이 1m 정도. 5~6월 개화. 미국자리공과 다르게 꽃차례가 곧게 서서 자라며 수술과 씨앗이 각각 8개이고, 씨앗은 낱개로 껍질에 싸여 있다.

[이명] 상륙(뿌리의 약재 이름), 장녹

※울릉도 특산식물로 알려진 섬자리공(*Phytolacca insularis* Nakai)은 자리공과 거의 유사하다.

고마운 잡초 까마중

까마중 *Solanum nigrum* L.

밭이나 길가에 흔한 가지과의 한해살이풀. 높이 20~70cm. 가지가 많이 퍼지고, 잎 가장자리는 밋밋하거나 물결 모양이다. 5~11월 개화. 어린잎은 식용, 전초는 열매와 함께 약용한다. [이명] 강태, 까마종, 깜뚜라지, 먹딸기 등

까마중은 까만 열매가 중의 머리를 닮은 풀이다. 요즈음은 흔하게 보지만 옛날에는 아주 귀한 것이었다. 그 무렵에는 까마중보다 아이들의 입이 많았기 때문이다. 서른 집 남짓 되었던 고향 동네에 십십바다 고민고만한 아이들이 바글바글 했으니 골목이며 밭둑에 까마중이 남아나질 않았다.

가난한 동네일수록 까마중은 멸종위기 상태가 되었다. 잡초 까마중이 '잡초불패'의 명예에 먹칠을 한 시대이기도 했다. 보통 잡초는 번식력이 지나치게 왕성하고 악조건에서도 잘 견디며 거의 일 년 내내 꽃을 피우면서 많은 씨앗을 만들어내고, 사람이 사용하는 양지바른 땅이나 논밭에 번성한다. 결국 잡초는 사람에게 귀찮은 식물을 싸잡아 이르는 말이다.

그런데 까마중은 앞에서 늘어놓은 잡초의 여러 속성 중에서 지나친 번식은 하지 않으므로 사람을 귀찮게 하지는 않는다. 그러면서 여름부터 늦가을까지

오랫동안 열매를 달고 있어서 먹을거리가 별로 없었던 아이들에게는 참 고마운 존재였다.

그 시절에 느끼던 까마중의 맛을 어떻게 표현할 수 있을까? 입안에서 가볍게 터지는 부드러우면서도 구수한 과즙의 맛이 굳이 비유하자면 토마토 맛과 비슷하다고나 할까… '들큰하다'는 표현이 적절할는지 모르겠다.

까마중의 꽃은 작고 하얀 별모양의 꽃잎에 노란 꽃술을 달고 있다. 밭이나 들에서 이와 비슷한 꽃을 피우는 식물들이 많다. 밭작물로는 토마토, 가지, 고추, 감자가 같은 가지과 식물이고, 야생으로는 배풍등, 땅꽈리, 알꽈리, 도깨비가지 등이 같은 가문이다. 가지과 식물들이 아주 비슷한 꽃들을 달고 있는 걸 보면, 명문 학교 학생들이 자랑스럽게 뱃지를 달고 다니는 듯하다.

그 집단의 명예심 때문인지 이들은 대체로 인간에게 이롭다. 일용할 양식과 야채, 군것질거리, 꽈리 같은 장난감까지 주니까 말이다. 그러나 어느 집단이나 못된 송아지가 하나쯤 있다. 북아메리카에서 왔다는 '도깨비가지'란 녀석은 온몸에 가시를 달고 급속하게 세력을 넓혀서 생태교란종의 불명예를 얻었다. 그런 도깨비 같은 녀석도 있어서 또 세상은 재미있지 않은가?

배풍등
Solanum lyratum Thunb.
낮은 산지에 나는 덩굴성 여러해살이풀. 3m 가량 자란다. 전체에 털이 있으며, 가지가 갈라져 길게 뻗는다. 7~9월 개화. [이명] 배풍등나무
※좁은잎배풍등(*Solanum japonense* Nakai)은 전체에 털이 거의 없으며 꽃이 약간 자주색을 띤다.

도깨비가지
Solanum carolinense L.
길가 빈터나 들에 자라는 여러해살이풀.
높이 40~60cm. 줄기와 잎에 날카로운 가시가 성기게 달린다. 7~8월 개화. 열매는 작은 구슬만하고 노랗게 익는다. 북아메리카 원산의 귀화식물로 생태교란종으로 지정되었다.

독말풀
Datura stramonium var. *chalybaea* W. D. J. Koch
들이나 길가, 밭에 나는 한해살이풀.
높이 30~100cm. 줄기는 자주색이며 잎 가장자리에 불규칙한 톱니가 있다. 7~9월 개화. 바다 가까운 땅에서 흔히 볼 수 있다.
[이명] 네조각녹발풀, 양독밀풀

꽈리(왼쪽)
Physalis alkekengi var. *franchetii* (Mast.) Hort
마을 근처에 나는 여러해살이풀.
높이 40~80cm. 6~7월 개화. 뿌리와 열매는 약용 또는 식용한다. [이명] 꼬아리, 때깔

땅꽈리(오른쪽)
Physalis angulata L.
들이나 길가에 나는 한해살이풀. 높이 30~40cm.
7~8월 개화. 뿌리와 열매는 약용(해열제)한다.
[이명] 덩굴꽈리, 때꽈리, 좀꼬아리

고달픈 이름 등골나물

등골나물 *Eupatorium japonicum* Thunb.

산이나 들에 나는 국화과의 여러해살이풀. 높이 1m 가량. 7~10월 개화. 꽃은 자주빛을 띤 흰색. 혀꽃이 없다. 등골나물은 잎자루가 있고, 잎자루가 없는 것은 골등골나물, 잎이 아랫부분에서 갈라지는 것은 벌등골나물이다. 어린순은 식용한다. [이명] 벌등골나물, 새등골나물

등골나물은 그 이름부터 별로 기분이 좋지 않았다. 이 꽃을 처음 보았을 때 으스스한 느낌이 들더니, 그 이름이 등골나물이라고 알고 난 뒤에는 더욱 그러했다.

나는 신경섬유의 단면도 같은 등골나물의 이상한 꽃을 보면 어느 병원에서 한 번은 보았음직한 인체해부도가 연상되었다. 옛 사람들이 무슨 해부학 지식이 있어서 이런 이름을 붙였을까 싶지만, 아무리 생각해도 '등골'을 달리 유추해볼 도리가 없었다. 일단 그 이름의 유래는 숙제로 미루어 두고 '등골'하면 이 시대의 '등골 삼대' 이야기를 하지 않을 수 없다.

1세대는 70~80세 정도의 세대로 '등골이 빠진' 세대다. 이 세대는 자식들 공부시키느라 소 팔고 논 팔고 등골이 빠졌다. 이분들은 문맹률 90%의 시대에 살면서 자식들을 공부시켜 세계에서 가장 문맹률이 낮은 나라를 만드는 기적을 이룩했다. 이분들이 살았던 시대는 대체로 농경의 시대였다.

2세대는 40~50대의 나이로 1세대의 '등골을 뺀' 세대다. 부모 등골을 빼먹은 만큼 열심히 일했고 세상에서 가장 가난했던 나라를 부자 나라들과 어깨를 나란히 할 수 있도록 기적을 만들었다. 이들은 산업화 시대를 선도했고, 주로 기계문명의 시대를 살았다.

3세대는 등골 빼먹은 세대의 '등골을 부러뜨리는' 세대다. 일부러 지어낸 말이 아니라 요즘 다들 '등골 브레이커'라는 말을 쓴다. 이들은 정보화가 몰고 온 세계적 무한경쟁의 시대에 들어서면서 물질 만능주의와 정신적 황폐화의 시대를 힘겹게 살고 있다.

바라건대 세계사에 유례가 없는 '등골 삼대'의 시대를 끝내고 다시 인간다운 삶을 살 수 있는 세상이 왔으면 좋겠다. 사람 사는 세상답게 이웃과 예의와 품격도 다시 찾고 삶의 여유와 의미를 느낄 수 있는 그런 세상 말이다.

등골나물 이름이 하도 생뚱맞아서 해 본 소리다.

서양등골나물
Eupatorium rugosum Houtt.
북아메리카 원산의 여러해살이풀.
높이 40~70cm, 8~10월 개화. 두상화서는 10~25송이의 꽃이 뭉쳐 있다. 1978년 서울 남산에서 최초로 발견되었으며, 6·25 때 미군의 군수 물자와 같이 들어온 것으로 추정된다. 생태교란종으로 수도권과 강원도 일대에서 빠른 속도로 확산되고 있다.

채근담의 주인공 명아주

명아주 *Chenopodium album* var. *centrorubrum* Makino

밭이나 빈터에 나는 명아주과의 한해살이풀. 높이 1m 가량. 6~10월 개화. 줄기 끝에 황록색 꽃이 달린다. 어린 잎은 식용하고 성숙한 잎과 열매는 약용한다. [이명] 는쟁이, 능쟁이, 붉은잎능쟁이, 도트라지

명아주의 꽃차례

동양의 고전 채근담(菜根譚)에 이런 구절이 있다. "명아주나 비름나물을 즐겨먹는 이는 얼음처럼 맑고 옥같이 깨끗하나, 비단옷 입고 좋은 음식 먹는 사람은 종처럼 비굴하게 아첨도 마다않는다. 뜻은 담백함으로써 뚜렷해지고 지조란 부귀를 탐하면 잃고 마는 것이다. (藜口莧腸者 多氷凊玉潔, 袞衣玉食者 甘婢膝奴顔, 蓋志以澹泊明 而節徒肥甘喪也)"

채근담은 풀뿌리처럼 질박하고 담백한 삶을 권하는 고전이다. 책 제목의 나물 '菜'는 어떤 나물을 특정하고 있지는 않지만 이 책 속에서 명아주가 세 번, 비름이 한 번 언급되는 걸로 보아 저자는 이 제목에 명아주 나물을 마음에 두지 않았을까 싶다.

이 책에서 명아주가 검소한 음식의 대명사로 나오는 까닭은 명아주가 가장 흔하고 맛이 담백하기 때문일 것이다. 명아주를 끓는 물에 삶으면 시금치나 비름과 비슷한 맛이 나고, 약초로서의 쓰임새도 다양하다고 한다. 내 고향 경상

도에서는 이 명아주를 '도트라지'라고 불렀다. 그 이름에서 도틀도틀한 줄기와 열매와 뿌리가 저절로 떠오르니 내게는 명아주라는 뜻 모를 이름보다 더 친근하다.

명아주 하면 청려장(靑藜杖)을 빼놓고 이야기 할 수 없다. 청려장은 크게 자란 명아주의 줄기를 말려서 만든 지팡이인데 뿌리째 뽑아서 말려야 뿌리 부분을 손잡이로 쓸 수 있다. 이 지팡이는 아주 가벼워서 근력이 약한 노인이 쓰기에 좋고 손잡이의 오돌토돌한 돌기가 노인의 혈행을 좋게 한다고 한다.

조선시대에는 이 명아주를 말려서 만든 청려장을 그 연령에 따라 달리 부르는 이름이 있었다. 나이 오십이 되어 자식이 아비에게 바치는 청려장을 가장(家杖), 육십이 되었을 때 고을에서 주는 것을 향장(鄕杖)이라 하고, 칠십이 되었을 때 나라에서 주는 것을 국장(國杖), 팔십이 되었을 때 임금이 내리는 것을 조장(朝杖)이라고 불렀다. 그래서 어떤 고을에 國杖이나 朝杖을 짚은 노인이 나타나면 그 고을 수령이 직접 마중을 나가 예의를 표했다고 한다.

그런 저런 사연이 있는 까닭에 명아주를 만나면 선인들의 담백한 삶과 아름다운 풍습이 떠오른다. 청려장 짚을 날이 내게도 화살처럼 날아오고 있다.

방가지똥에 대한 생뚱맞은 생각

방가지똥 *Sonchus oleraceus* L.

길가나 들에 나는 한두해살이풀. 높이 30~100cm. 큰방가지똥에 비해 잎이 얇고, 새 깃 모양으로 갈라진다. 5~10월 개화. 어린순은 식용한다. [이명] 방가지풀

방가지똥은 씨방이 작은 동물이나 새의 똥을 닮았다. 씨방의 아랫부분이 볼록하고 위로 갈수록 좁아진 모양이 키세스인가 뭔가 하는 작은 초콜릿을 연상시키기도 한다.

방가지똥이나 큰방가지똥은 유럽에서 온 귀화식물인데, 5월부터 10월까지 꽃을 피울 정도로 번식력이 왕성하고 남부지방에서는 12월에도 꽃을 볼 수 있을 만큼 추위에 강하다. 노란 꽃은 민들레를 닮았고 전체적인 모습은 엉겅퀴를 닮아서 이 두 가지 식물의 강인함을 다 가지고 있는 듯하다.

방가지똥은 잎이 민들레의 잎처럼 생겼고 얇고 연하다. 큰방가지똥의 잎은 엉겅퀴의 잎처럼 무섭게 생기기는 했어도 실제로 만져보면 보기보다는 부드러운 편이다. 어쩌면 초식동물들이 먹으려는 생각조차 못하게 겁을 주려고 잎 모양만 그로테스크하게 만들어 간 것인지도 모른다. 외유내강(外柔內剛)이 아니

큰방가지똥 *Sonchus asper* (L.) Hill
길가나 빈터에 나는 국화과의 한두해살이풀. 높이 50~100cm. 줄기와 잎에서 흰 유액이 나오고 줄기 속은 비어 있다. 잎 가장자리에 가시 모양이 있으나 부드러운 편이다. 5~10월 개화. [이명] 개방가지똥, 큰방가지풀

라 외강내유(外剛內柔)다.

방가지의 똥이라니까 방가지가 무슨 동물이기는 한 모양이다. '강아지똥'이라고 해도 좋을 것을 '방가지똥'은 도대체 뭐란 말인가? 방가지똥은 씨앗이 익으면 여느 국화과의 식물들과 마찬가지로 솜털처럼 풍성하게 부풀어서 바람에 날려갈 준비를 한다. 가까이 있는 동물 중에 하얀 털이 풍성하다면 삽살개가 떠오른다. 삽살개는 천연기념물로 지정된 우리의 토종개다. '삽살'은 귀신을 쫓는 영험한 기운이 있다는 뜻이라고 하며, 용감하고 주인에게 충성심이 강하고 집을 잘 지킨다고 한다.

삽살개는 털이 많다고 한자로 쓸 때 개 견(犬)자에 털을 붙여 삽살개 방(尨)자를 쓰고 있으니, 상형문자다운 묘미가 있다. 그렇다면 옛날에는 삽살개의 강아지도 다른 이름이 있지 않았을까? 그래서 변견이라고 부르는 보통 개의 새끼는 그냥 강아지고, 삽살개의 새끼는 '방강아지'나 '방가지'로 부르지 않았나 싶다. 방가지똥의 이름이 정겹고 그 생김새도 마음에 들어서 생뚱맞은 상상을 해보았다.

홍익인간의 모범 쑥

쑥 *Artemisia princeps* Pamp.

산이나 들에 나는 국화과의 여러해살이풀. 높이 60~100cm. 줄기 끝에 홍자색 꽃이 한쪽으로 치우쳐 달리는 풍매화이다. 7~10월 개화. 어린잎은 식용, 잎줄기는 약용, 잎은 뜸쑥용으로 쓴다. 전세계적으로 약 250여 종, 우리나라에 약 40종의 쑥이 알려져 있다.

린네는 쑥의 학명을 아르테미스 여신으로 정했다.(린네가 명명한 쑥의 국명은 개똥쑥 *Artemisia annua* L.이다.) 그리스신화에 나오는 아르테미스는 사냥의 여신으로, 야수들이 사는 들판을 주관하는 모신(母神)으로서 출산과 어린이의 발육을 수호하는 신이라고 한다. 그는 쑥이 여성에게 좋은 식물이라고 생각했던 것 같다. 우리나라 사람이 쑥의 학명을 정할 기회가 있었다면 '웅녀(熊女)'의 이름을 붙였을는지도 모를 일이다. 단군신화에 의하면 환인이 준 쑥 한 줌과 마늘 스무 뿌리를 먹고 굴속에서 지낸 곰이 스물 하루 만에 웅녀로 환생했다니 말이다.

쑥은 이렇게 동서양에 걸쳐 신화적인 효능을 가진 풀이다. 쑥은 건강을 북돋우는 음식이 되고 좋은 약이며 뜸의 재료다. 봄에 산과 들에 쑥쑥 올라온다고 해서 쑥이라고 한다는데 그 엄청난 생명력을 가진 식물이 어디엔들 좋지 않

겠는가.

어린 시절에 말린 쑥으로 모깃불을 피우던 추억이 있는 사람들은 그 향기를 사랑하고 그리워할 것이다. 쑥향기 나는 모깃불 둘레에 온 식구가 오손도손 둘러앉았던 그 옛날의 여름밤은 얼마나 아름다웠던가. 쑥에는 살충효과가 있는 피레트린 성분이 있어서, 모깃불로도 사람에게 크게 이로운 일을 한 것이다.

쑥과 마늘을 먹고 사람이 된 웅녀가 낳은 분이 단군이다. 단군은 옛 조선을 '홍익인산(弘益人間)'의 이념으로 세웠다. 나이를 꽤 먹어서도 '널리 인간을 이롭게 한다'는 이 말을 제대로 이해하지도, 깊게 생각해보지도 않았었다. 그러나 생각할수록 귀한 가르침이다. 사람이 존재하는 이유와 보람, 도덕적 가치기준을 이보다 더 잘 표현한 것이 다시 있을까 싶다.

쑥이야말로 널리 사람을 이롭게 하는 홍익인간의 모범이다. 내 안에 단군, 그리고 쑥의 정기가 흐르고 있다고 생각하니, 온 세상에 흔한 쑥이지만 다시 보지 않을 수 없다.

한련초의 여러 이름들

한련초 *Eclipta prostrata* (L.) L.

논이나 밭둑에 나는 국화과의 한해살이풀. 높이 10~60㎝. 전체에 짧은 털이 있고, 가지를 치며, 잎은 마주난다. 7~11월 개화. 전초는 약용한다. [이명] 하년초, 한련풀, 한년풀(북한명)

한련초는 여름부터 서리가 내릴 때까지 꽃이 핀다. 논두렁 같은 진흙 토질에서 흔히 자라며, 메마른 땅에서도 어렵지 않게 볼 수 있다.

한련초는 그 유액이 맑은 액체지만 공기에 노출되면 30초가 지나지 않아 검은색으로 변한다. 이런 성질 때문에 이것을 달인 물을 먹거나 머리를 감으면 머리카락이 검게 변한다는 옛 기록이 전해오고 있다. 여기까지는 그럴듯해 보이는데 요즘에는 한 술 더 떠서 '천연 비아그라'라고 선전을 해대는 광고도 눈에 띈다. 한련초의 효능을 아무리 과장해서 혹세무민하더라도 이 식물은 잡초다운 강인한 생명력이 있으므로 그 안위나 멸종을 염려하지 않아도 될 것 같다.

한련초라는 이름에서는 잡초답지 않은 무게감이 있다. '한'과 '련'이라는 문자가 주는 선입관 때문인지는 몰라도 '한련초'에는 무슨 한이라도 서려 있는 듯한 느낌이 든다. 한자 표기를 찾아보니 가물 '旱' 연꽃 '蓮'자를 쓰고 있었다.

'가뭄 연꽃'이라면 나의 지레 짐작은 멀리 빗나간 것이지만 그 나름의 의미가 있다. 한련초는 한여름의 논둑에서도 피지만 추수가 끝나고 물을 뺀 논에서 제 세상 만난듯이 멋대로 자라는 풀이다. 연꽃처럼 물에서 살지만 꽃은 논이 마른 다음에 피니까 '가뭄에 피는 연꽃'이라는 이름도 그럴싸한 이름이다.

이 꽃의 중국 이름인 '하년초(夏年草)'와 북한 이름인 '한년풀'에서는 '한해살이풀'이라는 의미가 우선 느껴진다. '하년초'와 '한년풀', 그리고 '한련초'라는 이름들에는 오랜 세월과 문화적, 지역적인 차이에도 불구하고 어떤 동질성이 공존하는 듯하다.

'한련초'의 본래 의미가 무엇인지는 모르겠지만, 가을걷이가 끝난 들녘에 핀 한련초를 보면 그 이름에 대한 첫 느낌대로 회한과 연민이 앞선다. 농부의 땀으로 얻은 수확이 그들의 행복이 되었던 시대보다는 기근과 수탈의 역사가 더 아픈 기억으로 남아 있기 때문일까.

©김중연

02 눈 녹은 산과 계곡

눈 덮이고 언 땅을 새싹은 기어이 뚫고 나오고야 만다.
몇 번의 꽃샘추위에도 꿋꿋이 살아남는다.
어떤 싹은 스스로 열을 내어 눈을 녹이고,
어떤 녀석은 따뜻한 털옷을 입고 나온다.
잎을 내는 일보다 꽃 피우는 일이 바쁘다.
나뭇잎이 나와 햇볕을 가리기 전에 꽃을 피워 씨앗을 만든다.
겨우내 굶주렸던 짐승들의 먹이가 되지 않으려고
아리고 씁쓸한 독을 품고 나온다.
동상 걸린 듯한 검붉은 싹은 태양의 입김으로 초록으로 변한다.
눈 녹은 산과 계곡에 생명의 기운이 가득하다.

노루귀

긴 모가지하고
봄소식 기다리다
두 귀 쫑긋 세우고
봄 오는 소리 듣다가
꽃샘 눈 맞았다.

그래 곧 봄이 와

적막한 숲
하얀 눈 나라에
어여쁜 생명
홀로 빛나다.

노루귀

Hepatica asiatica Nakai

숲 속에 나는 미나리아재비과의 여러해살이풀. 높이 5~10cm. 줄기와 잎 뒷면에 털이 많다. 3~4월 개화. 잎이 나오기 전에 꽃이 핀다. 전초는 약용한다. [이명] 장이세신(獐耳細辛)

두더지의 순애보 눈색이꽃

복수초 *Adonis amurensis* Regel & Radde

양지바른 산지나 계곡에 나는 미나리아재비과의 여러해살이풀. 높이 5~15cm. 꽃이 진 후 30cm까지 자란다. 2~4월 개화. 5월에 결실 후에는 말라서 지상에서 사라진다. [이명] 복풀, 눈색이꽃, 얼음새꽃, 땅꽃

'눈색이꽃'은 한겨울에 눈을 삭이면서 핀다는 꽃이다. 어떤 지방에서는 얼음사이에서 핀다고 '얼음새꽃'이라고도 하고 땅에서 꽃부터 내민다고 '땅꽃'이라고 부르는 지방도 있다.

그런데 이 꽃의 국명, 복수초는 어쩐지 으스스한 느낌을 준다. 일본에서는 이 꽃을 새해에 행복과 장수를 기원하는 선물로 쓴다니 '복수초'(福壽草)라는 이름에서는 아무래도 일본 냄새가 난다. 우리나라에서는 보통 수복강녕(壽福康寧)의 순서로 쓰므로, '壽福草'라고 부르면 모를까, 국명에서 뭐라고 정했거나 말거나 나는 '눈색이꽃'이라고 부른다.

다른 이른 봄꽃들처럼, 눈색이꽃도 숲이 무성해지거나 경쟁하는 풀들이 나오기 전에 꽃을 피우고 열매를 맺는다. 그러자면 영하의 추위와 몇 번의 봄눈을 견뎌내야 한다. 이 꽃은 수액에 글리세롤이라는 부동액 성분이 있어서 영하 10도를 밑도는 추위도 거뜬하게 이겨낼 뿐만 아니라, 눈이 내리면 스스로 대사작용을 통해 열을 내서 주변의 눈을 녹인다.

옛날 하늘나라에 하느님의 외동딸인 예쁜 공주가 있었는데, 하느님은 여러 신들 중에서 제일 충성스러우며 부지런할뿐더러 가장 넓은 땅을 가진 두더지신

에게 공주를 시집보내려고 했다. 공주가 두더지신은 너무 못생겼다며 도망을 쳐버리자 하느님은 노여워서 공주를 노란 꽃으로 만들어버렸다. 이 꽃 주변에 눈이 빨리 녹는 까닭은 두더지신이 눈을 쓸면서 공주의 마음이 돌아서기를 기다리기 때문이라고 한다.

눈색이꽃은 햇볕이 나면 오목거울 모양으로 꽃잎을 펼친 다음 잎 표면의 광택으로 햇볕을 반사시켜 꽃의 중심인 암술머리에 열을 모은다. 그리고 이 오목거울은 항상 태양을 향하도록 스스로 움직인다. 그렇게 모은 열이 주변 공기보다 암술 온도를 6도나 높게 해서 곤충을 불러 모으고 꽃가루관과 종자를 성숙시킨다고 한다.

눈색이꽃은 나뭇잎이 무성해져 숲에 햇볕이 들지 않으면 잎까지 완전히 사라져서 지상에서 볼 수가 없게 된다. 공주가 꽃이 되어서는 드디어 두더지의 정성에 감동했는지 2월부터 5월까지만 땅 위에 나와서 꽃을 피워 열매를 맺고 여덟 달 가까이는 땅속에서 두더지하고 사는 모양이다.

가지복수초

Adonis ramosa Franch.

복수초에 비해 꽃이 훨씬 크고 줄기에 가지를 쳐서 꽃이 여러 송이가 핀다. 복수초는 꽃받침이 꽃잎보다 넓으나 가지복수초는 꽃잎보다 좁다. 2~4월 개화. 주로 우리나라 중남부의 해안 지방과 저지대에 자생한다.

세복수초

Adonis multiflora Nishikawa & Koki Ito

복수초와 닮았으나 꽃줄기가 가지를 치며, 꽃의 수가 많다. 복수초와는 달리 잎이 먼저 나오고 꽃이 핀다.

작은잎이 매우 가늘어서 세복수초라고 한다. 2~3월 개화. 제주도와 일본 등지에 분포한다.

©이주용

재치를 뽐내는 아가씨 변산바람꽃

변산바람꽃 *Eranthis byunsanensis* B. Y. Sun
미나리아재비과의 여러해살이풀. 높이 10cm 정도. 낙엽수림의 가장자리, 자잘한 돌이 많은 전석지(轉石地)에서 잘 자란다. 남해안 지방에서는 2월 초, 내륙은 3월에 개화한다. ※최초 변산반도에서 발견되어 '변산바람꽃'으로 명명되었으나, 전국적으로 분포하고 있고, 일본에도 자생한다고 알려졌다.

몰리에르는 인간의 위선과 허영을 풍자한 작품을 많이 남겼다. 그의 출세작은 1659년에 공연된 〈재치를 뽐내는 아가씨들(Les Priceuses ridiculs)〉로, 우리나라에서도 많이 공연된 이 작품의 줄거리는 대강 이러하다.

프랑스의 어느 시골에 파리 귀족사회에 대한 동경으로 바람이 잔뜩 들어있는 하급 귀족의 딸과 그녀의 사촌 자매가 있었다. 스스로를 대단한 귀족가문의 숙녀로 착각하고 있는 두 자매에게 신사 두 사람이 청혼을 했으나 하찮은 신분이라고 면박을 당한다. 두 남자는 이 아가씨들에게 당한 수모에 대해 복수를 하기로 한다. 그들은 재치가 뛰어난 하인과 마부를 파리의 귀족으로 꾸몄다. 하인과 마부는 세련되고 우아한 귀족사회의 말솜씨와 재치로 허영에 들뜬 두 아가씨를 완전히 반하게 만들었다. 그 작업이 절정에 이를 무렵 그들의 주인이 현장을 덮쳐서 하인들의 귀족 옷을 벗기고 누더기 내의를 입은 초라한 모습을 드러내게 하여 두 아가씨를 웃음거리로 만들어 버린다.

'너도바람꽃'이라는 이름이 붙은 꽃이 있다. '너'라고 부른 '나'는 과연 누구일까? 그건 변산바람꽃임이 분명하다. 너도바람꽃과 같은 시기에 피는 바람꽃은 그녀뿐이기 때문이다.

그러나 바람의 신(神) 제피로스는 말한다. "변산아 나는 너를 바람꽃이라 여긴 적이 없다. 진정한 바람꽃은 일찍이 나의 아름다운 연인이었던 아네모네(Anemone)들뿐이다." 결국 변산아가씨는 바람꽃도 아니면서 바람만 잔뜩 들어가지고 큰 은총이나 베풀듯이 너도바람꽃의 신분상승을 시켜준 것이다.

우리나라에 자생하는 10여 종의 '아네모네'들과는 달리 이 두 가지 꽃은 너도바람꽃속(*Eranthis*)으로 분류된다. 변산바람꽃과 너도바람꽃은 아네모네들에게는 없는 꿀샘을 가지고 있다. 꿀샘은 원래의 꽃잎이 변형된 것이고, 꽃잎으로 보이는 것은 꽃받침이라고 한다.

'변산'과 '너도'는 바람의 신 제피로스가 아네모네들을 꽃 피우기 전에 망신을 당한 시골 숙녀들처럼 바람과 함께 사라져 버린다. 변산바람꽃과 너도바람꽃은 보통 바람꽃들과는 다른 집안이라는 이야기를 하려다 보니 본의 아니게 두 꽃의 흉을 본 것 같다.

꽃이나 사람이나 귀하고 천한 차별이 어디 있겠는가. 억지로 귀하게 보이려 하면 오히려 천박해진다.

바람꽃(*Anemone*)속이 아닌 바람꽃들

풍도바람꽃
Eranthis pungdoensis B. U. Oh
경기도의 풍도에 자생하며, 2011년에 풍도바람꽃의 국명으로 등록되었다. 변산바람꽃에 비해 꿀샘이 넓고 전체적으로 대형이다. 생육조건에 따른 변산바람꽃의 변이로 보는 견해도 많다.
©임성준

너도바람꽃
Eranthis stellata Maxim.
산지의 반음지에 나는 여러해살이풀.
높이 10cm 가량. 종소명 *stellata* 는 별 모양이라는 뜻이다. 3~4월 개화. 우리나라 남부 지방의 산지에도 자생하나 주로 중북부 지방에 분포한다.
[이명] 절분초

만주바람꽃
Isopyrum manshuricum (Kom.) Kom.
산지 계곡 부근에 나는 미나리아재비과의 여러해살이풀. 높이 약 20cm. 4~5월 개화. 한국(제주도 제외), 중국 동북 지방 등지에 분포한다.

개구리발톱
Semiaquilegia adoxoides (DC.) Makino
산지 계곡 부근에 나는 미나리아재비과의 여러해살이풀. 높이 20~30cm. 4~5월 개화. 호남 지방을 중심으로 주로 남부 지방에서 볼 수 있다.
[이명] 개구리망, 섬개구리망, 섬향수꽃, 섬향수풀
*만주바람꽃과 다른 속으로 분류되었으나 매우 닮았다.

결가부좌한 부처님의 모습 앉은부채

앉은부채 *Symplocarpus renifolius* Schott ex Miq.

산골짜기의 그늘진 곳에 나는 천남성과의 여러해살이풀. 잎은 꽃보다 늦게 나오며 40cm까지 자란다.
2~4월 개화. 꽃은 불염포가 싸고 있으며, 발열작용을 해서 얼지 않는다.
[이명] 우엉취, 삿부채(북한명), 산부채풀, 삿부채풀

앉은부채는 이른 봄에 눈을 뚫고 올라오는 식물이다. 작은 파인애플이나 수류탄처럼 생긴 꽃차례를 만져 보면 영하의 날씨에도 온기가 느껴진다. 앉은부채라는 이름을 처음 들었을 때 초현실주의 화가의 그림이 먼저 떠올랐다. 살바도르 달리의 그림, '기억의 영속성'에서 시계 문자판이 치즈 녹은 듯이 테이블 모서리에 늘어져 있거나 젖은 빨래처럼 나뭇가지에 걸려 있는 장면이었다.

혹자는 잎이 부채처럼 넓어서 붙은 이름이라고 했다. 달리 같은 화가라면 'ㄴ'자로 '앉은 부채'를 그릴 수도 있겠으나, '부채가 앉았다'는 뜻의 이름은 아무래도 억지스럽다. 그러나 경상도 사람들이라면 '앉은부채'를 쉽게 이해할 것 같다. 지금도 내 고향 '갱상도'에서는 특유의 발음 습관으로 형님을 '행님'으로, 부처님을 '부채님'이라고 한다. 그래서 나는 앉은부채를 볼 때마다 결가부좌하고 정진하는 부처님의 모습을 자연스럽게 떠올렸었다.

이 이름을 쉽게 이해하게 된 또 하나의 이유는 작은 파인애플 같은 꽃을 감싸고 있는 불염포 때문이었다. 불염포(佛焰苞)는 부처님의 불꽃이란 뜻이고, '불염'은 불교 예술품에서 쉽게 볼 수 있는 문양이다.

그런데 어느 날 코브라의 전설을 듣고는 또 다른 생각도 들었다. "부처님이

결가부좌하여 정진할 때 소나기가 쏟아지자 부처님의 크나 큰 덕에 감화되어 늘 그 곁을 지키던 코브라가 온몸으로 부처님을 감싸서 비를 맞지 않게 했다고 한다. 그때부터 코브라는 몸의 3분의 1을 곧추세우고 가슴을 날개처럼 활짝 펴는 재주를 갖게 되었다"는 내용이었다. 이 전설을 들은 후로는 앉은부채의 불염포를 볼 때마다 부처님을 감싸고 있는 코브라로 보이기도 했다. 부처님처럼 살면 독사도 감화된다는 배움도 얻었다.

애기앉은부채
Symplocarpus nipponicus Makino
깊은 산림의 습한 그늘에 나는 여러해살이풀. 꽃이 진 후 넓은 잎이 나오는 앉은부채와는 달리 잎이 이른 봄에 먼저 피어 6월경 사라진 후 꽃이 핀다. 7~8월 개화.
[이명] 애기우엉취, 작은삿부채(북한명)

기나긴 밤들의 꿈이 아로새겨진 괴불주머니

산괴불주머니 *Corydalis speciosa* Maxim.
산의 습한 곳에 나는 현호색과의 두해살이풀. 높이 40cm 가량. 줄기는 곧게 서고 속이 비어 있으며, 잎은 어긋나고, 2회 깃꼴겹잎이다. 열매는 염주 모양이나 2열로 어긋나게 배열되어 가지런하지 않다. 4~5월 개화.
[이명] 암괴불주머니, 조선괴불주머니, 산뿔꽃 등

얼음이 녹은 골짜기에는 작은 바람꽃들이 먼저 핀다. 그 다음에는 노루귀, 중의무릇, 애기괭이밥들이 피지만 이들은 너무 작아서 봄의 풍경을 거들지 못한다. 이른 봄 산골짜기에서 가장 먼저 봄을 보여주는 꽃은 노란 꽃을 화사하게 피우는 산괴불주머니일 것이다.

그 이름이 오랫동안 궁금하였던 차에, 인사동의 장신구 박물관에서 우연히 '괴불주머니'를 만났다. '괴불'은 옛날 아녀자들이 복주머니 끈에 달고 다니던

괴불주머니가 들어간 노리개(보나박물관 소장)

노리개를 고양이의 음낭(陰囊)에 비유하여 이르는 말이었다. '괴'는 고양이의 옛말이고 '불'은 불알을 일컫는다.

괴불(괴불주머니라고도 함)은 색 헝겊을 삼각형 주머니 모양으로 만들어, 속에 솜을 도톰하게 넣고 수를 놓아서 세 귀에 붉은 수술을 단 것이다. 이때 뾰족한 세 귀는 삼재(三災)를 누른다는 벽사(辟邪)의 의미, 즉 요사스러운 귀신을 물리친다는 뜻이다.

우리 어머니와 고모들 세대는 밤마다 정성스레 수를 놓아가며 베갯머리며 복주머니, 노리개, 밥상보, 괴불주머니 같은 혼수를 시집가기 몇 해 전부터 준비했다. 자기의 배필이 누구인지도 모르고 언덕너머 파랑새를 꿈꾸며 한 땀 한 땀 수를 놓던 그 기나긴 밤들이 무척 행복했으리라. 우리 주변에서 괴불주머니가 사라진 것은 반세기쯤 되었을 듯하다. 내가 어릴 때만 해도 사진틀 밑의 괴불을 본 기억이 어렴풋이 난다. 그 무렵에는 흑백사진들을 조각보처럼 짜 맞춘 액자가 집집마다 걸려 있었다. 이 액자를 밑에서 고이는 못이 보이지 않게 하고, 집안의 삼재를 막으려고 못 위에 괴불주머니를 얹었다고 한다.

문명에 따라 사라져 가고 새로 오는 것이 있음은 당연한 일이지만 이렇게 아름다운 것들이 잊혀가는 것은 참 안타까운 일이다. 그나마 봄마다 만나게 되는 노란 괴불주머니가 꿈처럼 행복했던 시절의 기억으로 이끌어 준다.

선괴불주머니

Corydalis ochotensis Turcz.

산의 습한 곳에 나는 두해살이풀. 높이 60cm 가량. 가지가 많이 갈라져 엉키고 줄기는 모가 진다. 잎은 어긋나며, 산괴불주머니보다 부드럽고 넓게 갈라진다. *7~9월에 개화하므로 산괴불주머니와 구별된다.

염주괴불주머니

Corydalis heterocarpa Siebold & Zucc.

바닷가 모래땅에 나는 두해살이풀. 높이 40~60cm. 자르면 불쾌한 냄새가 난다. 잎은 어긋나며, 3출 깃꼴겹잎. 3~5월 개화. 괴불주머니류들의 열매는 대개 염주 모양이지만, 염주괴불주머니는 열매의 배열이 일직선으로 염주처럼 잘록잘록하다.

[이명] 줄구슬뿔꽃, 갯현호색

자주괴불주머니

Corydalis incisa (Thunb.) Pers.

산과 들의 나무그늘, 축축한 땅에 나는 두해살이풀. 3~4월 개화. 주로 남부 지방에서 볼 수 있다.

[이명] 자주뿔꽃, 자주현호색

*흰색의 꽃이 피는 흰자주괴불주머니 (*Corydalis incisa* f. *albiflora* Y. N. Lee) 도 있다.

언 땅에 피는 불꽃 붉은대극

붉은대극 *Euphorbia ebracteolata* Hayata
낮은 산자락에 나는 대극과의 여러해살이풀. 높이 20~30cm. 이른 봄에 싹이 틀 때는 전체적으로 붉은색을 띠나, 점차 녹색으로 변한다. 3~4월 개화. 울릉도, 전남 등지에 드물게 분포한다.

붉은대극은 눈이 녹을 무렵 언 땅을 뚫고 불꽃같은 싹을 틔운다. 그리고 개감수, 흰대극 같은 대극 가문의 형제들이 뒤따라 나온다. 추위가 채 물러가지 않을 때 서둘러 나오는 붉은대극과 개감수는 온통 붉은색의 싹을 틔웠다가 점차 밝은 녹색으로 변한다.

대극(大戟)은 '큰 창'이라는 뜻의 이름으로 섬뜩한 느낌을 준다. '대극'은 원래 한약재로 쓰이는 이 식물의 뿌리를 일컫는데, 매우 맵고 써서 인후(咽喉)를 자극하기 때문에 붙은 이름이다. 대극은 이뇨, 해열, 해독작용이 탁월하나 독이 강하므로 허약한 사람이나 임신부에게는 사용하지 못한다고 한다. 버들옻이나 우독초 같은 대극의 다른 이름들도 이 식물에 상당한 독성이 있음을 암시하고 있다.

대극은 '배상화서(杯狀花序)'라는 특이한 꽃차례를 가진다. 한자 뜻을 보면 '잔 모양의 꽃차례'로 대극과의 식물들에서만 나타난다. 이 꽃차례는 매우 복잡하지만 살펴보는 재미가 아기자기하다. 대극의 복잡한 꽃차례를 정리하자면, 꽃이 필 무렵 줄기 끝에서 다섯 개의 잎이 돌려난 뒤, 여기서 가는 줄기 다섯 개

가 별 모양으로 펼쳐진다. 이 다섯 개의 줄기 끝마다 세 개의 잎이 나와 큰 꽃받침이 된다. 이 꽃받침마다 다시 세 개의 짧은 꽃대가 나오고, 그 꽃대 끝에서 두 개의 잎이 잔 모양으로 마주 안으며 작은 꽃받침이 된다.

그 속에서 꽃잎이 없는 암꽃 하나가 먼저 핀다. 밑동으로부터 꿀샘, 씨방, 암술 하나를 달고 나오는 암꽃이 다른 꽃의 꽃가루를 받아 수분을 하면 암꽃의 주변에 꽃잎이 없는 서너 개의 수꽃이 달린다.

대극속의 다른 종들도 이와 비슷한 꽃차례로 꽃을 피운다. 대극은 꽃잎이 없어도 에워싼 잎들이 노란색으로 변해서 꽃잎이 있는 것보다 훨씬 화려한 꽃차례를 연출한다. 원예용으로 사랑받는 포인세티아, 설악초도 대극과로 잎이 화려한 색깔로 변해서 꽃처럼 보이는 식물이다.

대극의 화려한 잔 모양 꽃차례에서는 축배의 노래가 들리지만, 창으로 찔린 듯한 '라 트라비아타'의 아픔도 숨어 있다. 독과 약은 대체로 같은 근본이어서 어떻게 쓰느냐에 따라 삶과 죽음을 가르기도 한다. 자신의 마음을 다스리고 쓰는 것도 그와 다르지 않다.

대극

Euphorbia pekinensis Ruprecht

산과 들의 양지에 나는 여러해살이풀. 높이 80cm 정도. 줄기나 잎을 자르면 흰 유액이 나온다. 5~6월 개화. 생약(生藥)으로 쓰는 대극은 뿌리를 말린 것이다.

[이명] 버들옻, 유칠(柳桼), 우독초 등

흰대극

Euphorbia esula L.

바닷가 부근에 나는 여러해살이풀.

높이 20~40cm. 전체적으로 분백색이며, 털이 없고, 자르면 유액이 나온다. 4~6월 개화. 뿌리는 약용한다. [이명] 노랑대극, 노랑등대풀, 노랑버들옻, 흰버들옻

개감수

Euphorbia sieboldiana Morren & Decne.

산이나 들에 나는 여러해살이풀. 높이 30~40cm.

4~7월 개화. 유독식물로 뿌리는 약용한다.

[이명] 참대극, 감수, 산감수, 산개감수, 산참대극 등

풍도대극

Euphorbia ebracteolata var. *coreana* Hurus

1940년 일본인 Hurusawa에 의해 일본 식물지에 실렸다. 붉은대극에 비해 잎이 좁고 총포 내에 털이 밀생하는 특징이 있다고 하나 풍도의 군락에서는 털이 없는 개체들이 더 많다. 3~4월 개화. 한국풍도 특산. [이명] 풍도버들옻

고향을 잃어버린 꽃 모데미풀

모데미풀 *Megaleranthis saniculifolia* Ohwi

깊은 산 계곡에 나는 미나리아재비과의 여러해살이풀. 높이 20cm 가량. 4월 개화. 한국 특산식물.
속명 '*Megaleranthis*'는 큰 너도바람꽃이라는 뜻이다. [이명] 운봉금매화, 금매화아재비

고향이 사라진 사람들이 있다. 사람들이 도시로만 나가 살아서 두메산골의 작은 마을들이 사라졌기 때문이다. 모데미풀은 고향을 잃어버린 식물이다. '모데미풀'은 기준표본을 남원군 운봉면(현재 운봉읍)의 '모데미'에서 채집한 데서 유래 되었다지만, 지금 그 지명은 없다. 모데미풀이 살던 마을도 사라졌다.

국가생물종지식정보시스템에 등록된 모데미풀 표본 채취 지역 232군데는 대체로 백두대간의 덕유산 이북, 낙동정맥, 한북정맥의 높은 산들과 한라산 자락에 있었다. 지리산 지역에서는 표본을 채취한 곳이 단 한 군데도 없었기 때문에, 1930년대에 이 식물의 기준표본을 채집한 이후, 80여 년 동안의 환경변화로 사라지지 않았을까 우려된다. 그것이 사실이라면 지리산 일대에서 모데미풀을 찾아서 모데미 마을을 거꾸로 더듬어 찾아가기도 어렵겠다.

내가 어릴 적에는 동네 사람만 아는 작은 동네 이름이 있었다. 이를테면, 윗동네는 웃모테(웃 모퉁이), 아랫동네는 아랫모테, 동네 어귀는 새모테라고 부르는 식이다. 이런 이름은 방방곡곡마다 흔했던 이름이지만 이제는 거의 사라졌다. 지리산 자락의 '모데미'도 그렇게 사라진 이름들 중 하나일 것이다.

모데미풀은 지구상에서 우리나라에만 있는 1속 1종의 특산식물이다. '모데미풀'(『우리나라의 식물자원』, 이창복, 1969)이라는 우리말 이름을 지어 우리의

식물도감에 자랑스럽게 올린 것이 50년이 채 되지 않았다. 그런데 우리는 이 식물의 고향을 잃어버렸다. 문명한 시대, 이 좁은 땅덩어리에서 고향을 잃어버리다니 어떻게 이런 일이 있을 수 있는가? 우리는 지난 반세기를 그렇게 정신없이 살아왔다. 사라진 것이 어디 마을 이름뿐이랴. 그 많던 어릴 적 친구들, 이웃 간에 주고받던 정, 소중하고 아름다운 풍속들이 작별 인사도 없이 우리 곁을 떠나갔다.

전북 남원의 운봉읍과 주천면 사이에 있는 회덕마을 부근에 '모데기'란 지명이 있었다고 전해진다. 어느 해 봄에 그 지역에서 오래 살아오신 분과 함께 옛날에 모데미풀이 살았을 만한 계곡을 둘러보았다. 그곳은 풍치가 좋아 잘 알려진 구룡계곡의 상류지역이었다. 그 물길 위에 저수지가 생기고, 수십 년 동안의 환경의 변화가 모데미풀을 떠나게 했을 가능성이 높다. 고향이 사라진 나는 모데미풀과 동병상련(同病相憐)한다.

중들의 신통력을 보여주는 중의무릇

중의무릇 *Gagea lutea* (L.) KerGawl.

산이나 들의 반그늘에 나는 백합과의 여러해살이풀. 높이 15~20cm. 땅속에 지름 1~1.5cm 정도 되는 알 모양의 비늘줄기가 있다. 4~5월 개화. 비늘줄기는 약용한다. [이명] 중무릇, 조선중무릇, 애기물구지 등

사내아이 둘이서 입씨름을 하고 있다.

"너네 아빠 목사라면서?"

"야 ! 목사가 뭐냐? 목사님이지."

"목사가 목사지, 왜 목사님이라고 해야 돼?"

"그럼, 스님은 '스'냐?"

두 아이의 말이 다 일리가 있다. 국어사전에 '목사'란 말은 있어도 '목사님'이라는 말은 없다. 그 반대로 '스님'이라는 낱말은 있지만 '스'라는 말은 없다. 스님을 낮추어 부르는 말은 '중'이다.

'무릇'이란 '물기가 많은 땅 위'라는 뜻의 '물웃'에서 유래된 말로서, 늦여름에 분홍색 꽃이 피는 무릇이라는 식물 이름이기도 하고, 파, 마늘 같은 백합과의 구근을 일반적으로 지칭하는 뜻도 있다. 불가에서는 파, 마늘, 부추처럼 양기를 돋우는 채소를 먹지 않으므로 '중의무릇'이란 절에서 먹어도 되는 무릇이 아닐까 추측할 따름이다.

이 식물을 얼핏 보면 잎에서 줄기가 나와 꽃을 피운 것처럼 보인다. 보통 식물은 줄기에서 잎이 나오는데, 중의무릇은 잎이 줄기를 싸고 있다가 중간쯤에서 슬며시 꽃줄기가 나온 듯한 특이한 형상이다. 이 풀을 보고 있자니 슬며시 불경스러운 생각이 들었다. 중이 되어 세월이 흐르면 '대사'나 '큰스님'이 되는 분이 있고, 어떤 이는 '땡초'나 '똘중'의 호칭을 얻기도 하는 것은 대중이 불경스러운 것이 아니라 각자의 업보일 것이다.

내 고향에는 옛날 대사님이 지팡이를 꽂아놓은 것에 잎이 나고 수백 년 동안 살아서 고목이 되었다는 나무가 있다. 대사님이나 큰스님들은 이런 놀라운 신통력을 행하시는 분들이다. 어릴 때, 아이를 못 가진 여자가 절에 가서 백일기도 끝에 신통하게도 아이가 생겼다는 소문을 가끔 들었다. 대사님들이 이러한 일에는 관여하시지 않은 것 같고 중들은 이 정도의 신통력은 쉽게 행하는 듯하다. 느닷없이 잎에서 튀어나온 듯한 꽃줄기에서 중들의 신통력이 느껴지는 꽃이 '중의무릇'이다.

애기중의무릇

Gagea hiensis Pascher

산이나 들의 물 가까운 곳에 나는 여러해살이풀.
높이 15cm 가량. 땅속 비늘줄기의 지름 1cm 내외.
4~5월 개화. [이명] 애기중무릇, 작은애기물구지

맛이 아리고 가슴이 아린 나물 동의나물

동의나물 *Caltha palustris* L. var. *palustris*

산중의 습지나 개울가에 나는 미나리아재비과의 여러해살이풀. 높이 40cm 가량. 4~5월 개화. 잎은 식용 또는 소먹이용. [이명] 눈동의나물, 동이나물, 마제초(馬蹄草) 등

봄이 되면 숲 속 물가에 동의나물 꽃이 노랗게 핀다. 이 나물은 잎이 곰취나 머위를 닮아서 한눈에 봐도 먹음직스럽다. 그러나 이른 봄에 나오는 식물들은 대체로 독성이 있다. 잘 살아보려고 언 땅을 뚫고 힘겹게 고개를 내밀었는데, 겨우내 신선한 야채에 굶주렸던 초식동물들이 날름 먹어치우면 그보다 황당한 일이 없을 것이니, 독성을 품는 것이 당연하다.

그런 이유로 이 동의나물은 짐승은 못 먹지만 사람은 먹는다. 사람들은 아주 오래전에 이런 나물을 해독해 먹는 방법을 알아냈기 때문이다. 이른 봄에 나오는 식물일수록 약간의 독성이 있는데, 옛 사람들은 그것을 '씁쌀하다'거나 '아리다'라고 말했다.

아리거나 씁쌀한 맛을 부드럽게 하고 독성을 없애는 전통적인 방법이 네 가

지가 있다. 그것은 우리고, 데치고, 삶고, 말려서 먹는 것인데 나물에 따라서 이 네 가지 중에 몇 가지 방법을 택해서 조리하는 것이다. 동의나물은 물동이에 며칠 담가놓으면 독성이 빠진다고 한다. 그리고 동의나물을 '동이나물'이라고 부르는 지방이 있는 걸 보면, 아무래도 동의나물은 물동이에서 유래된 이름일 거라는 생각이 든다.

잠깐 생각해보면 그 이름의 내력이 그리 먼 곳에 있지는 않을 듯한데, 요즘 우리가 접할 수 있는 자료들 중에서 이러한 유래설은 보지 못했다. 이 식물이 물가에 잘 자라고, 이 잎을 깔때기 모양으로 말아서 물을 떠먹기가 좋아서 '동이'가 되지 않았을까 하는 분도 있고, 일본 식물명에서 유래했다는 책(『한국 식물명의 유래』, 이우철)도 보았다.

모르기는 해도 수천 년 곤궁한 삶을 살았던 우리 조상들은 끼니 때우기가 가장 힘들었던 봄철에 동의나물 덕도 많이 봤을 것이다. 이 나물 이름의 유래를 굳이 물동이에서 찾으려 하는 까닭도 그 고마움의 연장선상에 있는지도 모른다.

내가 뽑은 군자 보춘화

보춘화 *Cymbidium goeringii* (Rchb. f.) Rchb. f.

산지의 숲에 사는 늘푸른잎의 여러해살이풀. 높이 20~30cm. 3~4월 개화. 꽃은 줄기 끝에 1송이씩 달린다. 우리나라에서는 안면도와 포항을 연하는 선이 북방한계선으로 알려져 있으나, 서해안의 섬들을 따라 경기도 지역까지 분포한다. [이명] 춘란(春蘭)

보춘화(報春化)는 '봄을 알리는 꽃'이라는 뜻이다. 이 꽃 이름에서는 케케묵은 불평등주의가 엿보인다. 보춘화 이전에 이미 여남은 가지의 꽃이 봄을 알려줬는데, 그들은 꽃도 아니라고 무시해버린 의심이 들기 때문이다. 옛사람들이 꽃에다 굳이 차별을 두려하지는 않았겠지만 자잘하고 볼품없는 꽃들은 이름조차 받지 못했고, 지방마다 민초들끼리 부르던 서러운 이름들만 전해온다.

반면에 특별히 귀하게 여겨진 꽃이나 식물들이 있었다. 그 대표적인 것이 사군자(四君子), 즉 매, 란, 국, 죽(梅, 蘭, 菊, 竹)이다. 이들은 혹독한 추위에도 푸르고 꿋꿋한 기상을 지니고 눈과 서리를 맞으면서도 꽃을 피우는 기개 높은 식물들이다. 단순히 생각하면 그럴듯한 명단이라고 넘어갈 수 있지만, 우리나라의 난이 백여 종이 넘는다는 사실을 알고 나면 사군자의 하나로 칭송받는

©표종환

난은 무슨 난초인지 궁금해진다. 군자의 품격에 미치지 못하는 난들도 많기 때문이다. 잡초처럼 함부로 사는 난이 있고, 여름 한철만 반짝하는 난, 난(亂)하게 사는 난, 보이지도 않는 자잘한 난들이 그들이다.

'춘란'(春蘭)이라고도 부르는 보춘화는 푸른 잎으로 겨울을 나서 이른 봄에 꽃을 피운다. 이러한 까닭으로 나는 이 보춘화가 사군자 중의 '蘭'으로 여겨 왔었다. 언젠가 난에 대해 식견이 깊은 분에게 여쭈어 보았더니 사군자로 대접받는 난은 중국이 원산인 '혜란'(蕙蘭)이라고 한다. 한 꽃대에 하나의 꽃이 달리는 것, 즉 一莖一花는 蘭이라고 하고, 한 꽃대에 여러 개의 꽃이 달리는 것, 一莖多花는 蕙라고 했는데, 언제부터인가 '蕙'의 뒤에 '蘭'이 붙어서 蕙蘭이 되었다고 한다.

사실 혜란이 사군자로 대접을 받았으리라고 추측할 따름이지 꼭 이것만이 군자의 자격이 있다고 명시해 놓은 곳은 없다. 게다가 우리나라에 자생하는 난초도 아니므로 오히려 부적격이라는 생각이 든다. 그러므로 나의 사군자 목록에는 '보춘화'를 넣으려고 한다. 초야에 묻혀서 푸른 잎으로 춥고 긴 겨울을 난 보춘화가 겨우내 집안에서 보살핌을 받는 혜란보다 당연히 군자답지 않은가.

억울한 이름을 얻은 개별꽃

개별꽃 *Pseudostellaria heterophylla* (Miq.) Pax

숲 속에 나는 석죽과의 여러해살이풀. 높이 10~15cm. 가는 고구마 모양의 뿌리가 1~2개씩 달린다. 줄기는 1~2개씩 나오고 흰털이 있으며, 잎은 마주난다. 4~5월 개화. 어린 식물은 식용, 성숙한 식물은 약용한다.
[이명] 다화개별꽃, 들별꽃, 선개별꽃, 미치광이풀

개별꽃만큼 억울한 이름을 얻은 식물도 없을 것이다. 별꽃들보다 꽃도 크고, 무리지어 피는 모습도 아름다워서 사랑을 많이 받는 꽃인데도 그 이름에 볼썽사납게 '개'라는 접두사를 뒤집어썼으니 말이다.

기왕에 '개'가 붙었으니 굳이 그 까닭을 추측해보자면, '별꽃'은 다섯 장의 꽃잎이 V자로 갈라져서 10장처럼 보이고 그것이 별이 반짝이는 모습으로 보이는 데서 유래된 이름인데 개별꽃 종류들은 꽃잎이 그렇게 갈라지지 않았기 때문이지 싶다.

우리나라에서는 어떤 종에 비해 그 형질이 떨어질 때 그 이름 앞에 '개'라는 접두사를 붙여서 쓰는 경우가 많지만 서양에서는 가짜라는 의미를 가진 'pseudo'라는 접두사를 쓴다. 서양에서는 개를 좋지 않은 의미로 쓰는 일이 거의 없다. 유목과 수렵을 주로 하던 서양인들에게 개는 사냥의 동반자이며 가축

을 돌보는 보조자였기 때문에, 개를 '인간의 가장 친한 친구(men's best friend)' 라고 불렀다.

그러나 우리의 전통적 농경문화와 유교적 가치관으로 개를 보면, 농사일에는 별로 도움이 되지 않으면서 아무에게나 꼬리를 흔들며 쫄랑거리는 지조 없는 동물이거나, 귀한 사람도 몰라보고 함부로 짖어대는 예의 없는 놈이었고, 길거리 아무데서나 뒤를 붙는 천하의 상것이었다.

개별꽃에는 천대받는 듯한 이름과는 반대되는 귀한 이름도 있다. 이 꽃의 뿌리가 인삼의 어린뿌리인 미삼을 닮은 데다가 원기를 돋우며 폐와 위에 좋은 효능이 있고, 쌉쌀한 맛까지 인삼을 닮아서 동삼(童參)이라고도 한다. 또 명나라 태조 주원장의 태자 무덤에 많이 자란다고 해서 태자삼(太子蔘)이라는 귀한 이름도 가지고 있다.

별꽃은 약효 없이도 예쁜 이름을 얻고, 인삼에 버금간다는 개별꽃은 천한 이름을 얻었으니, 내가 개별꽃이라도 참 억울하겠다.

덩굴개별꽃
Pseudostellaria davidii (Franch.) Pax
산지의 나무 밑이나 음지에 나는 여러해살이풀. 높이 15cm 가량. 고구마 모양의 덩이뿌리가 굵다. 줄기는 꽃이 핀 다음 옆으로 길게 뻗으며, 잎은 마주난다. 5~6월 개화.
[이명] 덩굴미치광이, 둥근잎미치광이

숲개별꽃
Pseudostellaria setulosa Ohwi
산지에 나는 여러해살이풀. 높이 15~30cm. 원줄기는 사각형이고 2줄의 털이 있다. 덩굴개별꽃과 매우 비슷하나 마주나는 잎의 간격이 좁아서 돌려나기처럼 보인다. 5~7월 개화. 중부 이북의 고산지대에서 주로 자란다.
[이명] 털개별꽃, 털들별꽃, 털미치광이풀

가는잎개별꽃
Pseudostellaria sylvatica (Maxim.) Pax
산지에 나는 여러해살이풀. 높이 15~30cm. 잎이 마주나며 좁고 길다. 5~7월 개화. 설악산 이북과 백두산 일대에서 볼 수 있다. [이명] 가는개별꽃, 가는잎들별꽃, 가는잎미치광이, 숲개별꽃

큰개별꽃
Pseudostellaria palibiniana (Takeda) Ohwi
산지의 응달에서 자라는 여러해살이풀.
높이 10~20cm. 가지가 갈라지지 않으며 털이 2줄로 돋는다. 4~6월 개화. 꽃잎 끝이 패이지 않으며 꽃잎 개수가 5~7개로 불규칙하다. 줄기 밑동에 폐쇄화를 달고 땅속에서 피어 자가수분한다.
[이명] 민개별꽃, 선미치광이풀, 큰들별꽃(북한명) 등

우리나라에는 괭이눈이 없다?

금괭이눈 *Chrysosplenium pilosum* var. *sphaerospermum* H. Hara
숲 속 바위틈에 나는 범의귀과의 여러해살이풀. 높이 10cm 가량. 잎은 마주나며, 꽃이 필 무렵에 꽃 주위의 잎이 노랗게 변한다. 4~5월 개화. 다른 괭이눈들에 비해서 노란색이 짙고 강하다. 한국 특산식물.
[이명] 제주괭이눈, 한라산괭이눈, 흰괭이눈

괭이눈은 이른 봄에 노랗고 작은 꽃들을 피운다. 작은 꽃 여러 개를 모아 피워도 멀리서는 보이지 않으므로, 꽃 주위에 잎들까지 노랗게 만들어서 커다란 꽃처럼 보이게 한다. 이들은 어두운 갈색 계곡에서 고양이의 눈처럼 노랗게 빛난다.

그런데 우리나라에는 '괭이눈'(*Chrysosplenium grayanum*)이 없다고들 한다. 분류학적으로 말하자면 '괭이눈'은 수술이 4개인 데 비해서, 우리나라에 사는 괭이눈들은 거의 수술이 8개다. 나 역시 수술이 4개인 '괭이눈'은 아직까지 본

애기괭이눈의 씨앗

일이 없다. 그러니까 '괭이눈'은 특정 식물의 이름이기는 하지만 우리나라에서는 '무슨괭이눈'이라고 부르는 식물들의 집합명사로 쓰이는 편이다.

우리나라의 표준식물목록에는 11가지나 되는 괭이눈이 있다. 이들의 면면과 설명들을 훑어보니 여간 공부해서는 알 것 같지도 않고, 학자들마다 견해 차이가 많아서 그냥 '괭이눈' 정도로만 알기로 했다. 그래도 누가 보더라도 형태의 차이가 뚜렷한 '애기괭이눈'이나 '선괭이눈', 노란색이 눈부신 '금괭이눈'은 가끔 아는 척하기는 한다.

'괭이눈'들이 씨앗을 퍼뜨리는 방법이 흥미롭다. 괭이눈들은 보통 4~5월에 꽃을 피우고 5~6월 무렵에 작은 술잔에 씨앗이 담겨 있는 모양으로 결실을 한다. 그러다가 어느 날 비가 내리면, 빗방울이 작은 술잔에 떨어져서 그 씨앗들이 튕겨 나가는 희한한 방법으로 종자를 퍼뜨린다. 비가 오는 날에는 물줄기를 따라 씨앗을 멀리 보낼 수 있고 물기가 마르지 않은 땅에 정착할 가능성도 높을 듯하다.

괭이눈을 보노라면 '묘심(猫心)'이라는 말이 생각난다. '묘심'은 사회학자인 최재석 선생이 한 말로, 고양이의 마음은 호기심, 자존심, 고독을 즐기는 마음이며, 학문을 하려는 사람은 모름지기 묘심을 본받으라고 했다. 이런 묘심을 본받으려는 정성이 모자라니 나는 괭이눈들 이름 하나 제대로 모른다.

선괭이눈

Chrysosplenium pseudofauriei H. Lev.

산지의 습지에 나는 여러해살이풀. 높이 10cm 가량. 전체에 털이 없고 잎 가장자리에 둔한 톱니가 있다. 5월 개화. 다른 괭이눈들에 비해 꽃 주변의 잎이 크고 노란색이 형광빛을 띠듯이 맑은 편이어서 확연히 구분된다.

애기괭이눈

Chrysosplenium flagelliferum F. Schmidt

계곡의 습한 바위에 나는 여러해살이풀.
높이 15cm 가량. 긴 털이 약간 나고, 줄기 끝부분에 잎이 뭉쳐난다. 4~5월 개화. 다른 괭이눈과 달리 개화시에 주변의 잎이 같이 노란색으로 변하지 않고, 전체적으로 소형이다.
[이명] 덩굴괭이눈, 애기괭이눈풀

흰괭이눈

Chrysosplenium pilosum var. *fulvum* (N. Terracc.) H. Hara

산의 습한 땅에서 나는 여러해살이풀.
높이 3~9cm. 줄기에 흰 털이 밀생한다. 4~5월 개화. 한국(중부 이남) 특산 식물이다.
[이명] 큰괭이눈, 흰털괭이눈, 힌괭이눈

산괭이눈

Chrysosplenium japonicum (Maxim.) Makino

응달에 나는 여러해살이풀. 높이 10~15cm.
꽃이 진 다음 지면 가까이 길이 2~3mm의 육아(肉芽)가 달린다. 4~5월 개화.
[이명] 괭이눈

위대한 미치광이들

미치광이풀 *Scopolia japonica* Maxim.

깊은 산의 계곡 주변에 나는 가지과의 여러해살이풀. 높이 30cm 가량. 전체에 털이 없으며 연하다. 4~5월 개화. 뿌리와 잎은 약용한다.(진통제와 아트로핀의 원료) [이명] 광대작약, 낭탕, 독뿌리풀, 미친풀 등. 미치광이풀 군락에서 노란꽃이 피는 노랑미치광이풀(*Scopolia lutescens* Y. N. Lee)이 드물게 발견된다.

세계에서 가장 아름다운 성으로 알려진 노이슈반슈타인성(백조의 성)

'미치광이풀'이라는 고약한 이름의 풀이 있다. 이 풀을 잘 못 먹으면 미친다고 해서 붙은 이름이라지만, 까닭 없이 이 풀을 먹어서 미칠 리가 없다. 여러 자료를 찾아보았더니 그럴만한 이유가 있었다.

이 풀의 뿌리에는 사람의 신경을 자극하는 성분이 있어서 예로부터 각종 신경계통의 질환에 약재로 많이 쓰였다고 한다. 그러다 보니 귀동냥으로 이 풀의 약효를 어설프게 안 사람이 처방을 과하게 해서 그 뒤탈이 꽤나 많았을 법하다. 군대에 갔다 온 사람이라면, 신경작용제의 공격을 받았을 때 아트로핀 주사로 응급조치를 하는 것을 배웠을 테고, 세 번 이상 사용하면 위험하다는 주의도 받았을 것이다. 미치광이풀의 뿌리에는 이 아트로핀 성분이 있기 때문에 지나치게 사용하면 발작 증세를 일으킬 수 있는 것이다.

미치광이는 옛날에는 주로 정신병자를 지칭했지만, '매니어'라는 말이 자랑

스럽게 쓰이는 요즈음에는 완전히 몰입한다는 좋은 의미로 더 많이 쓰이는 것 같다. 두 가지 경우 모두 정신의 불균형한 쏠림 현상은 같은데, 전자는 파괴적이고 무가치한 일에 집착을 보이는 증세이고 후자는 창조적이고 보편적인 가치에 집중한다는 점에 차이가 있다. 생전에는 '미치광이'로 불린 천재들이 많았다.

고흐 같은 화가는 사후에라도 그 위대함을 평가 받았지만 세상에서 가장 아름다운 성을 지은 루드비히 2세는 지금도 여전히 미치광이 왕으로 회자되고 있다. 그는 19세기 말, 독일 남부에 위치한 작은 공국의 왕이었다. 바그너의 음악에 심취했던 그는 국고를 탕진해가면서 그 음악에 걸맞은, 세상에서 가장 화려하고 아름다운 성을 지었다. 사람들은 그를 미쳤다고 했고, 왕은 그것을 견디지 못했는지 어느 날 성 앞의 그림 같은 호수에서 주검으로 발견되었다.

그러나 오늘날 그가 세운 백조의 성은 디즈니랜드의 모델이 되었고 수많은 동화의 무대가 되어 세계 어린이들의 꿈을 키워준다. 그리고 독일 최고의 관광 명소가 된 그 지방 주민들은 세계에서 끊임없이 찾아드는 관광객 덕에 풍요롭게 살고 있다. 이처럼 누군가가 제대로 미쳐야만 세기적 걸작이 탄생한다. 나도 들꽃에 제대로 미쳐보려고 이 풀을 뜯어먹어 보았지만 별 효과가 없는 듯하다.

처녀치마에 감춘 광복의 꿈

처녀치마 *Heloniopsis koreana* Fuse & al.

산지의 습한 곳에서 자라는 백합과의 늘푸른 여러해살이풀. 잎은 무더기로 나와서 꽃방석같이 퍼진다. 잎 중앙에서 꽃줄기가 나와 3~4월에 3~10개의 꽃이 뭉쳐나며, 꽃이 진 후에는 60cm까지 자란다. 숙은처녀치마(*Heloniopsis tubiflora*)는 비교적 높은 산에서 5월에 개화한다. 처녀치마에 비해 꽃이 연보라색을 띠고, 아래를 향해 피는 편이다. 한국 특산식물.

'봄 처녀 제~오시네 ~ 새풀옷을 입으셨네…

꽃다~발 가슴에안고 뉘를 찾아~오시는고… '

봄이 오면 나도 모르게 '봄처녀'를 흥얼거리며 마음이 설렌다. 중년 남자에게 꽃다발 안고 올 얼빠진 처녀는 없을 것이니, 산과 들에 피는 봄꽃이 봄처녀려니 하고 위안을 삼는다.

봄꽃 중에서는 이름으로 보나 모양으로 보나 '처녀치마'가 봄처녀를 가장 많이 닮았다.

그런데 치마면 치마지 왜 '처녀치마'라고 했을까? 어떤 분은 일본의 식물명을 잘못 번역한 것이라고 하지만 몇몇 자료를 찾아보니 그리 가볍게 말할 일이 아닌 듯하다.

우리나라 식물의 국명은 1937년에 조선박물연구회가 펴낸『조선식물향명집』이 그 효시로, 고 정태현 박사가 이를 주도했다. 그분의 말에 따르면 그 무렵은 조선어학회사건이 있었던 직후로서, 조선말 식물명을 왜 만드느냐는 총독부의

처녀치마(왼쪽)와 하카마를 입은 일본원숭이(오른쪽)는 이미지가 비슷하다.

제지가 있었는데, 학자들은 일본어를 잘 모르는 사람들을 위하여 일본식물명을 번역하는 것이라고 둘러대어 화를 모면했다고 한다.

그런 연유로 우리의 식물명이 일본 이름을 번역한 것이 많아졌고 처녀치마도 그러한 과정에서 생긴 이름으로 보인다.

그런데 이 식물의 日名 'しょうーじょうばかま'(쇼우죠우바카마)는 '처녀치마'가 아니라 '성성이바지'라는 뜻이다. '성성이'는 오랑우탄이고, 술을 좋아한다는 상상의 동물이기도 하다. 그리고 'はかま'(하카마)는 일본의 전통 복식인 통 넓은 바지로, 우리나라에서 한 때 유행했던 치마바지나 검도복 하의 같은 옷이다. 일본에서는 이 식물의 붉은 꽃이 성성이의 술 취한 듯한 얼굴을, 잎은 하카마를 닮아서 '성성이의 하카마'라고 부르는 것 같다.

학자들이 일본어를 정말 몰라서 처녀치마로 번역하지는 않았을 것이다. 일본말로 성성이는 しょうーじょう(쇼우죠우), 처녀는 しょーじょ(쇼-죠)다. 빨리 말하면 발음이 거의 비슷하니까, 당시의 우리나라의 학자들은 짐짓 일본어에 미숙한 체하면서 우리나라에 없는 성성이나 일본의 옷인 하카마를 직역하지 않고 우리 고유의 정서에 맞도록 '처녀치마'로 이름 붙였지 싶다.

©정영진

좀 생뚱맞은 이야기일지는 모르겠으나 이런 생각도 들었다. 지금도 우리가 즐겨 부르는 '봄처녀'가 1932년에 발표되었으니, 학자들이 조선식물향명집을 준비하던 시기에 많이 불렸을 것이고, '진주 이슬 신으시고 꽃다발 가슴에 안고 오는 봄처녀'는 그토록 갈망하던 광복을 은유하고 있으리라는 추측이다. 그렇다면 식물학자들도 봄처녀 노래를 부르면서 은연중에 처녀치마의 이름에다 광복의 꿈을 감추어두지 않았을까…. 우리 꽃 이름이 일본식 이름이니, 잘못 번역된 것이니 쉽게 말들 하지만 처녀치마의 이름을 보면 그 시대 지식인들의 고뇌가 엿보인다.

족두리가 먼저냐 족두리풀이 먼저냐

족도리풀 *Asarum sieboldii* Miq.

계곡 주변에 나는 쥐방울덩굴과의 여러해살이풀. 높이 10~15cm. 잎이 보통 2장씩 달린다. 애호랑나비가 잎 뒷면에 알을 낳고 애호랑나비 애벌레는 족도리풀의 잎을 갉아먹고 성장한다. 4~5월 개화. 수분 곤충은 파리류이며, 개미가 종자를 옮긴다. 족두리풀, 세신 등 열 가지가 넘는 이명이 있다.

몇 해 전인가 들꽃 탐사를 하다가 족두리풀을 캐는 노부부를 만난 적이 있다. 해마다 봄이 오면 이 꽃을 찍던 재미가 쏠쏠했던 꽃동산이 멧돼지가 헤집은 듯 초토화되었고, 노인의 마대는 멧돼지 배처럼 불렀다. 팔십이 넘어 보이는 노부부가 약초를 캐서 생계를 꾸려간다고 하니 카메라 메고 꽃이나 찍는 한가한 사람이 무슨 할 말이 있었으랴.

족두리풀은 뿌리가 가늘고 매워서 한방에서는 '세신(細辛)'이라고 하는데 진해, 거담, 진통, 이뇨제 등으로 쓰이고 감기와 두통에도 좋다고 한다. 족두리풀의 줄기를 살짝 씹어보면 입안이 얼얼해질 정도의 자극이 온다. 그것은 초식동물들로부터 이른 봄에 나는 싹을 지켜내는 일종의 독일 것이다. 족두리풀은 이렇게 얼얼하고 쏘는 맛이 있어서 은단의 원료로 쓰이고 그 외에도 여러 가지 약효가 있어서 만병초(萬病草)라고도 부른다.

족두리풀은 옛날에 시집갈 때 쓰던 족두리에서 유래된 이름이라고 한다. 내 생각으로는 그 반대로 족두리가 족두리풀에서 나온 이름인듯하다. '족두리'라는 이름이 기록상에 등장한 것은 광해임금 무렵이고 영조 때에 사치가 심했던 가채를 금지하면서 장려한 복식이다.

일부 지역에서 나타나는 녹화된 족두리풀. 족두리풀의 잎뒷면에 붙은 애호랑나비의 알(왼쪽 원 안)

족두리의 원조는 고려 말에 원나라로부터 들어온 '고고리'라고 한다. 복식사와 관련된 어떤 문헌을 보니 '고고리'가 어찌어찌 하다가 발음이 비슷한 족두리로 변했을 것이라고 얼버무려 놓았다. 족두리풀은 우리나라에 수십만 년 전부터 살아왔던 풀인데, 17세기에 생긴 '족두리'에서 그 이름을 차용했다면 주객이 전도된 것이다.

족두리풀은 사람의 머리에 비유될 수 있는 꽃이 땅에 있고, 발이라고 할 수 있는 잎이 위에 있어서 사람이 거꾸로 선 형상이다. 그렇다면 한자문화 시대에 이 풀을 보고, 발(足)이 머리(頭)에 있으니 자연스럽게 '족두(足頭)리풀'이라는 이름이 붙었으리라고 본다. 그렇다면 '족두리풀'이라는 풀이름이 오래전부터 있어 왔는데, 원나라에서 들어온 '고고리'에 나비 등을 꽂는 장식이 더해져서 족두리풀을 닮게 되자, '고고리'가 '족두리'로 되었다고 해야 말이 된다.

족두리풀의 국가표준식물명은 '족도리풀'이다. 국어사전에도 족두리가 표준말이라고 나와 있는데, 굳이 '족도리'를 국명으로 채택한 까닭을 모르겠다. 나는 어지간하면 국명을 쓰려고 노력하는 편이지만, 발이 머리에 있는 이 풀은 꼭 '足頭리풀'이라고 쓴다.

개족도리풀
Asarum maculatum Nakai
산지의 숲 속에 나는 여러해살이풀. 잎에 엷은 흰색 무늬가 있다. 4~5월 개화. 한국 특산식물로 경남, 전남북 등 주로 남부 지방과 제주도, 완도, 진도 등 남해안의 섬들에 자생한다.
[이명] 섬족두리, 알락족두리 등 8가지가 있다.

각시족도리풀
Asarum glabrata (C. S. Yook & J. G. Kim) B. U. Oh
반 그늘 숲에 나는 여러해살이풀. 다른 족도리풀들에 비해 잎의 끝이 둥근 편이고, 꽃잎이 뒤로 젖혀지거나 말려있다. 4~5월 개화. 서남해안 지방과 주변 섬들에서 자생한다.
[이명] 반들족도리풀

자주족도리풀
Asarum koreanum (J. Kim & C. Yook) B. U. Oh & J. K. Kim
산지의 계곡 부근에 나는 여러해살이풀. 다른 족도리풀에 비해서 약간 대형이고 전체적으로 자주 또는 황녹색을 띤다. 4~5월 개화. 충북 지방을 중심으로 내륙 지방에서 주로 관찰된다.

무늬족도리풀
Asarum versicolor (K. Yamaki) Y. N. Lee
산지의 계곡 부근에 나는 여러해살이풀. 4~5월 개화. 꽃에 노란색 점들을 뿌린 듯한 무늬가 있다. 한국 특산으로 경기, 강원, 충북 지역의 높은 산 계곡에 자생한다.

세 얼굴의 여인 얼레지

얼레지 *Erythronium japonicum* (Balrer) Decne.

산속 비옥한 땅에 무리지어 자라는 백합과의 여러해살이풀. 높이 10~20cm. 잎자루는 땅속에 있으며 지상에는 잎몸만 노출되어 있다. 3~4월 개화. 잎은 식용한다. [이명] 가재무릇, 엘레지

얼레지는 하루에 세 번 모습이 변한다. 아침에는 다소곳이 꽃잎을 오므린 열여섯 소녀였다가 낮에는 꽃잎을 활짝 뒤로 열어젖힌 열정의 여인이 되고, 황혼 무렵에는 엘레지의 주인공처럼 슬픈 모습이 된다.

얼레지는 봄볕이 따뜻해지면 꽃잎을 한껏 열어젖힌다. 그 모습은 치마가 활짝 들쳐진 마릴린 몬로의 요염이고, 치맛자락을 쳐들고 다리를 번쩍번쩍 들어올리는 캉캉의 무희다. 청순한 소녀가 이렇게 변신하는 데 30분이 걸리지 않는다. 이런 모습에서 '바람난 여인'이라는 꽃말을 얻었지 싶다.

©이남희

얼레지는 잎에 얼룩이 있어서 얼레지가 되었다고 한다. 그런데 옛날 도감 중에는 얼레지를 '엘레지'로 쓴 책이 있고 또 어떤 자료에는 얼레지의 이명이 '엘레지'라고 나와 있다. 이 엘레지라는 말도 두어 번은 짚고 갈 만한 묘미가 있다.

국어사전에는 '엘레지'가 구신(狗腎)으로 뜻풀이가 되어 있다. 그 꽃봉오리의 색깔과 크기가 수캐의 거시기와 아주 닮아서 '얼레지'와 다

른 의미로 '엘레지'라는 이름을 얻은 듯하다.

영어권에서는 얼레지를 'Dogtooth'라고 부른다. 꽃 가운데의 짙은 자주색 무늬가 개의 치아를 닮았는데, 이 무늬는 곤충을 꿀샘으로 안내하는 유도선이라고 한다.

우리말 '엘레지'와는 관련이 없는 불어의 '엘레지(Elegie)'는 슬픈 노래(悲歌)나 죽은 사람을 연모하는 노래이다. 발음이 비슷한 탓인지 얼레지에는 엘레지의 슬픔도 보인다. 소월의 시 '진달래 꽃'의 '사뿐히 즈려밟고 가시옵소서'란 대목에서 분홍색 꽃잎이 즈려밟히는 비장미(悲壯美)가 얼레지에도 내재하는 듯하다.

얼레지에는 청순하고 어여쁜 소녀의 모습이 보이는가 하면, 봄꽃의 여왕이라는 찬사 뒤로 바람난 여인이라는 소문도 있고, 눈비 맞고 시든 모습은 버림받은 여인 같기도 하다.

얼레지에는 이처럼 복잡 미묘한 여인의 모습이 혼재한다. 청순함 뒤에 감추어진 열정, 우아함으로 포장한 천박함, 화려한 날의 환희와 모든 것이 지나간 다음의 비련… 얼레지의 모습에서 그런 이중성들이 보인다.

병의 근원을 신기하게 찾아내는 현호색

현호색 *Corydalis remota* Fisch. ex Maxim.

산야에 나는 양귀비과의 여러해살이풀. 높이 20cm 가량. 땅속에 직경 1cm 정도의 구슬 모양 덩이줄기가 있어서 '땅구슬'이라고도 하며 약용한다. 4월경 개화. 속명 '*Corydalis*'는 꽃이 종달새의 머리 모양을 닮았다는 뜻이다.
[이명] 댓잎현호색, 빗살현호색, 가는잎현호색, 애기현호색 등

눈이 녹은 봄 계곡에는 현호색이 먼저 잔치를 벌인다. 우리나라에는 스무 가지가 넘는 현호색이 있고 그 색깔도 다양해서 분홍, 하늘, 연보라, 자주, 흰색과 이 색들이 오묘하게 혼합된 것도 많다. 무리지어 핀 현호색의 엷은 꽃잎 뒤에 햇살이 비치면 그 이름처럼 현란하고 호화로운 색의 대향연이 펼쳐진다. 그런데 정작 한자로는 '玄胡索'으로 표기한다. 현호색의 현란한 색상과는 전혀 다른 의미다. 검을 玄, 오랑캐 胡, 찾을 索, 검은 오랑캐를 찾는다? 어디에도 설명이 나와 있지 않은 수수께끼 같은 이름이다.

애써 그 의미를 찾아보았다. 현호색은 뿌리를 한약재로 쓰며 약재의 이름이 현호색이었다. 현호색은 복통이나 치통에 진통제로 많이 쓰일 뿐만 아니라 혈

행을 좋게 하고 타박상에도 치료효과가 있다고 한다. 현호색에 여러가지 한약재를 첨가해서 만든 활명수는 우리나라 최초의 현대 의약품으로서 100살이 훨씬 넘었다. 이런 저런 사실을 엮어 내가 풀이한 현호색의 뜻은 다음과 같다.

우리 몸에 침입한 병원균을 오랑캐(胡)로 간주하고, 검을 '玄'자는 깊고 오묘하므로 현호색은 '몸속 깊이 침입한 오랑캐를 찾아 물리치는 약', 또는 '병증을 잘 찾아내는 신비한 약'이라 할 수 있다. 억지스럽지만 이렇게 식물의 이름을 의미로 받아들이면 천 가지나 되는 꽃 이름을 쉽게 기억하고 친해지기가 쉽다. 요즘은 좋은 약이 많아서 자주 쓰이지 않지만, 현호색은 여전히 신비한 치유의 은사를 베풀고 있다.

맑게 갠 봄날 이른 아침에 숲을 찾았다. 현호색은 꽃잎마다 무수한 빗방울을 달고 찬란하게 반짝였다. 그곳이 천국의 꽃밭이었다. 마음의 병과 육신의 병을 다 치유해줄 것 같은 신비로운 행복함이 온몸을 휘감았다.

점현호색
Corydalis maculata B. U. Oh & Y. S. Kim
반그늘진 계곡 부근에 자라는 여러해살이풀.
높이 10~20㎝. 잎에 흰색 반점이 있고 다른 현호색들에 비해 대형이다. 4~5월 개화. 주로 푸른색의 꽃이 핀다. 덩이줄기를 약용한다. 한국 특산식물로 경기도 천마산, 명지산, 가리산, 강원도 설악산, 공작산 등지에 분포한다.

들현호색
Corydalis ternata Nakai
논과 들에 나는 여러해살이풀. 높이 15㎝ 정도.
보통 현호색이 반그늘에 사는데 비해 들현호색은 양지에서 자란다. 4월 개화. 꽃의 색이 대체로 진분홍색으로 변이가 거의 없다. 땅속에 둥근 덩이줄기가 여럿 달려 번식하고, 덩이줄기를 약용한다. 남부 지방으로 갈수록 흔히 분포한다.

갈퀴현호색
Corydalis grandicalyx B. U. Oh & Y. S. Kim
높은 산의 낙엽 활엽수림 아래에 나는 여러해살이풀. 높이 10~20㎝. 4~5월 개화. 꽃 옆에 갈기 모양의 돌기가 나온다. 주로 푸른색 계열의 꽃이 피나, 흰색 꽃이 피는 것도 있다. 덩이줄기를 약용한다. 주로 강원도의 고산지역에 분포한다.

조선현호색
Corydalis turtschaninovii Besser
양지바른 풀밭에 자라는 여러해살이풀.
높이 20㎝ 내외. 3~4월 개화. 옅은 자주색 계열의 꽃이 핀다. 다른 현호색들과 다르게 꽃차례에 잎이 섞여서 나므로, 첫눈에 다른 느낌을 받는 꽃이다.

좀현호색

Corydalis decumbens (Thunb.) Pers.

산기슭에 나는 여러해살이풀. 높이 10cm 정도. 묵은 덩이줄기 위에 새로운 덩이줄기가 생기고 세 갈래로 갈라진 작은 잎은 작은 계란 모양이다. 5월 경 개화. 거에 주름이 있다. 덩이줄기는 약용한다. [이명] 제주현호색

남도현호색

Corydalis namdoensis B. U. Oh & J. G. Kim

2004년에 신종으로 등록되었다. 보통 현호색들보다 크기가 전체적으로 작다. 대체로 흰색에 가까운 꽃이 피고 청색 줄무늬가 있다. 3~4월 개화.

쇠뿔현호색

Corydalis cornupetala Y. H. Kim et J. H. Jeong

2007년에 신종으로 등록되었다. 경북 경산 일대의 야지에서 자생하고 있으며 꽃의 아래, 위에 독특한 청색 줄무늬가 있고 꽃과 잎이 홀쭉한 편이다. 3~4월 개화.

날개현호색

Corydalis alata B. U. Oh & W. R. Lee

2009년에 신종으로 등록되었다. 주로 포항 서북부의 산자락에서 발견되고 있으며 거의 아랫부분에 날개 모양의 돌기가 달려 있다. 이 날개가 갈라져 있는 것은 갈퀴현호색, 수염처럼 길게 뻗어 있으면 수염현호색이라고 한다. 4~5월 개화. 꽃의 색과 잎의 모양은 다른 현호색들과 비슷하다.

소박한 밥상에 어울리는 머위

머위 *Petasites japonicus* (Siebold & Zucc.) Maxim.

산기슭의 다소 습한 곳에 나는 국화과의 여러해살이풀. 3~4월에 잎보다 꽃줄기가 먼저 자라서 꽃이 핀다. 암수딴그루로 암꽃은 백색, 수꽃은 황백색이다. 잎과 잎자루는 식용하고, 꽃 이삭은 식용 또는 진해제(鎭咳劑)로 쓴다. [이명] 머구, 머우

머위는 시골 동네 주변에서는 흔한 식물이다. 주로 산에서 흘러나오는 작은 계곡 주변의 습한 땅에서 마치 사람이 잘 가꾼 야채처럼 무리 지어 자란다. 머위는 이른 봄에 잎보다 꽃을 먼저 피운다. 그 꽃차례가 신부의 부케처럼 예쁘게 생겼으며, 그 꽃봉오리를 통째로 먹어도 된다고 한다. 꽃을 피우고 나서는 바로 손바닥만한 잎을 낸다. 지방에 따라서 조금 차이는 있겠지만 머위의 잎은 4월 초순에서 중순 사이에 쌈으로 싸먹기에 좋다. 머위는 사람 곁에 제 발로 걸어온 야채나 다름없다.

봄에 일찍 나온 봄나물일수록 약간의 독성을 품고 있다. 겨우내 굶주린 야생동물에게 먹히지 않으려는 방어수단일 것이다. 그 독성은 톡 쏘는 짙은 향기

와 쌉쌀한 맛으로 나타나지만 뒤탈은 없는 정도니까 분명히 몸에 이로운 작용을 할 것이다. 머위의 향기는 곰취의 진한 향에 조금도 뒤지지 않는다.

어느 봄날 산책길에 뜯어온 머위 한 줌과 된장만으로 밥 한 그릇을 꿀맛처럼 뚝딱 해치운 적이 있다. 살아오는 동안 특별히 기억에 남는 멋진 식사였다. 그 쌉쌀한 향기와 야성의 거친 맛을 지금도 잊지 못한다. 자연이 키운 머위는 아무런 손질 없이 먹을 수 있으므로 헬렌 니어링의 권고를 실천하는 데 딱 좋은 나물이다.

식사를 간단히, 더 간단히,
이루 말할 수 없이 간단히 준비하자.
그리고 거기서 아낀 시간과 에너지는 시를 쓰고,
음악을 즐기고, 자연과 대화하고,
친구를 만나는 데 쓰자.

– 헬렌 니어링의 소박한 밥상 중에서

추억의 빨간 주머니 금낭화

금낭화 *Dicentra spectabilis* (L.) Lem.

깊은 산 계곡 부근에 자라는 현호색과의 여러해살이풀. 절이나 민가의 뜰에 심기도 한다.
높이 40~50cm. 4~6월 개화. [이명] 등모란, 며느리주머니

금낭화는 야생화답지 않게 화려한 꽃이다. 깊은 산에서 이 꽃을 만나면 화단에서 많이 보던 꽃이 어떻게 이곳에 오게 되었을까 하고 잠시 혼란에 빠진다. 절의 화단에 심은 이 꽃은 특별한 의미로 느껴질 때가 있다. 불가의 최고 명절인 사월 초파일 무렵에 이 꽃이 활짝 피면 그 어떤 연등보다도 아름다운 연등이 되기 때문이다.

금낭화(錦囊花)란 '비단주머니 꽃'이라는 뜻이다. 나는 '비단주머니'에서 나온 세뱃돈을 받은 세대다. 1960년대 초만 하더라도 시골 할아버지 할머니들은 거의가 빨간 비단주머니를 차고 다녔다. 세배를 하면 집안 어른들은 세뱃돈을 주었고 다른 집에서는 떡국이나 설음식을 내왔다. 어느 해 설날 세뱃돈으로 17원을 받았던 기억이 난다. 집안 어른 17분이 1원씩 준 셈이다. 그 때는 화폐개

혁 직후여서 1원 짜리가 아니라 10환짜리 구리 동전을 1원으로 치던 시대였다. 나의 살던 고향은 사방 30리에 점방 하나 없던 산골이라서 어디 써보지도 못하고 자랑삼아 짤랑거리고만 다녔다.

이웃 동네에 사셨던 큰집 할배는 세뱃돈으로 엽전을 주셨다. 선대께서 과거 보러 다니시다 남은 노자라고 들었다. 점방이 없어서 쓸 데가 없었던 동전 세뱃돈보다 제기라두 만들 수 있는 엽전을 아이들이 더 좋아했다.

나는 지금도 떡국을 잘 먹지 못한다. '음식 남기면 죄 받는다'는 말을 하도 들어서 정초에 이웃 동네까지 사나흘 세배 다니는 동안에 하루에 떡국 스무 그릇 정도는 먹어야 했기 때문이다. 그 시절의 떡국 공포가 지금까지 남아 있다.

금낭화를 보면 주름 쪼글쪼글한 할매 얼굴이 떠오르고, 담뱃대 땅땅 두드리던 수염 긴 할배 모습도 생각난다. 빨간 비단 주머니 주렁주렁 달고 있는 금낭화는 내 유년의 추억이 조롱조롱 열린 꽃이다.

이른 봄의 아이리스 각시붓꽃

각시붓꽃 *Iris rossii* Baker

산지에 나는 붓꽃과의 여러해살이풀. 높이 20~30㎝. 뿌리줄기와 수염뿌리가 발달하고 잎은 칼 모양이다. 4~5월 개화. [이명] 애기붓꽃

붓꽃. 꽃봉오리가 붓을 닮은 데서 유래한 이름이다.

아이리스는 제우스의 부인인 헤라의 시녀였다. 헤라는 예쁘고 영특한 아이리스를 특별히 귀여워했는데, 신들의 왕이자 최초의 스토커인 제우스가 아이리스에게 추근댔다.

아이리스는 고민 끝에 헤라에게 이 사실을 고백했다. 헤라는 제우스의 유혹을 지혜롭게 피하면서 순결을 지킨 아이리스에게 아름다운 무지개 목걸이를 선물로 만들어 주면서 향기로운 입김을 세 번 뿜어서 축복해 주었다. 그 입김에서 떨어진 물방울에서 아름다운 꽃이 피어났다. 바로 이 꽃이 아이리스고 무지개처럼 짧게 피었다가 시든다.

봄이 오면 가장 먼저 피는 아이리스가 각시붓꽃이다. 5월에 피는 붓꽃보다 키가 작고 귀여워서 붙은 이름이고, '붓꽃'은 꽃봉오리가 먹물을 찍은 붓을 닮았다는 뜻이다. 비슷한 시기에 금붓꽃, 노랑붓꽃이 피고 한여름에 피는 꽃창포까지 여러가지의 야생 붓꽃들이 핀다.

각시붓꽃 ©이상헌

우리나라에서는 붓꽃을 난초라고 부르는 사람이 의외로 많다. 난초와 붓꽃은 분류학상으로 과가 다르지만 꽃의 구조로 보았을 때, 백합과 함께 먼 조상은 같아 보인다. 아마 백합이 맏이, 붓꽃이 둘째, 난초가 막내일 것이다. 수천만 년 전 어느 날 막내인 난초가 작은 형인 붓꽃에게 대들었다.

"형님처럼 꽃잎 가운데에 짝퉁 암컷을 그려서 곤충들을 부르는 건 비양심적일 뿐만 아니라, 곤충들이 맨날 속아 주지도 않을 겁니다. 저는 꿀과 향기를 만들어서 곤충들에게 베풀면서 살고 싶어요." 이 소식을 들은 가문의 어른들은 막내를 괘씸죄로 파문시켜 버렸다.

보라색 꽃잎을 달고 있는 각시붓꽃에서 뚜렷이 보이듯이, 아이리스들의 특징은 꽃잎 가운데 있는 강렬한 무늬다. 붓꽃들은 꽃을 크게 만들고 거기에 암컷 벌 무늬를 그려 넣느라 힘을 쓰다 보니 꽃에 꿀과 향기가 없다. 붓꽃의 이런 모습이 싫어서 가문을 뛰쳐나간 난초들 중에서도 꿀과 향기보다 짝퉁 암컷을 만드는데 열중하는 녀석들이 있다. 이 역시 붓꽃과 난초의 조상이 같다는 방증이기도 하다. 대자연에서는 절대적인 도덕률이 존재하지 않는다. 번성하는 종족이 강자이며 진리다.

금붓꽃(왼쪽)
Iris minutiaurea Makino
산자락에 나는 여러해살이풀. 높이 10~20cm. 4~5월 개화. 보통 한 줄기에 1개의 꽃이 달린다.
[이명] 누른붓꽃, 애기노랑붓꽃

노랑붓꽃(오른쪽)
Iris koreana Nakai
계곡 주변에 나는 여러해살이풀. 높이 20cm 가량. 금붓꽃과 아주 비슷하나 한 꽃대에 2개의 꽃이 순차적으로 핀다. 4~5월 개화.

노랑무늬붓꽃
Iris odaesanensis Y. N. Lee
산지에 나는 여러해살이풀. 높이 20cm 가량. 4~5월 개화. 꽃줄기에 2송이씩 달린다. 한국 특산식물. 높고 깊은 산에서 볼 수 있다.
[이명] 흰노랑붓꽃

솔붓꽃
Iris ruthenica KerGawl.
들에 나는 여러해살이풀. 높이 10~15cm. 4~5월 개화. 각시붓꽃에 비해 꽃잎이 좁다. 뿌리로 솔을 만든다고 해서 붙은 이름이라고 하나, 실제로는 각시붓꽃의 뿌리로 솔을 만든다.
[이명] 가는붓꽃, 애기붓꽃

타래붓꽃
Iris lactea var. *chinensis* (Fisch.) Koidz.
산지의 건조한 곳이나 바닷가에 무리지어 나는 여러해살이풀. 높이 30~50cm. 잎이 꼬인다. 5~6월 개화. 꽃잎이 좁으며 색이 연하다.

붓꽃
Iris sanguinea Donn ex Horn
산이나 들에 나는 여러해살이풀. 높이 30~60cm. 꽃봉오리가 붓을 닮아서 붓꽃이라고 한다. 5~6월 개화. 관상용으로 재배하기도 한다.

부채붓꽃
Iris setosa Pall. ex Link
양지바른 풀밭이나 하천 주변에 나는 여러해살이풀. 높이 30~50cm. 잎의 너비가 1~2cm로 다른 붓꽃에 비해 넓으며, 범부채나 대청부채처럼 여러 장의 잎이 평면을 이룬다. 5~7월 개화.

난장이붓꽃
Iris uniflora var. *caricina* Kitag.
높은 산의 바위틈에 나는 여러해살이풀. 높이 5~8cm. 5~6월 개화. 주로 강원도의 높은 산에서 자생한다. [이명] 난쟁이붓꽃

제비붓꽃(왼쪽)
Iris laevigata Fisch. ex Turcz.
초원의 습지에 나는 여러해살이풀. 높이 50~90cm. 5~6월 개화. 바깥 꽃잎(외화피) 가운데 흰 줄무늬가 있다. [이명] 푸른붓꽃

꽃창포(오른쪽)
Iris ensata var. *spontanea* (Makino) Nakai
산과 들의 습기가 많은 곳에 나는 여러해살이풀. 높이 1m 가량. 6~7월 개화. 바깥 꽃잎(외화피) 가운데의 무늬가 노란색이다.
[이명] 꽃장포, 들꽃장포, 들꽃창포

정육면체 모양의 꽃 연복초

연복초 *Adoxa moschatellina* L.

산자락 아래 볕이 잘 드는 계곡에 자라는 여러해살이풀. 연복초과는 전 세계적으로 1속 1종이다. 높이 8~15cm. 4~5월 개화. 줄기 끝에 5송이가 서로 직각 방향으로 핀다. [이명] 련복초(북한명)

연복초의 꽃. 위의 꽃은 4수성. 옆의 꽃은 5수성이다.

수천 가지의 꽃이 서로 다른 것은 당연하지만, 연복초의 꽃은 그중에서도 특별하다. 이 꽃차례는 정육면체인데 옆면에 네 개, 윗면에 한 개, 합해서 모두 다섯 개의 꽃을 달고 있고, 아래쪽 한 면은 꽃줄기가 들어가는 방향이므로 꽃이 없다. 그중에 4개의 꽃은 서로 등을 맞대고 동서남북을 보고 핀다. 나머지 꽃 한 송이는 위에 얹혀서 하늘을 향한다.

이 다섯 개의 꽃들은 서로 직각을 이루며 피는 셈이다. 이 꽃에서 더욱 재미있는 것은, 옆을 보고 피는 꽃 4개는 꽃잎이 다섯 장, 수술이 열 개, 암술머리가 다섯 개인데 비해서 위에서 하늘을 보고 피는 꽃 한 송이는 꽃잎이 네 장, 수술이 여덟 개, 암술머리가 네 개로 갈라진다. 이 꽃은 복수초가 진 다음에 연

이어 피는 꽃이라서 연복초(延福草)라고 부른다는 유래설이 있지만 그 근거가 빈약하다.

다섯 개의 꽃이 연달아 붙어 있는 이 특별한 꽃 모양을 볼 때, '연복초'(連福草)가 오히려 의미가 있다. 음양오행 사상의 영향 때문인지 동양인들은 5라는 숫자에 여러가지 좋은 의미를 부여한다. 다섯 개의 꽃이 한 꽃차례를 이루는 이 꽃을 중국에서는 오복초(五福草)라고 부르며, 북한명 련복초는 그와 같은 맥락으로 보인다.

흔히 말하는 '오복(五福)'은 중국의 고전인 『서경(書經)』에 나오는 말로 사람의 일생을 통해 누릴 수 있는 다섯 가지 복이다. 그 첫째는 수(壽), 오래오래 살아서 천수(天壽)를 다하는 것이고, 둘째는 부(富), 남에게 피해를 주지 않고 모은 불편하지 않을 만큼의 재물이고, 셋째는 강녕(康寧), 몸과 마음이 건강하고 깨끗하게 살아가는 것이며, 넷째는 유호덕(攸好德), 남에게 베풀기를 좋아하고 평안하게 사는 것이고, 다섯째는 고종명(考終命), 죽음에 임해 편안하게 삶을 마치는 일이다. 『서경』에 나오는 오복은 결코 행운이나 횡재를 뜻하는 것이 아니라 그 사람이 살아온 삶의 결과로서 개연성이 크다.

매미꽃과 피나물 이름 유감

매미꽃 *Coreanomecon hylomeconoides* Nakai

산과 계곡에 자라는 양귀비과의 여러해살이풀. 높이 20~40cm. 굵고 짧은 뿌리줄기에서 잎이 뭉쳐나며 자르면 핏빛 유액이 나온다. 4~5월 개화. [이명] 개매미꽃, 여름매미꽃, 피나물

매미꽃과 피나물은 아주 비슷한 식물이다. 일반적으로 쉽게 구별하는 방법은 피나물은 한 줄기에 잎과 꽃이 달리고, 매미꽃은 땅에서 바로 잎이 나고 꽃줄기는 따로 나와 꽃만 피운다.

식물분류학에 문외한인 나로서는 이렇게 비슷한 식물을 다른 속(屬)으로 분류한 이유를 납득하지 못한다. 게다가 매미꽃은 한국특산속으로 1속 1종의 식물이라고 하면서, 일본에도 분포한다고 하니 어리둥절하기만 하다. 이렇게 분류한 사람이 바로 나카이다. 그는 금강초롱꽃속을 한국특산속으로 분류하여 박사학위를 받았고, 그 종소명에 그를 출세시켜준 '하나부사'의 이름을 붙여 보은한 사람이다. 학명을 짓는 일에서도 출세지향적인 성향이 드러나는 분이 분류한 '한국특산속' 매미꽃의 분류는 아무래도 다시 살펴야 할 것 같다.

무엇보다도 나는 이들의 이름(국명)이 불만스럽다. 피나물이라는 이름의 유래는 줄기를 자르면 핏빛의 유액이 나와서 붙은 이름이라고 하지만, 사실 그

전남 순천 일대에서는 피나물과 매미꽃이 혼재한다.

유액은 주황색에 가깝고, 매미꽃의 유액 색깔이 훨씬 핏빛에 가깝기 때문이다. 고(故) 이영노 박사도 나와 같은 생각을 가졌는지 그분의 도감에는 피나물(국명)은 노랑매미꽃으로, 매미꽃(국명)은 피나물로 나와 있기도 하다. 그리고 그분의 도감에는 피나물과 매미꽃이 같은 속으로 나와 있다.

'매미꽃'은 매미가 나올 무렵인 6~7월에 꽃이 피어서 유래된 이름이라고 하나, 나는 4월에만 꽃이 피는 것을 관찰하였다. 피나물이나 매미꽃은 식물들 중에서 보기 드물게 꽃봉오리가 단 두 장의 꽃받침으로 싸여 있어서 이것이 벌어지는 모습이 매미를 닮았는지도 모르겠다.

피나물

Hylomecon vernalis Maxim.

숲 속에 나는 양귀비과 피나물속의 여러해살이풀. 높이 30㎝ 가량. 줄기를 자르면 짙은 주황색 유액이 나온다. 매미꽃은 잎과 꽃이 다른 줄기에 달리고, 피나물은 한 줄기에 잎과 꽃이 같이 달린다. 4~5월 개화. 풀 전체를 약용하며, 독성이 있으나 봄에 나물로 먹는다. [이명] 노랑매미꽃, 매미꽃, 봄매미, 선매미꽃

03 아지랑이 피는 들녘

아지랑이 피는 들녘은 소리 없이 소란하다.
겨우내 누렇게 누웠던 풀들이 일어서기 전에
소와 염소가 풀을 뜯으러 나오기 전에
작은 꽃들이 앞 다투어 꽃을 피운다.

따스한 봄바람이 들판을 깨울 때
너도 나도 바쁘게 꽃을 내밀다보니
아지랑이 들녘의 꽃들은 자잘하다.
꽃다지, 냉이, 봄맞이, 제비꽃…
기껏 커봤자 민들레다.

꽃다지

애들아 나오너라 봄이 왔단다
분홍 광대 흰 냉이 파란 봄까치
다들 벌써 나와서 봄맞이 한다
코딱지 닥지닥지 그냥 나와라

노랑 꽃 닥지닥지 꽃딱지 달고
아지랑이 들판에 나가서 놀자
논두렁 밭두렁 줄을 맞추어
닥지닥지 꽃다지 봄소풍 가자

꽃다지 *Draba nemorosa* L.
볕이 잘 드는 들에 나는 십자화과의 두해살이풀. 높이 20cm 가량. 전체에 털이 밀생한다. 4~5월 개화. 어린 식물은 식용한다. [이명] 코딱지나물

광대나물과 인간의 오래된 싸움

광대나물 *Lamium amplexicaule* L.

밭이나 길가에 나는 꿀풀과의 두해살이풀. 높이 10~30cm. 3~5월 개화. 남부 지방에서는 초겨울에도 꽃을 피운다. 어린 식물은 식용한다. [이명] 긴잎광대수염, 작은잎꽃수염풀

이나가키 히데히로(稻垣秀宏)라는 사람이 쓴 『풀들의 전략』이라는 책에는 광대나물의 수분에 대한 재미있는 이야기가 있다.

"꽃의 아랫입술에 있는 두 개의 붉은 반점이 꿀벌을 꽃잎으로 유도한다. 벌은 윗입술 천정의 유도선을 따라 꿀샘으로 깊숙이 들어가게 되는데, 이때 윗입술 끝에 있는 수술이 조용히 내려와 벌 등에 꽃가루를 묻힌다. '나는 바보'라는 딱지를 친구 등에 몰래 붙이는 십대들의 장난처럼…"

내가 본 광대나물 꽃은 벌이 머리조차 들이밀 수 없을 만큼 작았는데 일본의 광대나물 꽃은 벌의 등까지 들어갈 수 있을 정도로 큰 모양이다. 우리나라 광대나물은 꽃에 붉은 반점이 없는 것이 훨씬 많고, 벌들이 없는 겨울에 폐쇄화 속에서 자가수분을 하기도 한다. 그래서 아주 오랜 옛날에 우리나라에 건너왔을 광대나물의 조상이 어떤 일을 겪었을는지 상상해 보았다.

따뜻한 지방에서 철새들의 발에 붙어온 광대나물 씨앗은 거름기 좋은 밭에 자리를 잡고 봄에 꽃망울을 맺었다. 이른 봄 농부가 쟁기로 밭을 갈아엎자, 뿌리가 뒤집혀 말라가고 꽃망울은 땅에 처박혀 숨이 막혔다. 벌과 나비를 만나기는커녕 꽃도 제대로 피우지 못했는데 그대로 허망하게 죽을 수 없었던 광대는 초능력을 발휘하여 미숙한 꽃 속에서 자가수분으로 씨앗을 만들었다. 천신만고 끝에 태어난 광대의 2세도 이듬해에 같은 운명에 처했다. 이런 일이 수천 년 거듭되다 보니 광대나물은 언제 갈아엎어지고 뽑혀나갈지 모르는 숙명을 깨닫고 아주 이른 봄에 나와서 폐쇄화 속에서 서둘러 씨앗을 만들어 놓는 습관이 생겼다.

그러다 보니 애써 벌들을 초대해야 할 일도 줄어서 땡땡이 반점이 희미해지거나 아예 없는 꽃이 많아지고 꽃도 점점 작아지게 되었다.

세상의 모든 꽃들은 저마다 수백 수십만 년의 역사를 가지고 있다. 겨우 몇 년을 관찰한다고 해서 그 긴 역사를 알 수는 없다. 그러나 그것을 상상해보는 것만으로도 즐거운 자연사 탐험이 된다. 광대나물과 인간은 수천 년 전부터 뽑고 뽑히며 싸워왔지만 해마다 지천으로 피어나니 인간이 저 작은 꽃들보다 똑똑하기는 한 걸까?

자주광대나물

Lamium purpureum L.

밭이나 길가에 나는 두해살이풀. 높이 10~20㎝. 이른 봄에는 전체가 자주색이나 점차 녹색으로 변한다. 3~5월 개화. 남부 지방에서 흔히 볼 수 있다.

유럽광대나물

Lamium purpureum var. *hybridum* (Vill.) Vill.

잎은 자주광대나물을, 꽃은 광대나물을 닮았다. 필자가 2010년 봄 정읍과 고창일대에서 발견하여 학자들에게 제보하였더니 국내 미기록종으로 밝혀져 '유럽광대나물'로 식물분류학회지 42권 1호(2012년)에 소개되었다.

광대수염

Lamium album var. *barbatum* (Siebold & Zucc.) Franch. & Sav.

산지의 약간 그늘진 곳에 나는 여러해살이풀. 높이 30~60㎝. 줄기는 네모지고, 털이 조금 있다. 잎은 마주나며 끝이 뾰족하다. 5월 개화. 어린순은 식용하고 꽃은 약용한다.

[이명] 꽃수염풀, 산광대

흰꽃광대나물

Lagopsis supina Ikonn.-Gal.

밭 근처나 들에 나는 여러해살이풀. 높이 50㎝ 가량. 밑동부터 가지가 많이 갈라지며 비스듬히 올라간다. 5~7월 개화. 흰꽃광대나물속으로 분류되며 전체 모습은 익모초를 닮았다. 경북 안동 및 주로 중북부 지방에 자생한다.

[이명] 나도광대나물, 층꽃나물, 흰광대나물

©이두한

봄맞이의 대표로 뽑힌 꽃

봄맞이 *Androsace umbellata* (Lour.) Merr.
들에 나는 앵초과의 한두해살이풀. 높이 10㎝ 가량. 잎은 모두 뿌리에서 나오며, 반원형으로 톱니가 있다. 4~5월 개화. 5~10㎝의 꽃줄기 끝에 4~10송이가 달린다. [이명] 봄맞이꽃, 봄마지꽃

부모님의 결혼기념사진

봄이 되면 갖가지 꽃들이 봄맞이를 하러 나온다. 그중에는 '봄맞이'라는 이름이 붙은 꽃도 있다. 이른 봄꽃들보다는 한 달이나 늦게 피는 꽃이 봄맞이라는 이름을 얻은 일이 미심쩍기 짝이 없다. 너무 이른 봄꽃들은 아직 봄도 아닌데 설쳐댄다고 '봄맞이'로 인정받지 못했을까도 생각해보았지만, 나는 봄맞이의 하얀 꽃에서 실마리를 찾아보았다.

예로부터 우리 민족은 흰옷을 즐겨 입었던 백의민족이다. 그것은 근세의 기록사진 몇 장만 보더라도 금방 알 수 있다. 색깔이 있는 옷은 궁중 의상, 관복, 기생이나 무당의 옷, 그리고 부잣집 사람들이나 입을 수 있었던 비단옷 정도였다. 19세기 말에 우리나라에 양복이 들어왔지만, 시골 사람들이 입을 수 있기

까지는 자그마치 칠팔십 년이나 걸렸다.

옛날 부모님의 결혼기념 사진과 할머니의 회갑잔치 사진을 보더라도 하객들 거의가 흰 두루마기를 입고 있었고, 양복을 입은 사람 두엇이 쌀밥에 콩알처럼 끼어 있었다. 흰 두루마기가 수백 년 동안 한국인들의 정장이었던 것이다.

평소에 백성들은 누런 베옷을 입고 농사를 지었고, 그 옷에는 땀에 찌든 때와 흙과 거름색이 짙게 배어 있었다. 봄이 와서 나들이도 가고 싶은데 농사일에 바빠서 그럴 틈이 없다. 그 무렵에 밭둑에서 하얗게 피는 꽃들이 바로 봄맞이다. 포르스름한 빛이 도는 옥양목을 닮은 꽃들이 봄나들이나 잔칫집이라도 가자는 듯 유혹을 한다. 농사일에 하루해가 짧은 농부는 이 꽃을 대신 보낸다.

수백 년 동안 오직 흰 옷을 고집했던 조상들은 노랑, 분홍, 파란색 온갖 봄꽃들을 다 제쳐두고 이 하얗고 어여쁜 꽃을 봄맞이 대표로 보낸 듯하다.

애기봄맞이
Androsace filiformis Retz.
들의 습지에 나는 두해살이풀.
높이 15cm 가량. 전체에 털이 거의 없고, 잎은 뿌리에서 뭉쳐난다.
4~8월 개화.
[이명] 애기봄마지, 애기봄맞이꽃

금강봄맞이
Androsace cortusaefolia Nakai
높은 산 암벽의 그늘에 나는 여러해살이풀. 높이 8cm 가량. 잎은 모두 뿌리에서 뭉쳐난다. 둥근 콩팥 모양이다.
6월 개화. 한국 특산식물. 설악산, 금강산의 높은 지대에 자란다.
[이명] 금강봄마지, 금강봄맞이꽃

갯봄맞이
Glaux maritima var. *obtusifolia* Fernald
바닷가 습지에서 자라는 여러해살이풀. 높이 5~20cm. 잎은 마주나기 또는 어긋난다. 4월 하순~6월 초순 개화. 꽃의 지름 6~7mm. 함북 지방에 분포한다고 알려져 있으나 동해 남부 해안에도 자생한다.

나물을 다시 생각하게 하는 조개나물

조개나물 *Ajuga multiflora* Bunge

양지바른 풀밭에 나는 꿀풀과의 여러해살이풀. 높이 30cm 가량. 전체에 털이 많이 나고, 줄기는 곧게 선다. 4~6월 개화. 꽃이 달린 원줄기와 잎은 약용한다.

우리 풀꽃 중에서 '나물'이라고 불리는 것이 150여 가지나 된다. 아이러니하게도 냉이, 달래, 도라지, 고사리, 쑥 같은 것들은 그 이름에 나물이라는 말이 없지만 맛있게 먹는 나물들이고, 조개나물, 광대나물, 벼룩나물 등은 '나물'이라고 하지만 맛이 없다.

그 궁금증을 못 이겨 옛 문헌들을 살펴보고 나서는 나물에 대한 생각을 크게 바꾸게 되었다. '나물' 하면 대다수의 사람들이 향기로운 반찬으로 생각하겠지만, 옛날 가난했던 시절에는 양식 몇 톨에다 보태어 죽을 끓여먹던 대체 식량이었다. 이른 봄에 나오는 풀 중에 '나물'이라는 이름이 많은 까닭은 보릿고개를 넘기며 웬만한 풀들은 모두 죽을 쑤어먹었기 때문일 것이다. 조개나물을 '나물'이라고 하는 연유도 이런 맥락에서 이해가 된다. 나는 조개나물 몇 포기

를 솜씨 좋다는 요리사에게 부탁해서 무쳐 먹어보았는데, 맛도 향기도 없는 보통 들풀과 다름없는 '나물'이었다.

조개나물은 이른 봄 풀밭에서 고둥이나 소라모양의 싹을 내민다. 싹의 색깔도 자주색이나 고동색이라서 조개의 색깔과 비슷하다. 조개나물의 영어명은 'Korean pyramid bugle'(한국의 피라미드형 고둥 나팔)이다. 조개나물과 의미가 통한다.

이런 풀들에 '나물'이라는 이름을 붙여 놓은 이유는 맛은 없어도 최소한 독이 없어 허기를 면할 수 있다는 '인증서'인지도 모른다. 맛이 좋고 즐겨 먹는 식물은 굳이 나물이라 하지 않고, 맛은 없지만 먹을 수 있는 식물에 '나물'을 붙여서 보릿고개나 큰 흉년에 살아남을 지혜를 남긴 듯하다. 특히 농사지을 땅이 부족한 강원도 어느 지방에는 "시집을 가려면 나물 이름 서른 가지는 알고 가야 된다"는 속담까지 있었다고 하니 더욱 그런 심증이 간다.

소가 먹던 것은 '여물', 내가 먹던 것은 '나물'이었다. 그렇게 모진 세월을 연명한 조상 덕에 오늘의 내가 있으니, 나물이라는 이름이 붙은 풀들을 볼 때마다 고마운 생각이 든다.

붉은조개나물

Ajuga multiflora f. *rosea* Y. N. Lee

조개나물과 같으나 꽃이 분홍색을 띠며, 조개나물 군락지에서 드물게 발견된다.

흰조개나물

Ajuga multiflora f. *leucantha* (Nakai) T. B. Lee

풀밭에 나는 여러해살이풀. 높이 5~12cm. 조개나물에 비해 키가 높지 않으며 흰 꽃이 피는 것 외에는 차이가 없다. 전국에 자생하나 매우 드물다. [이명] 흰꽃조개나물(북한명)

금창초

Ajuga decumbens Thunb.

길가나 밭둑에 나는 여러해살이풀. 높이 5cm 미만. 줄기는 눕고, 전체에 털이 있다. 3~6월 개화. 꽃은 자주색, 분홍색, 흰색. 어린 식물은 식용한다. [이명] 가지조개나물, 금란초, 섬자란초

자란초

Ajuga spectabilis Nakai

산지에 나는 여러해살이풀. 높이 50cm 가량. 줄기가 곧게 서고 잎은 마주난다. 잎의 길이 17cm, 너비 9cm 정도로 큰 편이다. 6월 경 개화. 한국 특산식물. [이명] 자난초, 큰잎조개나물

©김인래

제비꽃 이름 제대로 알기

제비꽃 *Viola mandshurica* W. Becker
들에 나는 제비꽃과의 여러해살이풀. 높이 10cm 내외. 원줄기가 없고 뿌리에서 잎이 자라서 비스듬히 퍼진다. 4~5월 개화. [이명] 오랑캐꽃, 씨름꽃, 앉은뱅이꽃, 장수꽃 등

강남 제비 돌아올 때 핀다고 제비꽃, 오랑캐 머리 닮았다고 오랑캐꽃, 키가 작아서 앉은뱅이꽃, 귀여워서 병아리꽃, 씨름꽃, 장수꽃, 반지꽃…. 한 가지 꽃에 이리도 이름이 많은 까닭은 제비꽃이 오랜 세월 이 땅의 사람들과 갖가지 모습으로 희로애락을 함께하며 살아왔기 때문이리라.

나는 이 흔한 꽃의 이름조차 모르고 어린 시절을 보냈다. 하얀 씨앗이 나오면 쌀밥, 누런 씨앗이 나오면 보리밥이라 하며 코흘리개 시절 소꿉장난했던 추억으로 남아 있는 꽃이다. 이름 없는 꽃이 없다고 하지만 두메산골에서 이 꽃은 이름이 없었다. 먹고 사는 풀이 아닌 다음에야 그 이름을 부를 일이 없었기 때문이다. 학교에 들어가서야 제비꽃이라는 이름을 알게 되었고, 중년이 넘어서 들꽃 찾아다니는 취미가 생

기고 나서는 여러가지 다른 제비꽃 이름을 알아가는 재미가 붙었다. 요즘은 국가표준식물목록에 올라 있는 제비꽃이 60여 종이고, 지금도 새로운 종이 발견되고 있다는 것까지 알게 되었다.

그러나 처음 보는 종의 제비꽃 이름을 알아가는 재미는 스무 가지 정도의 제비꽃 이름 알기를 넘기지 못하고 끝났다. 그보다 더 많은 제비꽃 이름을 제대로 알려면 뿌리째 뽑거나 꽃을 갈라서 돋보기로 들여다봐도 어려우므로 그 단계부터는 즐거움이 고생으로 변하게 된다.

이 제비꽃들은 풀꽃들 중에서 최고의 바람둥이다. 남산제비꽃은 가장 많은 자연교잡종을 만들어내는 제비꽃 중의 제비라고 들었다. 우리나라의 야생화들 중에서 이 제비꽃(*Viola*)속처럼, 60여 가지나 되는 종과 변종이 있는 '속'을 나는 알지 못한다. 이 제비들이 만들어내는 염문에 관심을 두거나, 수상한 제비꽃을 형틀에 묶어 곤장을 치고 주리를 틀며, 네 이름이 무엇이며 부모가 누구인지 묻고 싶지는 않다. 이름을 모르면 그냥 제비꽃으로 불러줄 것이다.

제비꽃 이름을 하나하나 알아가는 즐거움에도 비등점이 있음을 알았다. 물이 비등점에서 수증기로 변하듯 즐거움의 비등점을 넘으면 괴로움이 된다.

장백제비꽃
Viola biflora L.
높은 산의 습한 지역에 자라는 여러해살이풀. 높이 5~20cm. 잎이 전체적으로 둥근 모양이다. 6~7월 개화. 설악산과 백두산에서 볼 수 있다.
[이명] 장백오랑캐, 장백노랑제비꽃

노랑제비꽃
Viola orientalis (Maxim.) W. Becker
산지에 나는 여러해살이풀. 높이 10~18cm. 장백제비꽃은 잎 끝이 둥근데 비해 잎 끝이 뾰족하다. 4~6월 개화.
[이명] 노랑오랑캐, 노랑오랑캐꽃

잔털제비꽃
Viola keiskei Miq.
산지에 나는 여러해살이풀. 높이 10cm 가량. 전체에 잔털이 있으며. 잎은 둥근 모양이고 가장자리에 톱니가 있다. 4~5월 개화. 흰 꽃이 핀다.
[이명] 잔털오랑캐, 둥근잔털제비꽃, 둥근잎제비꽃, 털둥근잎제비꽃 등

남산제비꽃
Viola albida var. *chaerophylloides* (Regel) F. Maek. ex Hara
산지에 나는 여러해살이풀. 높이 10cm 내외. 서울 남산에서 처음 발견되어 붙은 이름이나 전국적으로 분포한다. 잎이 가늘고 깊게 갈라지며, 털이 거의 없고, 향기가 있다. 4~6월 개화.
[이명] 남산오랑캐 *제비꽃 중에서 가장 많은 자연교잡종을 생산해낸다고 한다.

태백제비꽃

Viola albida Palib.

산지에 나는 여러해살이풀. 높이 10cm 가량. 잎은 긴 심장형, 잎자루가 길며 가장자리에 톱니가 있다. 4~5월 개화. 꽃은 흰색, 향기가 있다.

[이명] 태백씨름꽃, 사향씨름꽃, 태백오랑캐

단풍제비꽃

Viola albida f. *takahashii* (Makino) W. T. Lee

산지에 나는 여러해살이풀. 높이 15cm 내외. 잎이 깊게 갈라져 단풍잎을 닮았다. 4~5월 개화. 꽃은 흰색, 향기가 난다.

[이명] 단풍오랑캐, 단풍씨름꽃 *태백제비꽃과 남산제비꽃의 자연교잡종으로 알려졌다.

금강제비꽃

Viola diamantiaca Nakai

해발 500m 이상 고지의 양지바른 곳에 나는 여러해살이풀. 높이 10cm 가량. 잎이 나올 때 옆이 안쪽으로 말려 있다. 4~5월 개화. 꽃은 대부분 흰색, 땅속에 폐쇄화가 있다. 금강산에서 최초 발견된 한국 특산식물이다.

[이명] 금강오랑캐, 금강산제비꽃

콩제비꽃

Viola verecunda A. Gray

들이나 산의 습한 곳에 나는 여러해살이풀.

높이 5~20cm. 4~5월 개화. 꽃은 흰색. 다른 제비꽃들에 비해 꽃이 작다.

[이명] 콩오랑캐, 조개나물, 조갑지나물, 좀턱제비꽃

졸방제비꽃
Viola acuminata Ledeb.
산지에 나는 여러해살이풀. 높이 30cm 가량. 보통 제비꽃들과는 달리 줄기가 있으며, 곧게 서고, 가지를 친다. 5~6월 개화. 꽃은 보통 흰색 또는 연한 자주색이다.
[이명] 졸방나물, 졸방오랑캐

낚시제비꽃
Viola grypoceras A. Gray
들이나 길가에 나는 여러해살이풀. 높이 20cm 가량. 원줄기는 여러 개가 눕거나 비스듬히 선다. 잎은 심장형, 끝이 날카롭게 뾰족하고 가장자리에 얕은 톱니가 있다. 4~5월 개화. 꽃은 연한 보라색. [이명] 낚시오랑캐

둥근털제비꽃
Viola collina Besser
산지에 나는 여러해살이풀. 높이 10cm 내외. 잎은 심장형, 가장자리에 얕고 둔한 톱니가 있다. 4~5월 개화. 꽃은 연한 자주색이다.
[이명] 둥근털오랑캐, 둥글제비꽃

왜제비꽃
Viola japonica Langsd. ex Ging.
산이나 들에 나는 여러해살이풀. 높이 6~12cm. 잎은 끝이 둔하고 밑이 심장형, 가장자리에 둔한 톱니가 있다. 4월 개화. 꽃은 연한 자주색이다.
[이명] 왜오랑캐, 알록오랑캐, 주걱오랑캐, 좀제비꽃, 작은제비꽃 등

창덕제비꽃
Viola palatina Y. Lee
서울 창덕궁의 숲에 자라는 여러해살이풀.
높이 10cm 가량. 왜재비꽃과 닮았으나 잎 가장자리에 깊은 톱니가 있다. 4월 개화. 왜제비꽃과 남산제비꽃의 자연교잡종으로 추정된다.

고깔제비꽃
Viola rossii Hemsl.
산지에 나는 여러해살이풀. 높이 15cm 가량. 잎이 고깔처럼 말려 있으며, 가장자리에 톱니가 있다. 4~5월 개화. 꽃은 대개 연한 자주색이다.
[이명] 고깔오랑캐

털제비꽃
Viola phalacrocarpa Maxim.
들의 양지에 나는 여러해살이풀. 높이 5~10cm. 전체에 거친 털이 있다. 잎은 난형이며, 밑은 얕은 심장형이다. 4~5월 개화. 꽃은 보라색 또는 붉은 자주색.
[이명] 털오랑캐, 이시도야오랑캐, 털씨름꽃, 민둥오랑캐

알록제비꽃
Viola variegata Fisch. ex Link var. *variegata*
산지에 나는 여러해살이풀. 높이 5~10cm. 잎맥을 따라 흰색 무늬가 있다. 5~6월 개화.
[이명] 청자오랑캐, 청알록제비꽃, 알록오랑캐, 얼룩오랑캐

뫼제비꽃
Viola selkirkii Pursh ex (Goldie)
높은 산지의 숲 밑에 나는 여러해살이풀.
높이 6cm 가량. 잎은 심장형, 잎자루가 길고, 가장자리에 톱니가 있다. 4~5월 개화.
[이명] 뫼오랑캐, 알록뫼제비꽃, 메제비꽃, 산제비꽃 등

민둥뫼제비꽃
Viola tokubuchiana var. *takedana* (Makino) F. Maek.
숲속에 나는 여러해살이풀. 높이 5~8cm. 잎은 삼각상 난형으로 끝이 뾰족하고 밑은 심장형이다.
4~5월 개화. 꽃은 흰색 또는 연한 분홍색이다.
[이명] 거친털제비꽃, 성긴털제비꽃, 양지제비꽃, 조선씨름꽃 등

호제비꽃
Viola yedoensis Makino
들에 나는 여러해살이풀. 높이 10cm 가량. 잎자루가 길며, 잎은 긴 타원형이다. 제비꽃에 비해 잎은 좁고 털이 많으나 측판에는 털이 없다.
4~5월 개화.
[이명] 들오랑캐, 들제비꽃
©이진동

서울제비꽃
Viola seoulensis Nakai
들에 나는 여러해살이풀. 높이 10cm 가량. 제비꽃에 비해 잎이 넓고 털이 많으며, 꽃잎 안에 털이 없다. 4~5월 개화. 한국(서울 근교, 경기도) 특산식물이다.
[이명] 서울오랑캐

개 풀 뜯어 먹는 이야기 깽깽이풀의 유래

깽깽이풀 *Jeffersonia dubia* (Maxim.) Benth. & Hook. f. ex Baker & S. Moore
산자락에 사는 매자나무과의 여러해살이풀. 높이 20cm 정도. 땅 위 줄기가 없이 잎이 뭉쳐난다.
4~5월 개화. 꽃잎은 6~8장. 꽃밥이 보통 자주색이나 드물게 노란색 꽃밥만 있는 군락도 있다.
[이명] 깽이풀, 조황련, 황련

봄볕이 따뜻해지면 산과 들에 온갖 꽃들이 피어난다. 농부들은 밭 갈랴, 씨 뿌리랴, 거름 주랴, 하루해가 짧기만 한데 밭두렁 저편 숲 속에서 봄바람에 살랑대는 꽃은 한가롭기만 하다. '깽깽이 같은 풀이로고…' 이 정황에서 이 풀의 유래설이 등장한다.

전통악기인 해금의 별명이 '깽깽이'인데, 이 풀의 열매가 해금 줄의 탄력을 조절하는 '주아'를 닮은 데서 '깽깽이풀'이 되었다는 설이 있다. 또, 농악을 이끄는 악기인 꽹가리를 어떤 지방에서는 '깽깽이'라고 하는데, 농민들이 힘든 농사철에 한가롭게 살랑거리는 이 풀에게 놀이판의 리더 격인 '깽깽이'의 이름을 붙였다는 설도 있다.

나는 이 꽃을 만나면 깨끼 한복이 먼저 떠오른다. 속살이 비칠 듯한 오동보라의 투명함이 깨끼 한복을 닮았다. 힘든 농사일에 땀에 찌들고 흙투성이가 된 베옷을 입은 아낙들은 깨끼옷 차려 입고 봄나들이 하는 부잣집 처자들이 얼마나 부러웠을까.

이 깽깽이풀의 이름에 대한 유래를 찾기가 쉽지 않다 보니 어설픈 유래설들도 떠다니고 있다. 이를테면 '개가 이 풀을 먹으면 배가 아파서 깽깽거린다'라

던가, '개가 깽깽거릴 때 이 풀을 먹이면 낫는다'는 어설픈 이야기들이다. 하지만 개가 풀을 뜯어 먹는 것을 보았다는 사람도 더러 있다.

1999년부터 5년간 우리나라에서 동티모르에 평화유지군을 파견한 일이 있는데 그곳에 다녀온 젊은 병사들은 그들이 본 '동티모르의 4대 불가사의'를 꼽았다. 동티모르에서는 개에게 줄 음식이 없어서 개가 풀을 뜯어 먹고, 여자들은 피임을 몰라서 달거리가 없고, 차가 별로 없어서 신호등이 없으며, 공업생산품이 없기 때문에 쓰레기가 없다는 네 가지의 불가사의였다. 한국군 부대에서 쓰레기 덤프가 나가면 주민들이 몰려들어서 순식간에 흔적도 남지 않고 모든 쓰레기가 사라졌다고 했다.

그 젊은 군인들은 그러한 동티모르의 생활상을 '불가사의'로 보았다. 그들은 그것이 우리나라의 불과 반세기 전 모습이었음을 모른다. 우리나라에는 그 네 가지 불가사의가 사라지고 두 가지 불가사의가 생겼다. 세상에서 가장 가난했던 나라가 요즘 들어 부자나라 행세를 하는 일이고, 젊은 세대들이 자기 부모 세대들이 겪은 고난과 그들이 이룩한 성취를 놀랍게도 모르는 불가사의다. 깽깽이 같은 녀석들이로고….

민들레의 이름에 대하여

민들레 *Taraxacum platycarpum* Dahlst.

들의 풀밭에 자라는 국화과의 여러해살이풀. 높이 10~20cm. 줄기가 없으며 잎은 밑동에서 나와 옆으로 퍼진다. 대체로 잎의 수와 꽃줄기의 수가 같다. 3~6월 개화. 꽃받침(총포) 조각 끝에 삼각형의 작은 돌기가 있다.

토종 민들레는 총포가 젖혀져 있지 않다.

1944년 9월 17일, 사상 최대의 공수작전이 개시되었다. 네덜란드 남부지역에 3만여 병력이 낙하산으로 투하되었는데, 영국군 1공수사단 만여 명에게는 가혹한 운명이 기다리고 있었다. 정보 부족으로 독일군 정예기갑사단의 머리 위에 떨어진 것이다. 사단은 초인적 투혼으로 9일간을 악전고투했으나 결국 거의 전멸당하고 나머지는 포로가 되었다.

씨앗을 바람에 날려 보내어 영역을 확장하는 민들레는 공수부대만큼이나 용감하고 모험적인 식물이다. 바람에 날려가던 민들레 씨앗들도 바다나 울창한 숲에 떨어지면 영국군 1공수사단과 같은 절망적인 상황에 빠지게 된다. 이러한 위험과 성공의 불확실성에도 불구하고 공수작전은 적의 영토를 신속히 장악할 수 있는 매우 효과적인 작전이다. 우리 산하 어느 곳이나 민들레의 영토가 아

우리가 흔히 볼 수 있는 민들레는 거의 서양민들레다. 총포의 아랫부분이 완전히 밑으로 젖혀져 있다.

닌 땅이 없다. 승리자의 영광은 그만한 용기와 희생 뒤에 얻어진 것이다.

민들레는 우리 민족과 함께 살아온 세월만큼이나 많은 이름이 있다. 땅에 납작 붙어 있어서 '안질방이', 여러가지 덕이 있어서 '포공영(蒲公英)', 문 둘레에 흔히 있어서 '문둘레' 등으로 불리었다. 민들레는 이 중에 '문둘레'에서 유래되었다고 한다.

그러나 민들레가 집 주변에서 흔히 볼 수 있는 꽃이라 할지라도 들판에 자유스럽게 피어 있는 모습이 '민들레'답다는 생각이 든다. 어쩌면 '민들에 피는 꽃'이라는 뜻으로 민들레가 되지는 않았을까? 숲도, 밭도, 논도 아닌 밋밋한 들판 아무 곳에나 피는 꽃, '민들에' 지천으로 피고 지는 꽃으로 봐줘도 그럴싸하지 않은가.

수백 수천 년을 불러온 꽃 이름의 의미를 알아내기란 50대조 할아버지 초상화 그리기보다도 어려운 일이다.

서양민들레

Taraxacum officinale Weber

민들레와 거의 비슷하나 바깥쪽 총포 조각이 뒤로 젖혀져 있다. 3~5월 개화. 어린잎과 뿌리는 식용한다.

※우리나라에 자생하는 대부분의 민들레가 서양민들레다. 서양민들레는 토종 '민들레'의 꽃가루를 받을 수 있으나 토종은 서양민들레의 꽃가루를 받지 않기 때문에 세력이 줄었다고 한다.

흰민들레

Taraxacum coreanum Nakai

저지대의 양지바른 곳에 나는 여러해살이풀. 민들레와 꽃의 색깔만 다르다. 4~5월 개화. 잎과 뿌리는 식용하고 꽃은 말려서 약용한다.

흰노랑민들레

Taraxacum coreanum var. *flavescens* Kitam.

흰민들레와 민들레의 자연교배종으로 보인다.

산민들레

Taraxacum ohwianum Kitam.

산지의 약간 습한 곳에 나는 여러해살이풀. 높이 10~20cm. 총포편이 아래로 젖혀지지 않으며 끝에 삼각형 돌기가 없다. 잎 양면에 털이 있고, 결각은 대체로 둔한 편이나 변이가 많다. 5~7월 개화. 어린잎은 식용, 뿌리는 약용한다. 경기, 강원 이북에 주로 분포한다.

태엽의 원조 꽃마리

꽃마리 *Trigonotis peduncularis* (Trevir.) Benth. ex Hemsl.

산이나 들, 밭의 메마른 곳에 나는 지치과의 두해살이풀. 높이 10~30cm. 4~7월에 개화하며 꽃의 지름은 2mm 정도다. 어린순은 식용한다. [이명] 꽃따지, 꽃말이

백여 년 전 우리나라에 왔던 어느 미국인 선교사 부인이 꽃마리를 물망초로 알고 그녀가 쓴 책에 기록으로 남겼다. 물망초와 꽃마리는 그렇게 구별하기 어려울 정도이나, 유럽이 원산지인 물망초가 꽃이 더 크고 풍성하게 달리는 편이다. 꽃마리는 꽃차례가 어린 고사리 순처럼 도르르 말려 있다가 서서히 풀리면서 하루에 한 개씩 작은 꽃을 피워낸다. 그래서 '꽃말이'라고 부르던 것이 '꽃마리'가 되었다고 한다.

꽃마리의 꽃차례에는 여러가지 봄의 색깔이 들어있다. 아직 꽃이 피지 않은 꽃봉오리는 연분홍색이고, 막 피어난 꽃은 연한 하늘색인데 가운데가 노랗다. 그 아래에 있는 꽃 한두 개는 그 전 날 피었던 꽃으로, 새로 핀 꽃이 곤충을 부르는 일에 들러리를 서준다. 그 꽃들은 수분을 마쳤다는 표시로 가운데가 흰색으로 변해 있다.

누군가 꽃마리는 '시계의 태엽이 풀리듯이' 핀다고 했다. 곰곰이 생각해보니 그 표현은 어쩐지 앞뒤가 바뀐 듯하다. 태엽은 한자로 '처음 태(胎)' '잎 엽(葉)' 자를 써서 '胎葉'으로 표기한다. 이 한자어의 뜻을 보면 '태엽'이라는 기계장치의 이름은 꽃마리의 새순이 풀리는 모양에서 유래되었으리라고 짐작이 된다.

그렇다면 "꽃마리는 시계의 태엽이 풀리듯이 꽃이 핀다"라는 말은 "시계의 태엽은 꽃마리의 꽃이 피듯이 풀린다"라고 해야 맞다. 흔히 좋은 경치를 보고 "그림처럼 아름답다"고 하기도 하지만 따져보면 "그 에미가 아이를 닮았다"는 말과 다르지 않다. 이런 말이 자연스럽게 받아들여진다면 우리의 삶이 이미 자연과 너무 멀어져 있는 것이 아닌가 싶다.

요즘 아이들은 그나마 태엽이 무엇인지도 모를 것이다. '태엽'이라는 명사는 꽃마리와 같은 자연에서 태어나 시계나 유성기, 옛날 장난감의 동력장치 속에서 성장하다가 머지않아 기계문명의 박물관에 묻히고 잊혀져 갈 것이다.

잊혀져 간다는 것은 어떤 존재에게도 슬픈 일이다. '날 잊지 말아라'는 물망초나 꽃마리는 아주 비슷한 꽃이다. 꽃마리는 화르르 피었다가 속절없이 사라지는 꽃들과 달리 날마다 태엽을 조금씩 풀어내면서 '날 잊지 말아라'고 한다.

참꽃마리

Trigonotis radicans var. *sericea* (Maxim.) H. Hara

산이나 들의 습한 곳에 나는 여러해살이풀. 높이 10~15cm. 4~7월 개화. 꽃의 지름 8~10mm. *이 꽃은 꽃차례가 말리지 않는다. 꽃이 말리지 않는 꽃을 '참꽃마리'로 명명한 것이 아이러니하다. 이명에 더 좋은 이름이 많다.

[이명] 뿌리꽃마리, 왕꽃마리, 조선꽃마리, 좀꽃마리, 털꽃마리 등

덩굴꽃마리

Trigonotis icumae (Maxim.) Makino

산이나 들에 나는 여러해살이풀. 높이 7~20cm. 잎겨드랑이에서 나온 가지가 자라 덩굴성이 된다. 5~6월에 지름 10mm 가량의 연하늘색 꽃이 핀다.

*참꽃마리는 잎과 꽃이 차례로 달리며, 덩굴꽃마리는 꽃이 줄기 끝에 뭉쳐 달린다. 경북 내륙 지방에 분포한다.

[이명] 덩굴꽃말이

ⓒ이주용

꽃받이

Bothriospermum tenellum (Hornem.) Fisch. & C. A. Mey.

들의 양지에 드물게 나는 한두해살이풀. 높이 5~30cm. 꽃마리와 비슷하게 생겼으나 꽃차례가 꽃마리처럼 말리지 않는다. *꽃마리는 꽃 가운데가 노란색이었다가 수분을 마치면 희게 변하지만 꽃받이는 꽃 가운데가 처음부터 흰색이다.

[이명] 나도꽃마리, 꽃바지

아주 오래된 성냥개비 솜나물

솜나물 *Leibnitzia anandria* (L.) Turcz

산자락의 양지바른 곳에 나는 국화과의 여러해살이풀. 높이 10~20cm. 잎 뒷면과 줄기에 솜털 같은 섬모들이 있다가 여름에 사라진다. 어린잎은 식용, 식물체를 말린 것을 대정초(大釘草)라 하며 약용한다. 3월 말~5월 개화. 가을에는 폐쇄화가 피어 봉오리 상태로 결실한다. [이명] 부싯깃나물, 까치취

솜나물은 여러 번 사람들을 어리둥절하게 한다. 이른 봄에 진분홍색으로 꽃을 피울 듯하다가도 활짝 피고 나면 분홍색은 꽃잎 뒤로 숨어 버린다. 가을엔 훨씬 긴 꽃대를 올려서 꽃이 필 듯 말 듯 하다가 느닷없이 연한 갈색의 털보숭이로 변신한다.

이른 봄에 피는 솜나물은 한 뼘이 못되는 키에 작고 하얀 꽃을 피운다. 솜나물이라는 이름이 붙은 것은 잎과 줄기에 미세한 솜털이 많이 달려서 솜처럼 하얗게 보이는데다가 잎

을 나물로 먹었기 때문이다. 가을에 피는 것은 한 뼘 반 정도까지 자란다. 꽃봉오리는 봄꽃보다 훨씬 크지만 폐쇄된 상태에서 자가 수분을 하고 나면 바로 갈색의 씨앗을 만들어 바람에 날린다.

솜나물은 '부싯깃나물'이라는 별명을 가지고 있다. 이 풀을 잘 말려서 부싯돌에서 불을 붙였기 때문이다. 부싯깃나물이라고 하니 갈색의 면봉처럼 보이는 종자가 커다란 성냥 알갱이처럼 보이기도 한다. 1880년에 우리나라에 처음 성냥이 들어오기 전까지는 솜나물이 성냥 알갱이 역할을 한 셈이다.

우연히도 성냥이 들어온 지 꼭 100년 만인 1980년에 일회용 라이터가 우리나라에 처음 등장하게 된다. 이 간편한 물건이 나오면서 300여 개나 되던 성냥 공장들이 급속히 문을 닫기 시작하더니 2010년에 이르러서는 단 하나의 성냥공장만이 겨우 명맥을 유지하고 있었다. 그나마도 적자가 쌓여서 문을 닫는 것은 시간문제라고 한다.

머지않아 성냥 구경도 어려울 것 같아서 시골 구멍가게에 가서 오래된 통성냥 한 곽을 사다 놓았다. 언젠가 손자들이 생기면 '성냥팔이 소녀' 동화를 읽다가 '할부지, 성냥이 모야?' 하고 물어볼 것 같아서다.

해를 품은 꽃 양지꽃

양지꽃 *Potentilla fragarioides* var. *major* Maxim.

산자락과 들녘에 자라는 장미과의 여러해살이풀. 줄기가 30~50cm까지 비스듬히 자란다. 깃꼴 겹잎으로 맨 위의 잎 3장이 크고 밑으로 내려갈수록 작아진다. 3~5월 개화. [이명] 소시랑개비, 애기양지꽃, 왕양지꽃 등

'부처님이 백억의 세계에 화신하시며 교화하신 것은 달이 천 개의 강에 비추는 것과 같으니라' 월인천강지곡의 아름다운 대서사시가 시작되는 구절이다. '달이 천 개의 강에 비치다'는 이 표현에 매료되어, '해는 어디에 흔적을 남겼을까?'라는 부질없는 생각에 시키지도 않은 '월인천강'(月印千江)의 대귀를 고민했다. 그로부터 수십 년이 지나도록 태양의 흔적을 찾지 못하여 '해는 너무나 밝아서 어디에도 그 자취가 없다'는 결론으로, '月印千江이나 日輝無印이로다'라고 스스로 만든 숙제를 끝냈었다.

그 후로 다시 오랜 세월이 흐른 어느 따뜻한 봄날, 오매불망하던 태양의 흔적을 우연히 만났다. 그것은 바로 해를 품은 듯 동그랗게 핀 양지꽃이었다. 어

민눈양지꽃 군락. 포천 광덕산

디에나 피는 꽃이라 오래전부터 그 이름은 알고 있었지만, 그렇게 태양을 닮은 모습을 본 것은 처음이었다.

그날 이후로 그렇게 둥글게 핀 모습을 보기가 쉽지 않았다. 양지꽃은 아무 것도 걸리적거리는 것이 없는 평탄한 땅에서만 해를 닮은 동그란 모습으로 피기 때문이다. 모든 것이 완벽한 환경에서 태어난 사람이 드물듯이 식물 세상에서도 형편은 마찬가지인 모양이다.

옹색한 돌 틈을 비집고 힘겹게 피는 꽃도 있다. 비탈에 아슬아슬하게 뿌리를 붙이고 위태롭게 살거나 다른 풀에게 치어서 제대로 볕도 못 보는 녀석도 있다. 태양처럼 둥글게 핀 꽃은 찾아내기가 쉽지 않다. 그러나 어떤 모습도 아름다운 까닭은 그들에게 주어진 삶을 성실하게 살아가기 때문이다. 그 모습은 사람들이 사는 모습과 크게 다르지 않다. 우리도 어떤 처지에서나 저마다 아름다운 삶을 가꿀 수 있다. 사람들도 나름대로 태양 같은 희망 하나 품고 살지 않는가?

세잎양지꽃(왼쪽)
Potentilla freyniana Bornm.
산과 들에 나는 여러해살이풀. 높이 15㎝ 가량. 양지꽃과 닮았으나 잎이 3장이다. 줄기가 땅을 기지 않는다. 3~4월 개화. [이명] 털세잎양지꽃

민눈양지꽃(오른쪽)
Potentilla yokusaina Makino
산에 나는 여러해살이풀. 높이 10~20㎝. 줄기가 가늘고 땅을 긴다. 5~6월 개화. 세잎양지꽃에 비해 꽃이 크고 가운데가 짙은 노란색이다.
[이명] 큰세잎양지꽃, 섬양지꽃

돌양지꽃
Potentilla dickinsii Franch. & Sav.
산지의 바위틈에 나는 여러해살이풀. 높이 20㎝ 가량. 전체에 누운 털이 밀생하고, 뿌리는 목질화되어 비대하다. 줄기는 가늘며, 곧게 서고, 잎은 뿌리 부근에서 모여 난다. 6~7월 개화.
[이명] 바위양지꽃

솜양지꽃
Potentilla discolor Bunge
산과 들의 양지에 나는 여러해살이풀. 높이 15㎝ 가량. 줄기와 잎 뒷면에 솜털이 밀생하여 흰색으로 보인다. 4~8월 개화.
[이명] 칠양지꽃, 닭의발톱

물양지꽃
Potentilla crypotaeniae Maxim.
산기슭의 물가에 나는 여러해살이풀.
높이 50~100㎝. 전체에 털이 나고 많은 가지를 낸다. 7~8월 개화.
[이명] 세잎딱지, 세잎물양지꽃
©박명숙

가락지나물

Potentilla anemonefolia Lehm.

저지대의 습지에 나는 여러해살이풀. 20~60㎝의 줄기가 땅을 기며 자란다. 잎이 다섯 장의 작은 잎으로 갈라진 데서 '가락지나물'이라는 이름이 유래된 듯하다. 5~7월 개화. [이명] 가는잎쇠스랑개비, 쇠스랑개비, 큰잎가락지나물 등

좀딸기

Potentilla centigrana Maxim.

깊은 산지에 나는 여러해살이풀. 줄기 길이 50㎝ 정도. 전체에 털이 거의 없으며 줄기가 옆으로 뻗으며 자란다. 6~7월 개화. 꽃의 지름이 5mm 정도로 아주 작다.

[이명] 애기풀딸, 좀풀딸, 풀딸, 풀딸기(북한명)

나도양지꽃

Waldsteinia ternata (Stephan) Fritsch

깊은 산의 숲 가장자리에 나는 나도양지꽃속의 여러해살이풀. 높이 10~15㎝. 전체에 털이 퍼져 난다. 5~6월 개화. 꽃의 지름이 2㎝ 정도로 다른 양지꽃들에 비해 큰 편이다. 중부 이북 지역에 분포한다.[이명] 금강금매화(북한명), 딸기이재비

딱지꽃(왼쪽)

Potentilla chinensis Ser.

개울가나 들, 바닷가에 나는 여러해살이풀. 높이 30~60㎝. 잎은 깃 모양으로 갈라진다. 6~7월 개화. 꽃의 지름 1.5㎝ 가량.

[이명] 갯딱지, 당딱지꽃, 딱지

개소시랑개비(오른쪽)

Potentilla supina L.

들에 나는 여러해살이풀. 높이 50㎝ 가량. 5~7월 개화. 꽃의 지름이 1㎝ 미만이며 꽃잎 사이가 많이 떨어져 있다. [이명] 깃쇠스랑개비(북한명), 수소시랑개비, 큰양지꽃

곤궁함이 묻어나는 이름 벼룩나물

벼룩나물 *Stellaria alsine* var. *undulata* (Thunb.) Ohwi

논둑이나 밭에 자라는 석죽과의 두해살이풀. 높이 15~25cm. 털이 없고 밑에서 가지가 나온다. 4~5월 개화. 어린 식물은 식용한다. [이명] 들별꽃, 벼룩별꽃, 보리뱅이

우리 식물의 이름에 '벼룩'이 들어간 것이 대여섯 가지가 있다. 벼룩나물, 벼룩이자리, 벼룩이울타리, 개벼룩, 벼룩아재비 등이다. 이들은 하나 같이 꽃이 작고, 줄기가 가늘며, 흰 꽃이 핀다. 그리고 대부분 석죽과(石竹科)에 속하며 봄에 흰 꽃이 핀다. 가을에 꽃이 피는 벼룩아재비만 분류 계통이 다른 마전과(馬錢科, Loganiaceae)의 식물이다.

'벼룩'이 들어간 식물 이름 중에 오직 벼룩이울타리만 훌쩍 키가 커서 40cm 가까이 자란다. 벼룩은 최대 20cm까지 높이 뛸 수 있다고 하니, 그 높이의 두 배 정도 자라는 '벼룩이울타리'라는 이름은 벼룩이가 뛰어 넘지 못한다는 함의가 있는 듯 여겨진다.

벼룩은 작고 높이 뛰는 것의 대명사로 옛 속담에도 많이 등장하는 귀찮은 해충이다. 그런데 나물의 이름에다 하필 그 이름을 집어넣은 까닭이 늘 궁금했다.

대체로 나물은 꽃이 피기 전, 잎에 영양이 풍부하고 줄기가 부드러울 때에

먹어야 맛과 향이 좋다. 꽃이 피어야 겨우 존재감이 드러나는 벼룩나물은 이른 봄에 싹을 틔웠을 때는 벼룩이나 배불리 먹을 정도로 작다. 한참을 뜯어도 한 줌이 되지 않고, 여러 식구 먹을 죽을 쑤자면 하루 종일 뜯어도 한 솥을 채우기 어려운 이 자잘한 풀을 뜯자니, 차라리 벼룩이 간을 내 먹지 하는 자괴감이 들었을 법도 하다. 벼룩나물의 다른 이름인 '보리뱅이'도 보리고개를 배겨낸다는 뜻이다.

같은 석죽과에 벼룩나물과 비슷하게 생긴 '점나도나물'이 있다. 벼룩나물에 비해 잔털이 많이 나고 덩치가 조금 크다. 그 이름의 의미는 모르겠으나 '나도 좀 나물로 봐 달라'는 듯하다. 벼룩나물이나 점나도나물이나 그 옛날의 곤궁한 삶이 느껴지는 이름이다.

내가 등에 업혀 다니는 나이를 갓 넘은 시절, 아직 겨울이 쌀쌀한 들녘에서 이 자잘한 나물을 캐던 어머니를 졸졸 따라다녔던 기억이 어렴풋하다. 기억이라기보다는 잠재의식 속의 몽환적인 그림으로 이 벼룩 같은 나물의 모습이 떠오른다.

이름에 '벼룩'이 들어간 식물들

개벼룩
Moehringia lateriflora (L.) Fenzl
산지에 나는 석죽과 개벼룩속의 여러해살이풀. 높이 10~15cm. 밑동에서 가지를 친다. 5~7월 개화. 꽃은 잎겨드랑이나 줄기 끝에 1~3송이가 달린다.
[이명] 개벼룩이자리, 큰장구채, 홀별꽃

벼룩이울타리
Arenaria juncea M. Bieb.
산지에 나는 여러해살이풀. 높이 40cm 가량. 6~8월 개화. 꽃잎이 꽃받침보다 길다.
*벼룩 이름이 붙은 식물들 중에서 가장 키가 커서 울타리가 되었는지 모르겠으나 재미있는 이름이다. 백두산 일대와 중국, 몽골 등지에 분포한다.

벼룩이자리
Arenaria serpyllifolia L.
밭이나 들에 자라는 석죽과의 한두해살이풀. 높이 5~25cm. 4~5월 개화. 꽃잎과 꽃받침이 각각 5장이며, 꽃받침이 꽃잎보다 2배 정도 길고 끝이 뾰족하다. 어린 식물은 식용한다.

벼룩나물과 비슷한 석죽과의 식물들

개미자리
Sagina japonica (Sw.) Ohwi
밭이나 들에 나는 석죽과의 두해살이풀.
높이 5~20cm. 밑에서 가지가 많이 갈라지고, 잎은 좁고 마주난다. 6~8월 개화. 꽃받침의 길이가 꽃잎과 비슷하고 끝이 둥글다. [이명] 개미나물 * 개미자리와 아주 비슷한 큰개미자리(*Sagina maxima* A. Gray)는 바닷가에 흔히 자라므로 2권 '바닷가에 사는 식물'에서 소개한다.

유럽점나도나물
Cerastium glomeratum Thuill.
밭이나 들에 나는 석죽과의 두해살이풀.
높이 30cm 가량. 전체에 긴털이 많고 선모가 있다. 4~6월 개화. 어린순은 식용한다 [이명] 양점나도나물, 끈끈이점나도나물(북한명). *점나도나물은 털이 짧고, 꽃줄기(소화경)가 길어 꽃이 진 후 씨방이 처진다.

북선점나도나물
Cerastium rubescens var. *koreanum* (Nakai) Miki
산지에 나는 석죽과의 두해살이풀.
높이 30~50cm. 전체에 털이 있고, 원줄기에 밑을 향한 2줄의 털이 밀생한다. 6~8월 개화. [이명] 고려점나도나물, 지이점나도나물, 지이산점나도나물

꿩 보러 다니시던 할매와 꿩의밥

꿩의밥 *Luzula capitata* (Miq.) Miq.
산과 들의 풀밭에 자라는 골풀과의 여러해살이풀. 높이 10~20cm. 4~5월 개화.
[이명] 꿩의밥풀, 꿩밥

"느 할매 새댁 때 날마다 이리로 꽁 보러 댕겼데이…"

할머니 산소 벌초하고 오는 길에 만난 노인 한 분이 하신 말씀이다.

"시집살이 고달픈 시절에 새댁이 꿩이나 구경하러 다녔다고요?"

"아이다. 이 동네에 느 콩밭이 있었는데, 콩 숨가(심어)노므 꽁들이 파먹으이끼네 그거 쫓을라꼬 새벽바람에 왔제."

"그러면 봄부터 가을까지 꿩을 지키고 있었어요?"

"그게 아이라. 콩 싹이 틀 때까지 한 보름 보고, 콩 익을 때 한 보름 지키고 있었지러."

콩밭은 고향집에서 이십 리나 되는 깊은 산골마을에 있었다. 할머니는 동이 트기 전, 어스름 새벽길을 걸어서 꿩들이 내려오기 전에 그곳에 가셨던 것이다. 일찍 일어나 식구들 아침을 지어 놓고 아직 잠에서 깨지 않은 어린 아버지

를 등에 업고, 광주리를 머리에 이고 그렇게 콩밭에 가셨을 것이다.

콩을 심을 무렵이면 산자락 풀밭에 꿩의밥 꽃이 핀다. 할머니는 꿩의밥을 보면서 이런 지청구를 했을 게다.

"이 늠의 꽁이 지 밥이나 쳐 묵을 것이지 와 사람 묵을 콩을 파 묵어서 새빅부터 이 고생이고…"

숲 속에 숨어서 콩 파먹을 기회만 노리넌 뀡은 할머니의 지청구를 듣고 무슨 생각을 했을까?

"그깻 깨일만한 뀡의밥알 백 개를 따 먹는 거보다 콩 한 개 서리해 먹는 게 훨씬 배부르고 맛있거든요… 그리고 아직 꿩의밥은 열리지도 않았단 말이에요."

그러니 시집살이에 지친 새댁이 잠깐 졸기라도 하면 꿩들이 얼씨구나 하고 콩밭을 헤집었을 게 뻔하다.

지금 할머니는 꿩을 지키던 산자락에 누워 계시고, 해마다 한식 무렵이면 그 무덤에 꿩의밥 꽃이 핀다. 반백이 넘은 손자는 아스라한 기억과 상상을 넘나들며, 꿩을 보러 다니던 할매에게 정성껏 절을 올린다. 돼지털 카메라인가 뭔가를 잡고 아주 오래 오래….

산자고의 이름에 대한 오해

산자고 *Tulipa edulis* (Miq.) Baker

양지바른 풀밭에 나는 백합과의 여러해살이풀. 높이 20cm 가량. 줄기가 부드러워 비스듬히 누워 자란다. 3~4월 개화. 전초는 식용한다. [이명] 까치무릇(북한명), 물구, 물웃

놀부가 대박이 터졌다는 흥부네 집에 다녀오는 길이다. 놀부 욕심에, 보이는 것 중에 짊어질 수 있는 가장 큰 것, 예쁜 화초장 하나 짊어지고 돌아오는 대목이다.

"화초장이라고 했겄다? 화초장, 화초장, 초장화초장화초…. 장화초? 아닌디? 초장화? 이것도 아닌디? 아이구 모르겄네…."

'산자고'처럼 한자어로 된 꽃 이름은 기억하기가 어렵다. 산자고를 '고산자'(高山子/김정호)라고 부르는 사람도 보았다. 이 이름을 처음 들은 사람은 놀부가 화초장 이름 헷갈리듯이 고산자, 자고산, 산고자 등으로 제멋대로 외우고 있다. 당연히 이런 한자 이름의 뜻이 궁금할 수밖에 없다. 요즘 인터넷을 검색해보면, 산자고(山慈姑), 즉 '산에 계신 자애로운 시어머니'라는 이름풀이를 흔히 볼 수 있다.

©배영옥

그러나 이것은 그릇된 정보가 대책 없이 확산된 것이다. 중국 의서인 본초서에서 '山慈姑'는 약난초의 뿌리라고 명시하고 있다. 이른 봄에 피는 꽃 산자고는 한자로 '山茨菰'로 표기해야 맞다. 즉 인터넷에 떠돌아다니는 '山慈姑'는 '山茨菰'의 오기라는 말이다. '산자고(山茨菰)'의 우리말 이름은 '까치무릇'이고 약효가 좋다는 기록은 없다. 인터넷에서는 까치무릇 '山茨菰'가 약난초의 '山慈姑'로 둔갑을 해서 '자애로운 시어머니'가 되고, 이 한자어로 그럴싸하게 꾸민 사이비 전설이 지금도 생산되고 있다.

우리말에는 '까치'를 '이르다'는 뜻의 접두사로 쓰는 경우가 많다. 까치는 동네 높은 나무에 앉아서 낯선 사람이 오면 울었기 때문에, 예로부터 소식을 미리 알려주는 전령이며 길조로 여겨졌다. 까치설날은 '이른 설'이고 '까치무릇'은 무릇 중에서 가장 일찍 피는 무릇이다. 이렇게 뜻이 분명하고 아름다운 우리말 이름을 두고 굳이 뜻도 모를 한자어 이름을 국명으로 정한 까닭을 나는 이해하지 못한다. 다행스럽게도 북한에서는 '까치무릇'을 정명으로 쓰고 있다. 언젠가 통일이 되면 꽃 이름도 하나로 정해야 할 것이니 사려 깊은 학자들이 '까치무릇'으로 바로잡아 주기를 기대한다.

대지의 향기를 품은 냉이

냉이 *Capsella bursapastoris* (L.) L. W. Medicus
들에 나는 십자화과의 두해살이풀. 높이 10~50㎝. 뿌리에서 난 잎은 지면에 퍼진다. 4~6월 개화. 줄기가 올라오기 전에 캐서 전초는 식용한다. [이명] 나생이, 나숭게. 제채(薺菜) * 어원 : 나이(那耳) – 낭이 – 냉이로 변화

요즈음 어떤 음식이건 예전의 그 맛을 못 느끼는 것이 많다. 사는 형편이 나아져서 입이 사치스러워진 탓이겠지만 냉이에서만은 예나 지금이나 변함없는 맛과 향기를 느낀다.

나는 그 냉이 향을 유난히 좋아해서 일 년 내내 먹는 편이다. 이른 봄, 냉이가 꽃대를 올리기 전에 캐서 살짝 데치면, 거무튀튀한 냉이 잎이 신기하게도 맑은 초록색으로 변한다. 데친 냉이의 물기를 짜내고 작은 덩어리로 뭉쳐 냉동실에 가득 넣어 놓고, 봄의 향기가 그리울 때마다 하나씩 꺼내 국을 끓이면 일 년 내내 봄이다.

막상 냉이를 캐러 가면 비슷한 것들이 많아서 헷갈리곤 한다. 잎이 두텁거나 큰 것, 잎의 톱니가 뭉그러진 것, 솜털이 많은 것, 거무튀튀한 잎 등등, 어떤 것이 진짜 냉이인지 골라 캐기가 난감하다. 식물도감에는 무슨 냉이라고 이름

붙은 것만도 무려 예순 가지나 나온다.

잘 알만한 분에게 물어보았더니 뜻밖에 쉬운 답을 얻었다. 이름 봄에 냉이와 구별하기 까다로운 식물은 황새냉이, 다닥냉이, 말냉이, 뽀리뱅이 같은 것들인데 다 냉이로 간주하고 먹어도 괜찮다고 한다. 뭐니 뭐니 해도 가장 쉬운 냉이 구별법은 일단 캐서 향기를 맡아보면 되고, 비록 향기가 덜하더라도 모양이 비슷하면 같이 섞어 먹으면 된다.

다른 풀들과 마찬가지로 냉이 잎도 거뭇한 색으로 겨울을 나고 볕이 따뜻해지면 광합성을 활발히 해서 녹색으로 변해 간다. 비닐하우스에서 재배해서 시장에 나온 냉이들은 이 겨울색이 없다. 혹한을 견디어낸 흔적이 없으니 진정한 냉이라고 부를 수도 없고, 그놈들은 사실 맛도 향기도 별로 없다.

대지에 뿌리를 깊이 내리고 하늘의 기운을 듬뿍 받아 매서운 추위를 대견하게 이겨낸 냉이일수록 향기가 좋다. 쑥이며 달래며 이른 봄의 나물들은 추운 겨울을 이겨낸 그 기운으로 좋은 향기를 품어 우리의 기를 북돋우어 주는 것이리라. 사람도 시련과 고난을 많이 이겨낼수록 향기가 짙어진다. 나는 냉이를 캐면서 대지의 향기를 즐긴다.

황새냉이

Cardamine flexuosa With.

논밭의 습한 곳에 나는 황새냉이속의 두해살이풀. 높이 30cm 가량. 밑에서 가지가 많이 갈라진다. 4~5월 개화. 어린잎은 식용한다. 황새냉이와 비슷한 싸리냉이는 긴잎황새냉이, 싸리황새냉이라고도 하며 산지의 그늘에서 주로 나고, 잎이 깃 모양으로 완전히 갈라진다.

좁쌀냉이

Cardamine fallax L.

들의 약간 습한 곳에 나는 두해살이풀. 높이 20cm 가량. 전체에 잔털이 밀생하며, 가지가 갈라진다. 황새냉이보다 줄기가 곧게 서고, 잎이 소형이고 털이 많다. 4~5월 개화. 어린잎은 식용한다. [이명] 선황새냉이, 선털황새냉이, 민좁쌀냉이, 좁쌀황새냉이

꽃황새냉이

Cardamine amaraeformis Nakai

산골짜기 물이 흐르는 곳에 나는 두해살이풀. 높이 20cm 가량. 뿌리잎은 어긋나기, 3~7장의 작은잎으로 갈라지며 가장자리는 밋밋하거나 거친 이 모양의 톱니가 있다. 다른 냉이류에 비해서 꽃이 크다(지름 1cm 이상). 5~7월 개화. 어린 식물은 식용한다. [이명] 털냉이

논냉이

Cardamine lyrata Bunge

들의 물가에 나는 여러해살이풀. 높이 30~50cm. 전체에 털이 없고, 기는 줄기를 뻗는다. 잎은 어긋나며, 깃꼴겹잎으로 위 끝의 작은 잎이 가장 크다. 작은잎은 3~13장, 원형, 타원형, 톱니가 없거나 물결 모양이다. 4~5월 개화. 어린잎은 식용한다. [이명] 논황새냉이

는쟁이냉이
Cardamine komarovii Nakai
산지의 물가에 나는 여러해살이풀.
높이 30~50cm. 전체에 털이 없고 매운 맛이 난다. 마름모꼴의 잎이 어긋나며, 잎 가장자리에 불규칙한 톱니가 있고, 깃꼴로 갈라지기도 한다. 5~8월 개화. 어린잎은 식용한다.
[이명] 숟가락냉이, 숟가락황새냉이, 주걱냉이

미나리냉이
Cardamine leucantha (Tausch) O. E. Schulz var. *leucantha*
산골짜기 시내 근처의 그늘진 곳에 나는 여러해살이풀. 높이 50cm 가량. 전체에 부드러운 털이 있고 땅속줄기를 뻗는다. 5~7장의 작은잎으로 된 깃꼴겹잎으로, 길이 15cm 정도다. 5~7월 개화. 어린 식물은 식용한다.
[이명] 미나리황새냉이, 승마냉이

말냉이
Thlaspi arvense L.
주로 낮은 지대의 들이나 밭에 자라는 말냉이속의 두해살이풀. 높이 20~60cm. 전체에 털이 없고, 짙은 녹색, 줄기에 능선이 있다. 뿌리잎은 둥글게 땅에 퍼지고, 넓은 주걱 모양이다. 줄기잎은 어긋나기, 긴 타원형, 뾰족하며 가장자리에 톱니가 있다. 4~5월 개화. 어린 식물은 식용한다.

장대냉이
Berteroella maximowiczii Palib. O. E. Schulz
숲 속에 자라는 장대냉이속의 한해살이풀.
높이 50~80cm. 전체에 털이 퍼져난다. 잎은 어긋나며, 잎자루는 없고 긴 타원형이다. 6~7월 개화. 꽃은 연한 붉은색 또는 흰색. 어린잎은 식용한다.
[이명] 꽃대냉이, 꽃장대

유럽나도냉이

Barbarea vulgaris R. Br.

산자락이나 들에 나는 나도냉이속의 여러해살이풀. 높이 70cm 가량. 줄기잎은 어긋나며, 잎자루가 없고, 깃 모양으로 갈라진다. 5~6월 개화.
어린 식물은 식용한다. 나도냉이는 씨방이 줄기에 붙어 똑바로 서는 편이고 유럽나도냉이는 줄기와 70도 이상 각도를 유지하며 달린다.

개갓냉이

Rorippa indica (L.) Hiern

들이나 논밭에 나는 개갓냉이속의 여러해살이풀. 높이 20~50cm. 전체에 털이 없고 가지가 많이 갈라진다. 뿌리잎은 밀생, 깃 모양으로 갈라지기도 하고 불규칙한 톱니가 있다. 줄기잎은 어긋나기, 길죽하며, 갈라지지 않고, 톱니가 있다. 5~6월 개화. 어린잎은 식용한다.
[이명] 선속속이풀, 줄속속이풀, 쇠냉이, 갓냉이

다닥냉이

Lepidium apetalum Willd.

북아메리카 원산의 들에 나는 두해살이풀.
높이 20~40cm. 전체에 털이 없고, 깃꼴겹잎이며 위로 올라갈수록 좁아진다. 5~7월 개화. 씨앗은 동글납작하며 날개가 있다.

뿔냉이

Chorispora tenella DC.

미기록 귀화식물. 4~5월 개화. 열매가 반달 모양으로 휘어지며 뿔처럼 된다.
[이명] 이자초

반디지치와 긴수염줄벌의 위험한 관계

반디지치 *Lithospermum zollingeri* A. DC.

산이나 들의 양지쪽 풀밭이나 모래땅에 나는 지치과의 여러해살이풀. 높이 15~25cm. 전체에 털이 있고, 줄기가 옆으로 뻗다가 위로 자란다. 4~6월 개화. 꽃의 지름 15mm 내외. [이명] 깔깔이풀, 억센털개지치

반디지치는 모양이 아담하고 이름이 예쁜 꽃이다. 그러나 청량한 밤에 형광을 발하는 반딧불에 견주기에는, 미안하지만 반디지치가 좀 부족하다는 생각이 든다. 일본에서는 반딧불을 닮은 '반디풀(ほたる-ぐさ)'이라는 식물이 있고, 이 반디풀을 닮은 지치라고 '반디지치'로 부르는 것으로 알고 있다. 그런데 반디풀이 살지 않는 우리나라에서 '반디지치'라고 부르자니 반딧불을 닮은 구석도 없는 이 식물의 이름이 떨떠름하기만 했다.

그러던 어느 날 우연히 이 꽃에 뛰어드는 이상한 벌을 보고서는 반디지치에 대한 가여운 마음이 더 크게 자리를 잡았다. 벌은 마치 디이빙 선수가 물에 뛰어드는 자세로 꽃으로 뛰어들었다. 그 벌을 사진으로 담아서 수소문해보니 '긴수염줄벌'이라는 놈이었는데, 긴 수염이란 벌의 긴 주둥이가 수염처럼 보여서 얻은 이름 같았다.

지치류의 꽃은 입구가 바늘구멍만 해서 속이 보이지 않는다. 다섯 갈래로 갈라진 꽃잎에 별처럼 보이는 하얀 줄무늬는 약간 도드라져 있으며, 상당한 탄력을 가진 듯이 보였다. 벌은 이 무늬, 즉 하얀 별의 중심을 향해 긴 주둥이를 빳빳이 세우고 체중을 실어서 과감하게 꽂아야 꽃이 벌어져서 꿀을 얻어 가는 듯했다.

나의 짐작이 맞다면, 반디지치와 비슷하게 생긴 지치류의 꽃들은 긴수염줄벌이나 이와 닮은 곤충이 있어야만 수분이 가능하다. 제 몸길이만한 거추장스런 주둥이를 가진 긴수염줄벌의 입장에서는 보통의 꽃들에게 가서는 다른 곤충들에게 밀릴 수밖에 없으므로 오직 지치류 꽃들의 전문털이범으로 몸과 기술을 가꾸어야 한다.

여기서 이 둘 사이에 위험하고도 무모한 경쟁이 시작된다. 긴수염줄벌은 보다 꿀을 쉽게 채취하려고 주둥이가 길어지는 방향으로, 지치류는 쉽게 꿀을 주지 않으려고 꿀샘을 더 깊이 감추도록 진화한다. 이런 진화의 개념을 공진화(共進化, coevolution)라고 들었다.

공진화 관계에 있는 두 생물 중 어느 하나가 위험한 상황에 처하면 함께 무모한 경쟁을 해온 상대도 같은 위험에 처할 수밖에 없다. 어느 자료를 보니 긴수염줄벌이 감소추세에 있다고 한다. 그것이 대기 오염이나 농약 탓인지, 기후변화의 영향인지, 그들의 천적이 나타났는지, 전염병 탓인지 알 수는 없으나, 결과적으로 반디지치의 번식에도 영향을 미칠 가능성이 높다. 때로는 경쟁자가 적으로 보이기도 하지만, 사실은 같은 길을 가는 동반자일 수밖에 없다.

지치

Lithospermum erythrorhizon Siebold & Zucc.

산이나 들의 풀밭에 나는 여러해살이풀.
높이 30~70cm. 줄기는 곧게 서고, 뿌리가 땅속 깊이 들어가며 굵고 자주색이다. 5~6월 개화. 뿌리를 약용하고, 자주색 염료로 쓰며, 진도 특산주인 홍주의 붉은색을 내는데 쓴다.
[이명] 자초, 지초, 지추

개지치

Lithospermum arvense L.

산이나 들에 나는 한해 또는 두해살이풀.
높이 20~40cm. 전체에 흰색의 짧은 털이 있고, 다소 잿빛이 돈다. 5~6월 개화. 꽃의 지름 3~4mm 정도.
[이명] 들지치, 좀지치(북한명)

당개지치

Brachybotrys paridiformis Maxim. ex Oliv.

산지에 나는 여러해살이풀. 높이 40cm 가량.
잎이 성기게 어긋나다가 줄기 끝에 5~6장이 돌려난다. 5~6월 개화. 수술 5개는 짧고, 암술 1개는 길게 나와 있다.
[이명] 당꽃마리

모래지치

Argusia sibirica (L.) Dandy

바닷가 모래땅에 나는 여러해살이풀.
높이 25~35cm. 뿌리줄기를 뻗어서 번식한다.
누운 털이 빽빽이 난다. 5~8월 개화.
[이명] 갯모래지치

구슬붕이가 무엇일까?

구슬붕이 *Gentiana squarrosa* Ledeb. var. *squarrosa*

들에 나는 용담과의 두해살이풀. 높이 3~8cm. 줄기가 밑동에서 많이 퍼져 나며 줄기 끝마다 하나씩 꽃이 달린다. 4~8월 개화. 하늘색 또는 연보라색 꽃이 핀다. [이명] 구슬봉이(북한명), 구실봉이, 민구슬붕이

겨우내 얼었던 땅이 새봄의 팡파르를 울린다. 풀밭에 무릎을 굽히면 하늘색의 작은 나팔들이 보인다. 그 작은 나팔들은 '구슬붕이'라는 이름의 꽃이다.

이 꽃은 크기와 모양이 골프티를 많이 닮았다. 골프를 거의 하지 않는 내가 골프티를 생각해낸 것은 이 꽃의 이름이 '구슬붕이'기 때문이다. 골프티에 공을 올려놓고 골프채를 휘둘러 날려 보내듯이, 이 꽃은 구슬을 올려놓기에 참 좋은 모양을 하고 있다.

내가 어릴 적에는 '장난감'이라는 말을 듣지 못하고 자랐다. 골목과 들판과 산과 냇가에 널린 모든 것이 놀꺼리였다. 몇 가지 들풀만 가지고 놀아도 한나

절이 금방 지나갔었다. 제비꽃 씨앗으로 이밥 보리밥 차리고 돌나물로 김치를 만들었고, 토끼풀 마주 엮어 반지나 팔찌, 시계를 만들어 차고 다녔다. 물오른 버들가지로 버들피리 만들어 빽빽 불고 다녔고, 아까시 잎을 들고 가위바위보로 먼저 떨구기 내기도 했다. 냇가에서는 골풀로 조리를 만들거나 물레방아를 만들어 놓고, 여뀌를 짓이겨서 물고기를 잡기도 했었다.

어린 시절 고향에서 이 꽃을 보지 못해서 잘 모르겠지만, 이 풀도 뭔가 놀이를 하기에 좋은 모양을 하고 있다. '봉이'라는 말에서 자연스레 무너질 '붕'崩자가 떠오른다. 구슬을 올려놓고 이것을 어떤 방식으로 떨어뜨린다든가, 가냘픈 꽃에 구슬을 누가 빨리 올리는가 하는 어떤 놀이가 있지 않았을까 하는 상상을 해 보았다.

그 위에 올려놓을 구슬도 산과 들에 얼마든지 널려 있었다. 가을에 빨갛게 익었던 청미래덩굴의 열매도 적당한 구슬이고, 구슬봉이와 같은 시기에 나오는 현호색의 뿌리도 구슬이다. 현호색은 뿌리가 동그래서 '땅구슬'이라고 부르는 지방도 있다. 모두가 구슬봉이에 올려놓기에 알맞은 크기와 무게의 구슬이다.

한 포기 꽃 앞에서 이런 저런 상상을 하고 있노라면 흡족한 답을 얻지 못하더라도 마냥 행복해진다. 내 놀던 옛 동산과 시냇가의 풍경이 그려지고, 코흘리개 동무들의 모습도 떠오르기 때문이다.

큰구슬붕이
Gentiana zollingeri Faw.
산이나 들에 나는 두해살이풀. 높이 6~9㎝. 구슬붕이보다 가지가 늦게 갈라져서 꽃이 줄기 끝에 뭉쳐나고, 꽃의 색이 짙어서 보라색에 가깝다. 5~6월 개화. [이명] 큰구실붕이, 큰구슬봉이(북한명)

솜방망이와 여러가지 방망이들

솜방망이 *Tephroseris kirilowii* (Turcz. ex DC.) Holub

산지나 들의 풀밭에 나는 국화과의 여러해살이풀. 높이 30~50cm. 전체에 솜털이 밀생하며 잎은 뿌리 근처에서 뭉쳐나고 줄기에서 나는 잎은 듬성듬성 붙고 위로 갈수록 작아진다. 4~5월 개화. 어린순은 식용한다.
[이명] 들솜쟁이, 산방망이, 소곰쟁이

무슨 방망이라는 이름이 붙은 꽃들이 몇 가지가 있다. 솜방망이, 국화방망이, 쑥방망이 뭐 이런 것들인데, 이 꽃들은 대체로 아랫줄기가 허전한 반면에 꽃차례는 풍성하다. 방망이는 손잡이 쪽이 가늘지만 끝이 무거운 도구이므로, 그리 보면 꽃이 왜 방망이들이 되었는지 이해가 된다.

방망이에는 인간에게 묘한 쾌감을 주는 물리적 원리가 있다. 즉 방망이의 길이만큼 회전 반경을 늘여서 원심력을 키우고, 끝에 무게를 달아서 자신의 힘을 크게 만들어주기 때문이다.

원시인들도 사냥과 농사에 방망이를 썼을 것이다. 요즈음 야구방망이까지 그 모양도 크게 달라지지 않았다. 판사들이나 무슨 의장들이 땅땅 두드리는 방망이는 지엄한 권위의 소리를 내려고 망치 모양을 하고 있다.

아낙들이 빨래를 하느라 수천 년을 해온 방망이질은 피할 수 없는 노동이었

지만 스트레스도 꽤 풀었을 법하다. 소원을 이루어주는 도깨비방망이와 요술방망이도 있었다. 인간의 방망이는 노동과 권력과 쾌감과 관련이 되지만 조물주는 그런 까닭으로 꽃방망이를 만든 것 같지는 않다.

인간이 그랬듯이 조물주도 여러가지 꽃방망이를 만들었다. 방망이 이름이 붙은 꽃 중에는 솜방망이가 가장 먼저 핀다. 봄볕이 잘 드는 풀밭이나 무덤 주변에서 흔히 자라는 꽃이다. 솜방망이는 줄기와 잎이 분을 바른 듯한 솜털로 싸여 있고, 꽃이 지면 솜털 같은 씨앗이 벙글어서 제대로 솜방망이가 된다.

어느 시 구절처럼 흔들리지 않고 피는 꽃이 어디 있겠는가. 꽃이 흔들리며 핀다는 말은 시적인 표현이기도 하지만 흔들리는 것은 수분을 꽃까지 끌어올리는 펌프질이다. 꽃방망이가 커야 가벼운 바람에도 잘 흔들리고, 잘 흔들려야 물과 양분이 쑥쑥 올라갈 것이다. 조물주가 일 없이 방망이를 만들었겠는가.

꽃방망이 중에서 한 가지 해괴한 것이 평양의 붉은 꽃방망이다. 백성들이 눈물을 흘리며 이 방망이를 흔들어 대는 모습은 이상한 나라의 기묘한 스트레스 해소 방법으로 보인다.

산솜방망이

Tephroseris flammea (Turcz. ex DC.) Holub

깊은 산의 풀밭에서 자란다. 높이 70~90cm. 전체에 흰 털이 빽빽하게 나 있어 회백색을 띤다. 8~9월 개화. 꽃차례의 지름은 3cm 정도이고, 가장자리가 안으로 말리며 꽃이 필 때 젖혀진다. 비교적 높은 산에 자생하고 흰 털이 밀생하므로 붙여진 이름이다.

민솜방망이(var. *glabrifolius*)는 짧은 털이 없다.

물솜방망이

Tephroseris pseudosonchus (Vaniot) C. Jeffrey & Y. L. Chen

솜방망이와 닮았으나 습지에서 높이 1m 가까이 자란다. 솜방망이보다 밑동의 잎이 더 크고, 솜털이 약간 있거나 없다. 4~6월 개화.

[이명] 물방망이, 솜쑥방망이, 쑥방망이

바위솜나물

Tephroseris phaeantha (Nakai) C. Jeffrey & Y. L. Chen

높고 깊은 산에 나는 여러해살이풀. 높이 15~30cm. 전체에 거미줄 같은 털이 밀생한다. 뿌리에서 나는 잎은 방사상으로 퍼지며 작고 긴 타원형이다. 6~8월 개화.

[이명] 두메솜나물, 백두산솜나물, 두메솜방망이(북한명)

*솜방망이와 같은 속이나 '솜나물' 이름이 붙어서 혼동하기 쉽다.

쑥방망이

Senecio argunensis Turcz.

산지에 나는 여러해살이풀. 높이 1m 가량. 전체에 털이 없고, 줄기는 곧게 선다. 잎이 1~2회 새깃 모양으로 갈라진다. 8~9월 개화.

[이명] 가는잎쑥방망이, 쑥방맹이, 털쑥방망이

금방망이

Senecio nemorensis L.

산지나 바닷가에 나는 여러해살이풀. 높이 1m 가량. 전체에 털이 없고, 줄기는 곧게 서며, 잎자루가 짧고, 잎 가장자리에 날카로운 톱니가 있다. 7~8월 개화.

[이명] 대륙금방이, 산쑥방망이

국화방망이

Sinosenecio koreanus (Kom.) B. Nord.

산지에 나는 여러해살이풀. 높이 1m 가량. 전체에 털이 조금 있고, 줄기는 곧게 선다. 뿌리에 가까울수록 잎자루가 길고, 끝이 뾰족하고 잎 가장자리에 크고 거친 톱니가 있다. 5~7월 개화.

[이명] 고려쑥방망이, 파방망이

무덤가에 슬피 우는 여인 애기풀

애기풀 *Polygala japonica* Houtt.

산의 풀밭에 나는 원지과의 초본성 목본. 높이 20㎝ 가량. 전체에 잔털이 퍼져 있고, 뿌리는 가늘고 길며, 단단하다. 줄기는 밑동에서 여러 개가 나오며, 잎은 계란 모양이다. 4~5월 개화. 잎, 줄기와 뿌리 말린 것을 거담제나 신경안정제로 약용해 왔다. [이명] 아기풀, 영신초(靈神草)

애기풀은 이름대로 애기처럼 작고 어여쁜 풀이다. 허준의 『동의보감』에 '아기풀 불휘'(아기풀뿌리)라는 약재 이름이 나와 있는 걸 보면 아주 오랜 옛날에도 아기풀이나 애기풀로 불리어진 듯하다.

그런데 가혹할 '苛'자가 원래 애기풀의 싹을 뜻하는 글자에서 유래되었다고 하니 그 까닭이 궁금하지 않을 수 없다. 『예기(禮記)』에 나오는 공자의 말인 '苛政猛於虎'(가혹한 정치는 호랑이보다 더 무섭다)는 춘추시대 말엽의 노(魯)나라의 정치를 빗댄 표현이다. 공자는 이런 노나라를 떠나 제나라로 가던 중에 초라한 무덤 곁에 앉아 슬피 우는 여인을 만났다. 그녀는 시아버지, 남편, 아들이 모두 호랑이에게 잡혀먹어서 산중에서 먹고 살 길이 막막하다고 했다. 공자가 "그렇다면 이곳을 떠나서 사는 것이 어떠냐?"고 묻자 여인은 "여기서 사는 것이 차라리 낫습니다. 다른 곳으로 가면 무거운 세금 때문에 그나마 살 수조차 없습니다"라고 대답하였다. 아무것도 없는 사람에게도 세금을 매겼다고 짐작이 되는 대목이다. 이에 공자가 선정의 중요함을 일깨운 말이 '苛政猛於虎'이다.

'가렴주구'라는 말도 가혹한 정치를 일컫는 말이다. '苛政猛於虎'나 '苛斂誅求'에서 모질다는 뜻으로 쓰인 '苛'자가 바로 애기풀의 싹을 의미하는 글자라고

한다. 작고 귀여운 애기풀 싹이 가혹하고 모질 리가 없는데 무슨 연유로 이런 구절에 애기풀이 끼어들었는지 알 수가 없다. 한방에서는 애기풀을 과자금(瓜子金)이나 원지(遠志)라고 한다. 그 성질이 매우 쓰고 맵다고 하니 애기풀 싹이라는 본래의 뜻에 가혹하거나 모질다는 의미가 더하여졌을는지는 모르겠다.

애기풀은 무덤가 풀밭에서 흔히 자라는 목질의 풀이다. 뿌리와 줄기가 깊고 질겨서 뽑거나 뜯어내기가 어렵다. 수천 년 변함없는 '가렴주구'의 역사도 그만큼 질기다. 애기풀을 보노라면 그 옛날 공자님이 만났다는, 무덤가에서 슬피 울던 여인의 모습이 그려진다.

원지
Polygala tenuifolia Willd.
산지에 나는 여러해살이풀. 높이 30cm 가량. 뿌리가 굵고 길며 전체에 털이 거의 없고 잎은 솔잎처럼 가늘다. 5~7월 개화. 뿌리를 원지라고 하며 약용한다. [이명] 실영신초, 아기원지

고달픈 백성의 이름 뽀리뱅이

뽀리뱅이 *Youngia japonica* (L.) DC.

길가나 밭에 나는 국화과의 한해 또는 두해살이풀. 높이 15~100㎝. 전체에 가는 털이 있다. 뿌리에서 잎이 뭉쳐 나고, 줄기에서 나는 잎은 4장 이하이며, 위로 갈수록 작아진다. 4~6월 개화. 두상화의 지름 7~8㎜. 어린잎은 식용한다. [이명] 보리뱅이, 박조가리나물, 박주가리나물

뽀리뱅이는 뭔가 사연이 있음직한 풀이름이다. 보릿고개를 넘겨주던 구황식물이어서 보리뱅이라고 부르던 것에서 그 이름이 유래되었다고 한다. 봄철에 어린잎을 나물로 먹었고 잘 말려서 묵나물로도 먹었다.

뽀리뱅이는 냉이 잎과 비슷한 모양으로 겨울을 나다가, 이른 봄에 냉이인줄 알고 덩달아 캐지기도 하는 풀이다. 냉이는 십자화과이고 뽀리뱅이는 국화과의 식물이지만 겨울을 나기에 유리해서 잎 모양이 비슷해진 듯하다. 사실 뽀리뱅이는 냉이만큼 맛도 향기도 별로 없는 풀이지만, 덩치가 크고, 냉이를 닮은 죄로 억울하게 딸려가는 면도 없지 않다.

뽀리뱅이는 땅바닥 가까이 도톰한 잎사귀가 풍성하게 자리 잡고 굵은 줄기를 올린 다음에 노랗고 자잘한 꽃들을 피운다. 그래서 이 꽃을 보노라면 튼실한 구조물을 보는듯한 안정감이 들면서 근본이 튼튼하지만 스스로를 내세우지 않는 미덕이 느껴진다.

그런데 우리말에 '뱅이'가 들어가서 좋은 의미로 쓰인 말이 없다. 주정뱅이, 게으름뱅이, 거렁뱅이 등, 아무런 요량도 없이 하루하루 막연하게 살아가는 사람들에게 붙은 호칭이다. 어찌 보면 주정도 병(病)이고 게으름도 병이고 동냥

질도 병이다. 아무래도 '뱅이'라는 접미사는 '병이'에서 왔을 가능성이 많다.

그런데 뽀리뱅이는 왜 '뱅이'라는 오명을 뒤집어썼을까? 넉넉한 몸체에 비해서 너무 쪼잔하게 작은 꽃을 피워서 소심함도 병이라는 뜻에서 그리 불렀을까하는 생각이 들었다. 옛날 순박한 백성들은 그 잘난 양반들이나 토색질 하는 관리나 가뭄이며 홍수와 같은 불가항력의 재난이나 원인 모를 질병이나 산에 사는 맹수들이나 모든 것이 두려움과 조심의 대상이었다. 소심하지 않으면 살아남기가 어려웠던 세상을 살았던 것이다.

달리 생각해 본 것은 보릿고개를 어찌어찌 넘긴다고 해도 목숨만 붙어 있을 뿐, 나아질 것이 없었던 백성들의 자괴감이랄까, 이 풀이나 뜯어먹고 어떻게 배겨보자 하는 막연한 희망에서 '보리뱅이'라는 이름이 나오지 않았을까 하는 생각도 해보았다.

그 이름의 연원이야 제대로 알 길이 없지만, 뽀리뱅이 피는 봄 들녘에서 이런 저런 생각을 하노라면 조상들의 고달팠던 삶과 아련한 유대감을 느끼게 된다.

내 손자는 꼬부랑할미를 알까?

할미꽃 *Pulsatilla koreana* (Yabe ex Nakai) Nakai ex Nakai

산이나 들의 양지에 나는 미나리아재비과의 여러해살이풀. 석회암 지대나 무덤 주변에 흔히 난다. 높이 30㎝ 가량. 전체에 희고 긴 털이 밀생한다. 4~5월 개화. 뿌리는 약용한다. [이명] 노고초, 백두옹(白頭翁)

요즈음 아이들은 '꼬부랑할미'를 이해할는지 궁금하다. 언젠가 나의 손자가 '꼬부랑할미'가 뭐냐고 묻는다면 옛사람들의 삶에 대하여 꽤나 긴 설명을 해줘야 할 것 같다.

허리를 굽히고 쉬지 않고 일을 하면 허리가 그대로 굳어서 할머니 나이쯤 되면 꼬부랑할미가 된다고 하면 알아들을까? 그러면 왜 쉬지 않고 일을 했냐고 물을 것이 뻔하다. 그런 생각이 들자, 옛 여인들이 감당했던 노동을 요즘과 비교하면 도대체 얼마나 차이가 있는지 어림짐작이라도 해보고 싶었다.

옛 사람들이 옷을 장만하는 노동량을 계산해 보았다. 봄에 삼씨를 뿌리고 여름에 베어 일일이 잎을 떨어낸 다음 삼단을 큰 구덩이에 묻어놓고 하루 종일 쪄서 물에 담근다. 그 껍질을 벗겨내서 거친 겉껍질은 긁어내고 잘게 찢어서 겨우내 물레질로 실을 꼬아 씨실과 날실을 감는다. 이듬해 봄부터 여름까지 서

너 달 동안 베틀에 앉아 베를 짠다. 베를 다 짜면 마당에 말뚝을 박아 팽팽히 당겨놓고 풀을 먹이고 겨우내 옷을 지어, 씨를 뿌린 지 2년 만에 베옷을 입을 수 있었다.

요즈음 스마트폰에 손가락 몇 번 까딱하면 옷 한 벌 살 수 있는데 예전에는 베옷 한 벌 입는데 천여 시간의 노동이 필요했다. 옷 만드는 일만 그러했으랴. 식생활이며 주거생활의 모든 일들을 거의 자급자족했으니 옛 여인들은 평생 허리 한 번 제대로 펴보지 못하고 살아야 했다. 결국 허리가 꼬부리진 채로 굳어버릴 수밖에 없었던 여인의 삶에 주어진 마지막 호칭이 '꼬부랑할미'였다.

꼬부랑할미를 그대로 빼닮은 할미꽃은 하얀 솜털로 덮인 싹이 나서 곧 허리가 꼬부라지고, 어느 날 붉은 꽃잎이 떨어지면 백발을 휘날리는 할미가 된다. 나의 할머니와 증조할머니는 정말 '꼬부랑할미'여서 지금도 할미꽃을 만나면 그냥 편안하고 아득하고 정답기만 하다. 그러나 다음 세대들은 꽤나 긴 배경이 전주곡으로 나와야 '할미꽃'이 왜 할미꽃이 되었는지 겨우 받아들일 듯싶다. 내 어릴 적에는 이집 저집 꼬부랑 할매들이 많았다. 요즘 세상 같으면 모두 청바지 입고 다닐 청춘이었을 것이다.

갈퀴의 죄를 대속하는 갈퀴의 형제들

살갈퀴 *Vicia angustifolia* var. *segetilis* (Thuill.) K. Koch.

밭과 들, 양지바른 산기슭에 나는 콩과의 한두해살이풀. 줄기 밑부분이 많이 갈라져 60cm 정도 뻗는다. 4~5월 개화. 전초는 사료용, 씨는 식용한다.

갈퀴는 요즈음은 거의 쓰지 않는 도구다. 옛날에는 낙엽이나 검불 같은 것을 긁어모으기 위해 대나무나 철사를 꼬부려 만든 중요한 생활 도구였다. 1950년대까지만 해도 온 나라가 산에서 나무를 베어 땔감을 했다. 아주 멀고 높은 산을 빼고 마을 주변의 산은 누렇게 황폐했다. 6·25전쟁이 끝나고 60년대 초반 쯤 나라가 정신을 차리자 나무 베는 것을 엄격하게 금지하기 시작했다.

마땅한 대체 연료도 없고 농촌에서는 연탄을 살 형편도 못되어서 가지치기와 낙엽을 긁어 때는 것까지는 한동안 허용되었다. 그래도 어른들은 산에서 몰래 나무를 베었고 딱한 사정을 아는 순경이나 영림서 직원들은 적당히 눈을 감기도 했다.

아이들은 갈퀴로 솔잎이나 낙엽을 긁어 와서 땔감으로 썼다. 산의 영양이 되고 수분을 품어서 새로운 생명을 탄생시켜야 할 낙엽층을 긁어낸 것도 나무를 베는 것 못지않은 생태파괴였다. 산들은 그렇게 황폐해졌고 적은 비에도 벌

털갈퀴덩굴(헤어리벳지)은 토양을 거름지게 하는 녹비용 작물로 유럽으로부터 도입되었다.

건 피를 흘렸다.

그렇게 산을 할퀴던 갈퀴의 이름을 차용한 식물들이 있다. 꼭두서니류의 식물 중에서도 '갈퀴'가 들어간 이름이 더러 있지만 갈퀴의 모습을 제대로 닮은 식물들은 콩과 식물의 갈퀴들이다. 콩과 식물들은 다른 식물이나 물체를 감고 올라가기 위한 덩굴손이 갈퀴를 닮았기도 하고 가지런한 잎모양이 갈퀴살을 닮기도 해서 무슨 갈퀴나 갈퀴덩굴이라는 이름이 붙은 듯하다.

살갈퀴는 이러한 갈퀴들 중에서 가장 먼저 꽃을 피운다. 살갈퀴라는 이름은 잎의 끝 부분이 화살의 오늬처럼 살짝 들어간 모양에서 유래한 듯하다. 요즘 사람들은 거의 쓰지 않는 '오늬'는 화살을 활시위에 걸기 쉽게 살의 꽁무니를 오목하게 파낸 부분을 일컫는 말이다.

산의 피부를 다 할퀴어낸 갈퀴의 죄를 대속(代贖)하는 것인지 이름에 '갈퀴'가 들어간 식물들은 스스로 대지의 거름이 된다. 대체로 이들 콩과 식물들은 비료의 주성분이 되는 질소를 공기에서 끌어다 땅속에 고정시키는 재주가 뛰어나기 때문이다. 어린 시절, 멋모르고 솔잎과 낙엽을 긁어다 불을 땠던 나의 죄도 갈퀴들이 대속해주는 듯해서 늘 고마운 생각이 든다.

가는살갈퀴

Vicia angustifolia L. ex Reichard

여러해살이풀. 살갈퀴와 닮았으나 잎이 가늘고 길쭉하고 꽃은 오히려 큰 편이다. 4~5월 개화. 사료용으로 쓴다. [이명] 가는갈퀴나물, 가는살말굴레(북한명), 산갈퀴, 좀산갈퀴

연리갈퀴

Vicia venosa (Willd.) Maxim.

산지에 나는 여러해살이풀.

높이 30~40cm. 다른 갈퀴나물과는 달리 줄기가 곧게 서는 모양으로 자란다. 5~7월 개화. [이명] 네잎갈퀴, 선나래갈퀴, 좁은네잎말굴레풀

벳지

Vicia villosa Roth

유럽 원산의 덩굴성 두해살이풀. 줄기 길이 1~2m. 전체에 털이 퍼져 밀생한다. 5~6월 개화. 유럽에서 사료용, 녹비용(綠肥用)으로 도입한 식물이다. [이명] 털갈퀴덩굴, 털말굴레(북한명), 헤어리베치

노랑갈퀴
Vicia chosenensis Ohwi
깊은 산의 산기슭에서 나는 여러해살이풀. 높이 80cm 가량. 6월 경 개화. 한국(중부 이북) 특산식물이다. [이명] 노랑말굴레풀, 조선갈키나물, 조선말굴레(북한명), 참갈퀴덩굴

나비나물
Vicia unijuga A. Braun
산과 들에 나는 여러해살이풀. 높이 30~100cm. 마주나는 잎의 모양이 나비를 닮은 데서 유래한 이름이다. 우리나라에는 10여 종의 나비나물이 있어 구별이 어렵다. 6~9월 개화. 어린잎은 식용한다.

얼치기완두
Vicia tetrasperma (L.) Schreb.
산이나 들의 풀밭에 나는 덩굴성 두해살이풀. 30~60cm 정도의 덩굴을 뻗는다. 새완두와 살갈퀴의 중간 모양이므로 얼치기완두라고 한다. 5~6월 개화.

04 신록의 계절에

오월의 신록은 꽃만큼 눈부시다.
대자연이 축제를 벌이는 이 계절에 피는 꽃들은
그에 합당한 색깔과 모양과 향기를 만들어
저마다의 존재감을 드러내야 한다.

유월 중순까지 해가 길어지면서 피는 꽃들을
장일식물(長日植物)이라고 부른다.
이 계절이 끝나면 한동안 새로이 피는 꽃을 보기 어렵다.
꽃 축제의 1막이 끝나고 2막을 준비하는 휴식시간이다.
하지로부터 보름 정도 지나서 해가 짧아지는 신호가 뚜렷해지면
단일식물(短日植物)들의 꽃이 다투어 등장한다.

은방울꽃

오월 언덕 풀밭에
은방울꽃 향기 황홀하던 그날
초록 비가 내렸었지요.

빗방울 꽃망울마다
눈물을 감추던
그날을 기억하시는지요.

은방울꽃 *Convallaria keiskei* Miq.

산기슭에 자라는 백합과의 여러해살이풀.

꽃이 잎 밑에 피어 잘 보이지 않는 대신 짙은 향기를 내므로 '바람난며느리속고쟁이'라는 재미있는 향명이 있다.

[이명] 비비추, 영란, 초롱꽃

다윈을 기쁘게 한 앵초

앵초 *Primula sieboldii* E. Morren

낮은 산자락에 나는 앵초과의 여러해살이풀. 높이 20cm 가량. 4월 말~5월 개화. 암술이 긴 꽃과 수술이 긴 꽃이 있는 동종이형의 식물이다. [이명] 깨풀, 연앵초, 취란화, 앵초근

앵초의 단주화(왼쪽)와 장주화(오른쪽)

앵초(櫻草)라는 이름은 벚꽃 모양을 닮은 꽃이라는 뜻으로 한·중·일 동양 삼국에서 같은 이름으로 불리고 있다. 라틴어로 된 이 꽃의 속명 '*Primula*'는 처음이라는 뜻이다. 서양에서 앵초를 오월 첫날의 탄생화로 여기는데서 유래된 학명인 듯하다.

위대한 박물학자인 다윈의 자서전에는 이런 대목이 있다.

"몇몇 소소한 사실들을 발견해 냈지만, 그중에서도 암술대의 길이가 다른 꽃들의 의미를 이해하게 된 것만큼 기뻤던 적은 없었다."

다윈에게 이렇게 큰 기쁨을 준 꽃이 바로 앵초였다. 앵초의 꽃들은 겉에서 보면 같은 모양이지만 그 속의 모습은 암술이 수술보다 긴 꽃(長柱花)과 암술이 수술보다 짧은(短柱花) 두 가지의 꽃이 있다. 이런 경우를 동종이형(同種二

形)의 꽃이라고 하며 150여 년 전에 다윈이 처음으로 관찰하고 연구하였다.

곤충이 서로 다른 앵초의 꽃들을 드나들며 옮겨 다니면 암술이 긴 꽃의 꽃가루는 짧은 암술의 꽃으로, 암술이 짧은 꽃의 꽃가루는 암술이 긴 꽃으로 옮겨진다. 앵초는 이처럼 기발한 자가수분 회피방법을 보여주어 다윈에게 큰 기쁨을 선사하고, '꽃의 불임성 연구'의 모델이 되었다.

동물이나 식물을 막론하고 근친혼을 피하는 까닭은 유전자의 다양성을 확보해서 종족을 지키고자 하기 때문이다. 쉽게 말하자면 어떤 고약한 전염병이 돌거나 환경이 급변했을 때, 그 집단 내에 별의별 놈이 다 있어야 몇 놈은 살아남는다는 말이다. 식물들은 자가수분을 방지하기 위해 여러가지 방법을 쓰지만 앵초처럼 꽃술의 길이가 서로 다른 꽃을 피우는 식물은 드물다.

진화의 원리는 유전자가 서로 다른 개체 간에 결합함으로써, 다양하고 건강한 후손을 낳으며 그 종족을 진화시켜 가는 것이다. 인간 사회도 가치관과 성향이 다양한 사람들, 피부색이 다른 인종이 서로 포용하고 잘 융화할 때, 그 집단과 사회가 건전하며 발전한다. 그러므로 오늘날 우리 사회가 점차 다문화사회로 옮겨가는 것도 반드시 경계할 일만은 아니다.

큰앵초

Primula jesoana Miq.

높고 깊은 산의 습기가 풍부한 숲 속에 나는 여러해살이풀. 높이 30~40cm. 앵초에 비해 잎이 크고 넓다. 5~6월 개화.

설앵초

Primula modesta var. *fauriae* (Franch.) Takeda

높은 산에 나는 여러해살이풀.

높이 15cm 정도. 잎은 구두주걱 모양, 잎자루와 가장자리에 톱니가 있다. 5~6월 개화. 한라산 1,000m 이상 고지대에 자생한다.

[이명] 눈깨풀, 분취란화, 애기눈깨풀, 좀설앵초 등

©박경옥

나도수정초의 신비

나도수정초 *Monotropastrum humile* (D. Don) Hara

습도가 높은 숲에 나는 노루발과의 여러해살이 부생식물. 높이 8~15㎝. 전체가 반투명한 흰색이다. 5~6월 개화. 꽃은 땅을 보고 있다가 나중에 곧게 선다. 암술머리가 푸른색이다. [이명] 수정란풀, 수정난풀

나도수정초는 그 모습부터 신비로운 식물이다. 사람들은 '숲 속의 요정'이니 '오월의 신부'니 하는 찬사도 보내고, 외계인, 손전등, 말대가리처럼 그럴싸한 별명을 붙이기도 한다. 그것은 이 식물의 신비로운 모습에 반해서 자신들도 모르게 동화의 나라로 빠져 들어간 무의식적 표현이다. 이 풀은 습도가 높은 숲의 낙엽이 썩은 데서 나오는 유기물을 섭취하며 살아가는 부생식물(腐生植物)이다. 따라서 광합성을 할 필요가 없으므로 전체가 반투명한 순백색이다.

나도수정초를 찾아다니면서 발견한 흥미로운 사실은, 대체로 몇 포기씩 뭉쳐나면서도 일정한 거리를 두고 나오는 것이었다. 숲의 환경이 좋아서 개체수가 풍부한 지역이라도 무더기 사이에 열 걸음 이상 떨어져서 사는 까닭이 참 궁금했다.

어느 빛 좋은 날 나도수정초를 만났을 때, 개미들이 부지런히 오르내리고

©김중연

있는 것을 보았다. 개미가 일없이 이 식물을 들락거리지는 않을 터이니, 이 식물의 수분과 번식에 분명히 관련이 있어 보였다. 이를테면 개미가 좋아하는 어떤 물질을 분비하여 개미들을 불러 모아서 수분을 유도한다든지, 제비꽃이나 애기똥풀처럼 씨앗에 개미씨밥(일레이오좀)을 붙여서 그 씨앗을 개미굴로 가져가게 하는 게 아닐까 추측해 보았다.

개미들이 그 씨앗에 붙은 영양덩어리를 다 먹고 나면 필요 없는 씨앗은 조개껍질처럼 굴 밖으로 버릴 것이고, 그 씨앗들은 개미굴을 중심으로 한 무더기가 나올 것이다. 이 추측이 맞다면 이 식물이 왜 띄엄띄엄 나는지 설명이 된다. 즉 그 밀도는 개미 집단이 차지하는 영역과 같다는 말이 된다.

이런 호기심이 생기면 새삼 위대한 파브르를 생각지 않을 수 없다. 그는 철학자처럼 사색하고, 과학자처럼 관찰하고, 시인처럼 글을 썼다. 그가 나도수정초에 흥미를 가지고 관찰하고 기록했더라면, 그의 글을 통해서 나도수정초의 비밀을 알 수 있었을 텐데….

수정난풀

Monotropa uniflora L.

나도수정초와 비슷하나 9월 경에 개화하며, 암술머리가 노란색이다. 나도수정초는 시간이 지나면 꽃이 위를 향하는데 수정난풀은 끝까지 아래로 굽은 채로 있다.

[이명] 석장초, 수정란, 수정란풀, 수정초

구상난풀

Monotropa hypopithys L.

구상나무나 소나무 숲 밑 낙엽 쌓인 곳에 나는 여러해살이 부생식물. 높이 20cm 가량. 줄기와 꽃에 털이 있다. 6월 경 개화. 줄기가 나올 때는 구부러진 모양이나 개화가 진행되면 꽃이 하늘 방향을 향한다.

[이명] 구상란풀, 석장풀, 석장화, 수정초

줄기나 꽃에 털이 없는 것은 구상난풀의 변종으로 너도수정초(*Monotropa hypopithys* var. *glaberrima* Hara)라고 한다.

뻐꾹채의 이름에 대하여

뻐꾹채 *Rhaponticum uniflorum* (L.) DC.

산자락의 양지에 나는 국화과의 여러해살이풀. 높이 40~100cm. 전체에 솜털이 많고 가지를 치지 않는다. 잎은 새깃 모양으로 갈라진다. 5~6월 개화. 두상화의 지름 6~9cm. 어린잎은 식용한다. [이명] 뻑꾹채

뻐꾹채는 선이 굵고 듬직한 매력이 있는 식물이다. 키가 훤칠하고 꽃봉오리는 큼직해서 거인국에서 온 듯도 하고 현세가 아닌 지질시대에서 온 꽃처럼 낯설기도 하다. 뻐꾹채는 충청도나 전라도 지방에서는 보기 힘들고, 경상도나 강원도 지방에서는 어렵지 않게 볼 수 있다. 할미꽃도 서쪽 지방에는 드물고 동쪽에는 흔한 편인데, 뻐꾹채나 할미꽃이 석회암 지질을 좋아해서 그렇다고 들었다.

뻐꾹채는 뻐꾸기가 울어서 피우는 꽃이라고 한다. 뻐꾹채라는 이름은 솔방울처럼 생긴 총포의 갈색 무늬가 뻐꾸기의 앞가슴을 닮아서 유래되었다는 설이 그럴싸하다. 이처럼 아주 오랜 세월동안 입으로 전해왔음직한 꽃이름은 어느 시대 어떤 학술기관에서 합의한 이름도 아니고, 그 유래를 기록한 문헌도 없으

니 시비할 일은 못된다.

나는 다른 식물들과 체급이 완전히 다른 뻐꾹채를 보면 키워준 어미보다 더 커버린 뻐꾸기 새끼가 먼저 떠오른다. 언젠가 뻐꾸기의 탁란 과정을 촬영한 영상물을 보았는데, 놀랍고 신기하다 못해 기괴하다는 느낌을 받았다. 뻐꾸기는 산란기가 되면 다른 새의 둥지를 미리 봐두었다가 그 주인이 잠시 자리를 비운 틈에 슬쩍 가서 알을 낳는다. 뻐꾸기가 애용하는 곳은 개개비나 산솔새, 오목눈이의 둥지다. 외출에서 돌아온 새는 제 알이 몇 개 있었는지 숫자 개념이 없다.

신기하게도 항상 뻐꾸기 새끼가 먼저 알에서 깬다. 알에서 깬 뻐꾸기 새끼는 눈도 뜨기 전에 본능적으로 원래 주인 새의 알을 등으로 밀어서 둥지 밖으로 떨어뜨린다. 주인 새는 제 새끼인줄 알고 먹이를 물어다 남의 자식을 키운다. 뻐꾸기 새끼는 며칠 만에 가짜 어미보다 덩치가 커져서 어미보다 훨씬 큰 자식을 키우는 기이한 광경을 보았다.

이런 장면을 떠올리면 그 이름이 별로 탐탁치는 않으나 뻐꾸기의 이름만 얻은 뻐꾹채야 무슨 죄가 있겠는가. 나는 선이 굵고 훤칠한 뻐꾹채를 너무 좋아한다.

홀아비꽃대와 옥녀꽃대

홀아비꽃대 *Chloranthus japonicus* Siebold

숲 속에 나는 홀아비꽃대과의 여러해살이풀. 높이 20~30cm. 줄기 윗부분에 보통 4장의 잎이 2장씩 마주나지만, 아주 가까이 붙어서 돌려나기 잎처럼 보인다. 5~6월 개화.

'꽃대'라는 이름이 붙은 식물이 있다. 지난 십 년 동안 인터넷에 올라온 사진이 없는 걸 보면, 우리나라에서는 사실상 멸종된 듯하다. 자료 사진을 보니, 꽃대에 밥풀 같은 꽃들이 붙어서 '꽃'의 존재가 무시된 이름으로 여겨진다. 보통 두 개의 꽃대를 올리므로 '쌍꽃대'나 '쌍동꽃대'라고도 한다. '꽃대'라는 식물이 꽃대를 두 개씩 만드는 데에 비해서 '홀아비꽃대'는 꽃대가 하나이기 때문에 나온 이름이다. 꽃대를 두 개 올렸던 '꽃대'는 사실상 멸종된 듯하고, 꽃대가 하나밖에 없는 홀아비꽃대는 어떻게 잘 살고 있을까?

내 생각으로는 꽃이 밥 알갱이처럼 붙어 있는 두 개의 꽃대보다 하나만 만들더라도 꽃이 눈에 잘 띄게 한 전략이 성공한 듯싶다. 다시 말해서 수술 길이를 늘여서 젖병 쏘시개처럼 만든 전략이다. 홀아비꽃대의 꽃을 보면, 암술은 작은 여드름 모양으로 꽃대에 붙어 있고 칫솔모처럼 보이는 수술은 보통 꽃들과는 반대로 꽃밥을 밑동, 즉 꽃대 쪽에 달고 있다.

마치 홀아비꽃대와 무슨 관계가 있는 듯한 '옥녀꽃대'도 있다. 이 꽃은 홀아비꽃대와 아주 비슷하지만 여성적인 느낌이 든다. 이 두 가지 식물의 가장 큰 차이는 수술에서 볼 수 있다. 옥녀꽃대의 하얀 수술은 홀아비의 수술보다 두

©박경옥

배 정도 길고 가늘고, 수술 밑동에 붙은 꽃밥의 위치와 모양이 다르다.

옥녀꽃대는 거제도의 '옥녀봉'에서 처음 발견되었다고 한다. 중부 이북 지방에는 홀아비꽃대가, 남부 지방에서는 대부분 옥녀꽃대가 산다. 예외적으로 남부 지방에서도 내륙의 산에서는 홀아비꽃대를 볼 수 있고, 옥녀꽃대도 서해안에서는 중부권까지 올라와 있다. '남남북녀(南男北女)'가 아니라 '남옥녀, 북홀아비'인 셈이다.

종종 이 두 가지의 중간 쯤 되는 것들도 만난다. 외로운 홀아비와 옥녀가 중간쯤에서 만나 어떤 로맨스도 있었을 법하다.

옥녀꽃대

Chloranthus fortunei (A. Gray) Solms

반그늘에 나는 여러해살이풀. 높이 30cm 가량. 잎은 줄기 윗부분에서는 4장이 돌려나기를 하고, 그 밑에서 한 쌍이 마주나며, 없는 경우도 있다. 4~5월 개화. 홀아비꽃대보다 수술이 가늘고 길다.

[이명] 조선꽃대

조촐한 식물 둥굴레

둥굴레 *Polygonatum odoratum* var. *pluriflorum* (Miq.) Ohwi

산과 들에 나는 백합과의 여러해살이풀. 높이 30~60㎝. 굵은 육질의 땅속줄기가 옆으로 뻗는다. 5~6월 개화. 어린순은 식용, 땅속줄기는 식용 또는 약용. 강장, 강정 효과가 있어 허약한 사람의 기운을 도우는 약재로 쓴다.

언젠가 백초(白初) 김명렬 선생님이 책 한 권을 보내주셨다. 그분이 쓰신 『물 흐르고 꽃 피네』라는 제목의 산문집이었다. 글이 제목처럼 물 흐르듯 하여 단숨에 읽어버리고 나니 그렇게 읽으면 안 될 글 같아서 죄송한 마음이 없지 않았다.

금싸라기 같은 글들 중, '조촐하다는 것'이라는 수필에서 가볍지 않은 배움을 얻었다. 그분은 그 글에서 요즈음 대다수의 사람들이 '조촐하다'는 말을 겸손의 표현으로 잘못 알고 쓰는 세태를 지적하고 있다. 백초 선생님이 '조촐하다'는 의미를 설명한 부분을 옮겨 보았다.

"'조촐하다'라는 말은 우리의 고유한 미적 감각을 표현해 주는 말이라고 할 수 있다. 그것은 단순히 높은 격조만이 아니라, 옹골차되 되바라지지 않으며, 속됨을 거부하되 오만하지 않음을 뜻하는 말이다. 그것은 소략(疏略)한 것 같으면서 내실이 깃든 것이요, 모자라는 듯 하면서도 충족한 것이다. 그래서 그것은, 지나친 정교함을 피하고 소박한 조화를 취하여 품위 있는 아름다움을 만들어온 우리 민족의 심미감과 잘 어울리는 말이다."

그 글에 의하면 초대장에 '조촐한 자리를 마련하였사오니…' 하는 표현은 겸손한 표현인줄 알고 썼으나 사실은 자화자찬을 하는 결례라는 것이다. 나 역시

'조촐하다'의 바른 의미도 모르고 함부로 써온 사람 중의 하나다. 국어사전의 뜻풀이도 백초 선생님의 글과 다르지 않다.

둥굴레를 보면서 이 식물을 가장 적절하게 표현할 수 있는 형용사가 무엇일까 하고 몇 년을 고민해 왔었는데, '조촐하다'는 표현의 의미를 알고 보니 둥굴레에 딱 좋은 상찬인 듯싶다.

줄기와 잎과 꽃을 두루 갖춘 모양이 이렇게 조촐할 수 있나 싶고, 둥굴레란 그 이름이 간명하고 소박하니 이름조차 조촐하다. 활처럼 둥그렇게 휘어진 하나의 줄기에 나비 날개 같은 잎을 얹고 맑은 연둣빛 꽃을 가지런하게 달고 있는 모습이 그 아니 조촐한가.

1431년, 세종 때 발간한 의학서인 『향약채취월령(鄕藥採取月令)』에 이미 두응구라(豆應仇羅)라는 이두식 이름으로 나와 있는 것을 보면, 둥굴레는 오랜 옛날부터 조상들이 가까이 해온 식물이다. 춘궁기에는 구황식물이 되었고 좋은 약이 되어 백성들을 보살폈으니 그 하는 일도 조촐하다고 표현하면 지나친 표현일까?

백초 선생님의 명문에 반해서 '조촐하다'를 남용하는 듯하지만, 나는 '둥굴레'에게 '조촐하다'라는 표현을 찾아주어서 흡족하다.

용둥굴레

Polygonatum involucratum (Franch. & Sav.) Maxim.

산지에 나는 여러해살이풀. 높이 20~50cm.
5~6월 개화. 꽃이 잎겨드랑이에 2개씩 달리며, 꽃에 작은잎 모양의 꽃받침이 2개씩 달리는 것이 보통 둥굴레와 다르다. 어린순은 식용한다.

각시둥굴레

Polygonatum humile Fisch. ex Maxim.

숲 가에 나는 여러해살이풀. 높이 30cm 정도.
줄기가 기둥 모양으로 곧게 선다. 5~6월 개화.
꽃은 잎겨드랑이에 1~2개씩 달린다. 어린잎과 줄기는 식용한다.
[이명] 각씨둥굴레, 둥굴레아재비, 애기둥굴레

죽대

Polygonatum lasianthum Maxim.

산지에 나는 여러해살이풀. 높이 50cm 가량.
둥굴레와 비슷한 모양이나 꽃자루가 잎겨드랑이에서 나와 잎 방향으로 좌우 교대로 뻗으며 두 송이씩 달린다. 5월 개화. [이명] 큰대잎둥굴레
©심종진

왕죽대아재비

Streptopus koreanus (Kom.) Ohwi

침엽수림에 사는 백합과의 여러해살이풀.
높이 30cm 가량. 6~7월 개화. 열매는 붉은색으로 익고 직경 8mm 정도이다. [이명] 큰죽대, 왕섬죽대, 큰잎죽대아재비, 좀죽대아재비

배암차즈기와 곰보배추

배암차즈기 *Salvia plebeia* R. Br.

다소 습한 도랑 근처에 나는 꿀풀과의 두해살이풀. 높이 30~70cm. 겨울 동안 뿌리에서 나는 잎만 밀생하여 지면으로 퍼져 있다가 꽃이 필 때 없어진다. 줄기는 네모지며 줄기 잎은 긴 타원형이다. 5~7월 개화.

[이명] 배암배추, 배암차즈기, 뱀배추, 뱀차조기

배암차즈기는 개울이나 도랑 부근에 나는 두해살이풀이다. 같은 속에 참배암차즈기, 둥근배암차즈기, 샐비어 등의 형제가 있다. '배암차즈기'라는 이름은 어느 구석에 뱀의 모습이 숨어 있는지 숨은그림찾기라도 한 번 해보라는 암시를 주는 듯하다. 배암차즈기의 근연종인 '참배암차즈기'는 큰 독사가 입을 벌린 모양이 분명하다. 나처럼 야생화를 즐겨 찾는 사람들의 관심은 이 정도이다.

그런데 이 식물이 겨울을 나는 봄배추, 즉 '봄동'을 닮았으면서 예로부터 즐겨 먹었다는 사실에 주목한 사람들이 있다. 이런 사람들은 이것을 상품화하고 좋은 건강식품으로 소문을 내서 훌륭한 수익 사업으로 탈바꿈시켰다. 이를테면, "추운 겨울에도 푸른 잎으로 견뎌낸 대단한 기운이 있는 식물이다. 음식, 차, 술, 효소로 만들어 먹으면 감기, 천식, 폐질환에 좋다"고 대대적으로 선전을 해서 큰 바람을 일으키고 있다.

수익을 창출하는 사람들은 그 이름부터 잘 고른 듯하다. 야생화에 관심이 없는 사람들은 '배암차즈기'라는 식물은 몰라도 '곰보배추'라고 하면 몸에 좋은 나물이라고 아는 경우가 많다. 국가표준식물목록에는 배암차즈기의 이명으로 뱀배추, 배암배추, 뱀차조기 정도로 나와 있고 곰보배추는 없다.

별로 느낌이 좋지 않은 '뱀'을 앞세워서는 잘 팔릴 것 같지 않았는지, 어느 지방의 향명으로 보이는 '곰보배추'라는 멋진 이름을 찾아냈다. 곰보배추는 쪼골쪼골한 잎으로 봄배추처럼 겨울을 나는 데서 나온 이름이다. 그 밖에도 겨우내 살아 있다는 의미로 동생초(冬生草), 눈을 보고 자란다고 설견초(雪見草)라고도 하고, 경상도 지방에서는 '문둥이 배추'라고 한다. 이런 이름들은 향명(鄕名)이며 국가표준식물목록에는 올라 있지 않다.

나처럼 감각이 없는 사람들은 그 꽃을 보고 뱀을 닮았느니 어쩌고 하지만, 경제적 감각이 있는 사람들은 그 잎을 보고 '곰보배추'라는 상품을 개발했다. 관점을 바꾸면 사람이 달라지고 세상이 달라진다.

참배암차즈기
Salvia chanryoenica Nakai
산지의 숲가에 나는 여러해살이풀.
높이 40~50cm. 줄기는 네모지고 곧게 서며, 가지가 갈라지지 않는다. 7~9월 개화. 꽃의 길이 3cm 가량. 어린잎은 식용한다. 한국 특산식물로 경기, 경북, 강원 지역에 분포한다.
[이명] 토단삼

둥근배암차즈기
Salvia japonica Thunb.
산지에 나는 여러해살이풀.
높이 30cm 가량. 줄기는 네모지고 잎은 마주난다. 6~8월 개화.
[이명] 개배암배추, 둥근잎배암차즈기, 여름배암배추 등

개차즈기
Amethystea caerulea L.
산이나 들에 나는 한해살이풀.
높이 30~80cm. 전체에 털이 없고 자줏빛이 돈다. 8~9월 개화.
[이명] 개차조기, 개차즈개, 보랏빛차즈기

야성미가 넘치는 엉겅퀴

엉겅퀴 *Cirsium japonicum* var. *maackii* (Maxim.) Matsum.

들에 나는 국화과의 여러해살이풀. 높이 50~100cm. 줄기에 흰 털이 있어 녹회색으로 보인다. 6~8월 개화. [이명] 가시나물, 가시엉겅퀴, 항가새

자연은 약육강식의 거친 세상이다. 이런 세상에 사는 야생화를 영어로는 wild flower라고 한다. 야성적인 모양의 꽃과 날카로운 가시가 돋친 엉겅퀴는 그중에서도 야생화답게 '와일드'한 모습을 하고 있다.

그러나 엉겅퀴의 꽃은 놀라우리만치 정교하다. 엉겅퀴 꽃 한 송이는 수백 개의 혀꽃과 대롱꽃이 모여 있는 공동체로, 그 하나하나의 꽃은 길이가 1cm 정도이고 이쑤시개보다 가늘다. 대롱꽃 하나의 구조는 수술이 보호막처럼 암술을 감싸고 있으며, 미숙한 암술과 수술 사이의 공간에 하얀 꽃가루가 들어있다. 이 꽃은 곤충이 앉을 때만 수술이 수축하여 볼펜심처럼 꽃가루를 밀어내므로 어떤 식물보다도 경제적으로 꽃가루를 관리하고 있는 것이다.

엉겅퀴는 피를 잘 엉키게 하는 효과가 있어서 붙은 이름이라고 한다. 지혈

제 외에도 감기, 백일해, 고혈압, 장염, 신장염 등에 효과가 있고 가시가 나오기 전의 어린잎과 줄기는 나물과 장아찌를 만들어 먹는다.

엉겅퀴 가시는 초식동물로부터 자신을 지키기 위한 수단이다. 유난히 가시가 드센 엉겅퀴는 제주도에서 자라는 가시엉겅퀴와 바늘엉겅퀴다. 엉겅퀴라는 식물이 원래 가시가 두드러진 식물이라서 앞에 붙은 '가시'니 '바늘'이니 하는 수식어가 사족 같지만, 이 두 엉겅퀴는 볼수록 촘촘하고 날카로운 가시를 달고 있다. 제주도는 초원이 넓고 기후가 온난해서 초식동물이 많기 때문일 것이다.

울릉도와 강원도의 산에 나는 엉겅퀴는 가시가 거의 없고 잎이 부드럽다. 강원도 정선과 영월의 험한 산지에 고려엉겅퀴가 난다. 흔히 곤드레나물이라고 부르는 이 엉겅퀴는 뿌리잎에 가시가 없다. 울릉도의 물엉겅퀴도 이 고려엉겅퀴처럼 가시가 없어 나물로 먹는다. 울릉도에는 산이 험해서 초식동물은커녕 네발짐승이 없기 때문이다.

사람도 주변에 적이 많으면 성격이 가시 돋친 듯 까칠해지는 경향이 있으니 식물이나 사람이나 환경의 영향을 받는 것은 마찬가지인가 보다.

큰엉겅퀴
Cirsium pendulum Fisch. ex DC.
주로 낮은 지대의 들에 자라는 여러해살이풀. 높이 1~2m. 잎이 깃 모양으로 깊게 갈라진다. 7~10월 개화. 꽃이 아래를 보고 핀다. 어린잎은 식용한다.
[이명] 장수엉겅퀴

도깨비엉겅퀴
Cirsium schantarense Trautv. & Mey.
깊은 산에 나는 여러해살이풀. 높이 50~150cm. 잎은 얕게 갈라지며 가장자리에 약한 가시가 있다. 7~9월 개화. 꽃이 아래를 보고 핀다. 어린잎은 식용한다.
[이명] 부전엉겅퀴, 수그린엉겅퀴, 큰엉겅퀴

고려엉겅퀴
Cirsium setidens (Dunn) Nakai
산이나 들에 나는 여러해살이풀. 높이 1m 가량. 잎 가장자리에 가시 모양의 톱니가 있다. 7~10월 개화. 어린잎은 식용하며 재배하는 곳도 많다. 한국 특산식물.
[이명] 곤드래나물, 구멍이, 도깨비엉겅퀴

정영엉겅퀴
Cirsium chanroenicum (L.) Nakai
높은 산에 나는 여러해살이풀. 높이 50~100cm. 잎 가장자리가 밋밋하거나 침 모양의 톱니가 있다. 7~8월 개화. 황백색의 꽃이 핀다. 어린잎은 식용한다. 지리산 정령치 부근에서 최초로 발견되었다고 한다. 주로 남부 지방의 높은 산에서 자란다.

바늘엉겅퀴(왼쪽)

Cirsium rhinoceros (H. Lev. & Vaniot) Nakai

한라산에 나는 여러해살이풀. 높이 30cm 가량. 잎은 깃 모양으로 촘촘하게 갈라지고 가시가 억세며, 총포에도 가시가 난다. 7~8월 개화. 한국(제주, 보길도) 특산식물. [이명] 탐라엉겅퀴

가시엉겅퀴(오른쪽)

Cirsium japonicum var. *spinossimum* Kitam.

제주도의 풀밭에서 흔히 볼 수 있으며 보통 엉겅퀴보다 키가 작고 가시가 촘촘하고 억세다. 제주도에서는 이 풀을 보면 소가 뒷걸음친다고 하여 '소왕'이라고도 한다. 7~8월 개화.

버들잎엉겅퀴

Cirsium lineare (Thunb.) Sch. Bip.

낮은 산자락에 나는 여러해살이풀.
높이 50~100cm. 줄기가 가늘고, 잎 가장자리는 밋밋하며 잔가시가 있다. 8~10월 개화.
[이명] 넓은잎버들엉겅퀴, 솔엉겅퀴

서양가시엉겅퀴

Cirsium vulgare (Savi) Ten.

근래에 우리나라에 유입된 귀화식물이다. 줄기에 굵고 길며 날카로운 가시가 두드러진다.
©최인화

지느러미엉겅퀴

Carduus crispus L.

산이나 들에 나는 여러해살이풀. 높이 1m 가량. 줄기에 지느러미 같은 날개와 가시가 발달해 있다. 5~10월 개화.
[이명] 엉거시, 지느러미엉겅퀴

중생을 구제하는 지장보살 풀솜대

풀솜대 *Smilacina japonica* A. Gray

산지 숲 속에 자라는 백합과의 여러해살이풀. 높이 20~50㎝. 전체에 거친 털이 나며, 줄기는 자랄수록 비스듬히 눕는다. 5~6월 개화. 어린순은 식용한다. [이명] 솜대, 솜죽대, 왕솜대, 지장보살 등

"지옥이 텅 비지 않으면 성불(成佛)을 서두르지 않겠나이다. 그리하여 일체의 중생이 모두 제도되면 깨달음을 이루겠나이다." 지장보살(地藏菩薩)이 석가모니불에게 다짐했다는 말이다. 지장보살은 부처님이 열반한 후에 미래불이 출현하기까지 일체의 중생을 구제하도록 석가의 위촉을 받은 보살이다.

'지장보살'이라는 별명을 가진 식물이 있다. 이 이름은 원래 전라도 지방에서 부르던 향명으로, 보릿고개에 가난한 백성들이 굶주림을 면하려고 이 풀을

뜯어먹으며 연명한데서 유래되었다고 한다. 즉 '지장부살'처럼 중생을 구제해 왔다는 이름이다.

이 식물의 국명 '풀솜대'는 '솜대'를 닮은 풀이라는 뜻이다. '솜대'는 '분죽(粉竹)'이라고도 하는 대나무의 한 종류로서 어린 줄기의 하얀 가루가 솜털처럼 보여서 유래된 이름이고, 잘 자란 나무는 높이가 10m가 넘는다고 한다. '풀솜대'는 줄기에 하얀 솜털이 있다고 해서 '솜대'라는 대나무 이름 앞에 '풀'을 갖다 붙인 싱거운 이름이다.

그렇다면 그저 솜대 비슷한 풀이라는 이유만으로 '풀솜대'라는 밋밋한 이름으로 부르기보다는, 오랜 세월 백성들을 굶주림에서 구제해 왔다는 의미의 '지장보살'이라는 이름이 훨씬 좋지 아니한가.

이 풀을 먹어본 사람들의 말로는 부드럽고 단맛이 나는 나물로, 독성이 없어서 간장에 들기름 정도만 무쳐먹어도 맛있다고 한다. 이러한 조리법은 고추나 마늘 같은 재료를 쓰지 않는 사찰 음식으로 잘 어울리는 것이니 이런 면에서도 '지장보살'이라고 부르고 싶은 고마운 식물이다.

자주솜대
Smilacina bicolor Nakai
높은 산에 나는 여러해살이풀. 높이 30~45cm. 5~7월 개화. 꽃이 처음에는 연두색이었다가 점점 자주색으로 변한다. 한국 특산식물로 지리산이나 중부 이북의 높은 산에 난다. [이명] 자주솜때, 자주지장보살 등

친구가 새삼 고마워지는 이름 지칭개

지칭개 *Hemistepta lyrata* Bunge

밭이나 들에 나는 국화과의 두해살이풀. 높이 60~100㎝. 잎은 새깃 모양으로 갈라지며 뒷면에 흰털이 밀생한다. 5~7월 개화. 어린잎은 식용하며, 전초는 약용한다. [이명] 지칭개나물

우리 들꽃 이름에는 그 뜻을 짐작하기 어려운 것들이 참 많다. 그러다보니 요즘 인터넷에서는 근래에 지어낸 듯한 꽃이름의 유래가 여러가지 떠돌아다니고 있다. '지칭개'만 하더라도, "누군가 국을 끓이려고 여러 번 쓴 맛을 우려내다가 먹기도 전에 지쳐버려서 '지칭개'라고 불렀다"는 내용이 이리저리 복사되어서 제법 그럴듯한 유래로 자리 잡는 듯하다. 또 어떤 글에서는 "밭일을 하다가 다치면 밭둑에 흔한 이 지칭개의 잎을 '짓찧응게' 좋은 약이 되어 상처가 나았다"는 '지칭개'의 유래설도 보았다.

이런 이야기들이 억지로 꾸며낸 것이라고 말할 근거도 없지만, 어딘지 모르게 어설프고 마뜩잖게 여겨지던 차에 개울가에 자라는 물칭개나물을 보고서 불현듯 떠오른 생각이 있었다. 물칭개나물은 필시 물과 친하다는 의미로 붙인 이름일 것이니, 지칭개는 땅과 친한 풀이라는 뜻이 아닐까하는 생각이었다. 오뉴

월 들녘에 지천으로 널려 있는 풀이 지칭개다. 메마른 땅, 자갈밭, 풀밭 가리지 않고 쑥쑥 잘도 자라니 지칭개는 땅과 무척 친한 녀석임이 분명하다. 물과 친한 풀이 물칭개라면 땅과 친한 풀은 지칭개다.

이런 생각으로 지칭개를 보니 문득 '친구'의 의미가 새롭게 느껴진다. 지칭개는 땅과 친하여 뿌리를 내렸을 뿐, 결국 제 스스로 큰 것이다. 친구는 무엇을 해주어서 좋은 것이 아니라 그저 친하다는 것만으로, 그리하여 마음의 뿌리를 내릴 곳이 되어 주어서 좋은 것이다.

조뱅이
Breea segeta (Willd.) Kitam. f. segeta
들이나 밭에 나는 국화과의 여러해살이풀.
높이 20~40cm. 키는 작으나 꽃이 지칭개와 비슷하여 지칭개라는 이명이 있다. 5~8월 개화. 어린잎과 줄기는 식용, 전초는 약용(지혈제)한다.
[이명] 자라귀, 조바리, 조병이, 지칭개

씀바귀의 잎이 바소꼴이라는데…

씀바귀 *Ixeridium dentatum* (Thunb.) Tzvelev

산이나 들에 나는 국화과의 여러해살이풀. 높이 25~50cm. 잎은 피침형, 줄기에서 나는 잎은 2~3장이다. 5~7월 개화. 뿌리와 어린잎은 식용, 전초는 약용(진정제)한다.
[이명] 꽃씀바귀, 싸랑부리, 쓴귀물, 씀바기, 씸배나물, 흰씀바귀

옛날의 수술도구들. 가운데 잎 모양의 도구가 피침(바소)

내가 야생화에 빠져 든 것은 참으로 우연한 일에서 비롯되었다. 어느 날 무슨 꽃에 대해 알고 싶어서 몇 권의 책을 찾아보았더니, 내가 알고 있는 수준의 어휘로는 도무지 이해하기가 어려웠다. 전문 서적도 아니고 그저 보통 사람이 보는 식물도감들이었는데, 몇 가지 기본적인 사실을 확인하기도 곤란할 정도로 난해했다.

비교적 쉬운 말로 쓴 책을 구해서 읽어보아도 이해가 별로 나아지지도 않았고 이치에 닿지 않는 곳이 많았다. 책으로 궁금증을 풀 수 없어서 배낭을 메고 산과 들로 나섰다.

예를 들어 씀바귀의 잎을 '바소꼴'이라고 설명한 책이 있고, 또 어떤 책들에는 '피침형'이라고 써 놓았다. 국어사전을 찾아보니 '바소'나 '피침(鈹針)'은 같은 말이며, 한의원에서 종기가 곪은 데를 찢는 침이라고 뜻풀이가 되어 있다.

한의사 몇 분에게 물어보아도 그런 도구는 모른다고 했다. 국어사전에 엄연히 한의원에서 쓰는 도구로 나와 있다고 했더니, 한의사가 하는 답변이, 백여 년 전에 서양 의술이 들어온 후에 종기를 째는 간단한 외과수술은 한의원에서 할 필요가 없어져서, 바소니 피침이니 하는 도구도 사라졌을 것이라는 대답을 들었다.

식물학을 전공한 분들에게도 물어보았다.

"혹시 바소나 피침이 어떻게 생겼는지 설명 좀 해주세요."

"아 그것은 씀바귀나 고들빼기의 잎 모양을 말하는 것이지요."

옛날 내가 너댓 살 무렵 증소할매와 주고받은 문답과 똑 같다.

"할매요, 미국은 어디 있어요?" "응 소련 옆에 있다 카더라."

"그럼 소련은 어디 있는데요?" "응 그거는 미국 옆에 있을끼다."

"아~~ 그렇겠네요. 우리 할매는 모리는 게 없데이…."

씀바귀는 씁쓸한 맛이 나는 식물이라서 붙은 이름이라고 한다. 잎이 부드럽고 맛도 괜찮아서 쌈에 곁들여 먹으면 입맛을 돋운다. 씀바귀의 잎이 씁쓸하기도 하지만 이 잎 모양을 보면서 바소나 피침 모양을 더듬어야 되는 식물 공부가 더 씁쓸하다.

벋음씀바귀(왼쪽) *Ixeris debilis* (Thunb.) A. Gray
들에 나는 여러해살이풀. 높이 30cm 가량. 뿌리줄기가 옆으로 뻗는다. 5~7월 개화. 두상화의 지름 2.5cm 가량. 씀바귀 혀꽃이 20개 이상으로 많다. 어린순과 뿌리는 식용한다.
[이명] 덩굴씀바귀, 벋은씀바귀, 뻗을씀바귀 등

선씀바귀(오른쪽) *Ixeris strigosa* (H. Lev. & Vaniot) J. H. Pak & Kawano
들이나 길가에 나는 여러해살이풀. 높이 20~50cm. 밑동에서 여러 개의 줄기가 나온다. 5~6월 개화. 두상화의 지름 2.5cm 가량. 뿌리와 어린순은 식용한다. [이명] 선씀바기, 자주씀바귀

벌씀바귀
Ixeris polycephala Cass
산이나 들에 나는 두해살이풀. 높이 15~50cm. 잎이 화살촉 모양이며, 아랫부분이 원줄기를 감싼다. 5~7월 개화. 두상화의 지름이 1cm 정도로 작다. 어린잎과 줄기는 식용한다.
[이명] 가새벌씀바귀, 가새씀바귀, 들씀바귀 등

좀씀바귀
Ixeris stolonifera A. Gray
들이나 밭, 길가에 나는 여러해살이풀. 높이 10cm 가량. 잎은 둥글고 잎자루가 길고, 가장자리에 톱니가 거의 없다. 5~6월 개화. 두상화의 지름 2cm 가량. 어린순과 줄기는 식용한다.
[이명] 둥굴잎씀바귀, 둥근잎씀바기

갯씀바귀
Ixeris repens (L.) A. Gray
바닷가 모래땅에 나는 여러해살이풀. 높이 10cm 내외. 뿌리줄기가 옆으로 길게 뻗으며 잎을 낸다. 6~7월 개화. 두상화의 지름 2.5cm 가량.
[이명] 개씀바귀, 갯씀바기

벌깨덩굴의 아름다운 삶

벌깨덩굴 *Meehania urticifolia* (Miq.) Makino

산지의 그늘에서 나는 꿀풀과의 여러해살이풀. 높이 15~30cm. 향기가 나며 줄기는 사각이고 5쌍 정도의 잎이 달린다. 5월 개화. 어린순은 식용한다. [이명] 벌개덩굴

대체로 꽃들은 곤충들과 양보 없는 거래를 한다. 꿀을 미끼로 꽃가루를 묻혀갈 수밖에 없도록 꽃의 모양을 만들었고 그 크기는 곤충의 몸에 빠듯하다. 보통 꽃들이 곤충들과 거래를 하는 노점상 같은 곳이라면 벌깨덩굴의 꽃은 곤충들의 쉼터나 백화점처럼 넓은 곳이다.

벌깨덩굴은 한 줄기에 너댓 개의 큼직한 꽃을 달고 있는데, 그 속을 들여다보면 갖가지 곤충들이 들어가 쉬고 있다. 꽃 속에서 대부분의 곤충들은 별로 바빠 보이지가 않는다. 벌깨덩굴의 꽃은 굳이 꽃가루 배달을 하는 수고는 하지

벌깨덩굴꽃 속을 자세히 들여다보면 갖가지 곤충들이 특별한 움직임이 없이 쉬고 있다. 그중에는 거미줄을 치고 기다리는 거미도 있다.

않아도 되니, 그저 비나 이슬도 피하고 고단한 몸 푹 쉬었다 가라고 한다.

'벌깨'라는 이름은 벌판에 나며, 깨를 닮은 식물이라는 뜻이다. 벌깨덩굴은 꽃이 필 때는 덩굴이 보이지 않는다. 꽃이 질 무렵에 덩굴을 죽죽 뻗어서 덩굴이 땅에 닿으면 그곳에 뿌리를 내리고, 이듬해에 새로운 줄기를 올린다. 벌깨덩굴은 곤충들에게만 번식을 의존하지 않으면서 어느 곤충에게나 꿀과 보금자리는 넉넉하게 베풀고 스스로의 힘으로 다음 세대를 준비하는 식물이다.

오월의 숲 속은 온통 벌깨덩굴의 세상이 된다. 신록 사이로 햇빛이 부서져 내리고 보랏빛 요정들은 춤을 춘다. 넉넉하게 베풀고 스스로는 성실한 벌깨덩굴은 그렇게 번성하고 축복받아 마땅한 식물이다.

다윈은 "언제든 서로 돕고 공공의 이익을 위해 자신을 희생할 준비가 되어 있는 개체가 많은 종이 거의 모든 종을 누르고 승리를 차지할 것이다. 그것이 자연선택이다"라는 말을 남겼다. 사람들의 일도 이와 크게 다르지 않을 것이다. 이웃이나 사회에 널리 베풀고 헌신하는 사람이나 가문, 그리고 기업은 결과적으로 성공하고 번성한다.

벌깨풀

Dracocephalum rupestre Hance

높은 산의 암석지대에 나는 꿀풀과의 여러해살이풀. 높이 20~30cm. 줄기는 밑동에서 밀생하고, 다소 붉은색을 띠며 흰털이 있다. 7~8월 개화. 벌깨덩굴과 많이 닮았다.

[이명] 바위용머리

©임명균

용머리

Dracocephalum argunense Fisch. ex Link

산지에 나는 여러해살이풀.

높이 30cm 가량. 줄기는 네모지며 곧게 선다. 전체에 잔털이 있다. 6~8월 개화. 꽃은 줄기 끝에 이삭꽃차례로 달린다.

긴병꽃풀

Glechoma grandis (A. Gray) Kuprian.

산과 들의 습한 양지에 나는 꿀풀과의 여러해살이풀. 높이 20cm 가량. 4~5월 개화. 전초를 해열제, 이뇨제로 약용한다. [이명] 덩굴광대수염, 조선광대수염, 참덩굴광대수염

백선이 봉황삼으로 둔갑한 사연

백선 *Dictamnus dasycarpus* Turcz

산기슭이나 그늘진 초원에 자라는 운향과의 여러해살이풀. 높이 60~80cm. 줄기는 튼튼하며 곧게 서고 뿌리는 굵다. 5~6월 개화. 꽃에서 짙은 향기가 나며, 뿌리는 약용한다. [이명] 검화, 자래초

백선은 한·중·일 동양 삼국에서 부르는 이름이 같다. 이렇게 세 나라에서 같은 이름으로 부르는 식물은 십중팔구 그리 흔한 식물은 아니다. 주변에 흔한 식물일수록 지방에 따라 그 이름이 천차만별이기 때문이다. 백선(白鮮)이라는 한자 이름을 풀어 보면 희고 선명하다는 뜻이다. 흰색의 꽃에 자주색 줄무늬가 선명하다는 뜻일 듯싶지만, 식물체 전체가 맑고 단정한 인상을 주기도 한다.

꽤 귀티가 나는 백선이라는 이름에서 약효가 좋은 한약재일거라는 막연한 느낌이 들었었다. 아닌 게 아니라 백선의 뿌리껍질을 말린 것을 백선피라고 하여 각종 피부 질환, 알러지성 비염, 천식이나 해소 같은 호흡기 질환, 간염, 관절염, 장염 등에 효과가 있다고 한다.

©이장희

이러한 약효는 여느 야생초들에 비해 특별한 것도 아닌데 백선에는 봉황삼(鳳凰蔘)이나 봉삼(鳳蔘)이라는 거창한 별명이 붙어 있다. 자료를 찾아보니 이 별명이 붙은 내력이 어이가 없었다. 약초에 대해 잘 아시는 어떤 분이 쓴 글의 대강은 다음과 같다.

"원래 봉삼, 봉황삼이란 실체는 없는 것이다. 다만 일제시대에 일본인들이 만주 일대에서 채취한 삼들이 그 모양이 우람하고 거창해서 보다 높은 가격을 받으려고 '봉황삼'이라는 이름을 붙인 것이 시초가 되었다. 그런데 이 명칭이 산삼이 아닌 백선에 사용되기 시작한 것은 한 종교 단체에서 신도를 상대로 거금을 축재하기 위한 술수로, 만병통치약이라는 미명하에 봉황삼이라는 이름으로 술을 담가서 한 병에 수백, 수천만 원씩 받아 챙긴 사기극에서 비롯되었다."

이 글에서는 백선의 뿌리가 봉황새가 날개를 편 듯 거창해서 이런 사기 수법에 이용되었을 것이라는 설명을 덧붙여 놓았다. 백선의 뿌리를 캐본 일은 없지만 이 이야기를 들으니, 우아하고 화려한 백선의 꽃이 봉황의 머리를 닮은 듯 보였다. 요즘은 봉삼이니 봉황삼이니 하는 이름은 여전히 쓰고 있지만, 약효를 터무니없이 과장한 소문은 줄어들어서 그나마 다행이다.

그리운 사람의 모습 은난초

은난초 *Cephalanthera erecta* (Thunb.) Blume
낮은 산지의 잡목 숲에 나는 난초과의 여러해살이풀. 높이 10~60cm. 줄기는 곧으며 잎은 어긋난다.
5~6월 개화. 이삭모양꽃차례에 3~10개의 꽃이 핀다. 입술꽃잎 아래에 거가 있으며 끝이 뾰족하다.
[이명] 은란(북한명)

꽃들이 저마다 다르듯이 사람 또한 그러하다. 화려함을 뽐내는 꽃도 있고 작고 소박한 꽃도 있듯이 사람의 느낌도 그렇게 다양하다.

은난초는 아름다운 침묵을 가진 사람을 닮아서 말 대신 조용한 미소를 띠는 그런 꽃을 피운다. 우리는 얼마나 많은 사람에게 말빚을 지고 있는가. 말은 꼭 필요한 경우이거나 타인을 기쁘게 하거나 진실을 말해야 할 때가 아니면 절제해야 한다. 말이 많아서 좋은 일이 일어

나는 건 기적이다.

은난초는 단아하며 질박하다. 키가 크지도 작지도 않으며 기품이 있다. 줄기는 곧게 서서 가지를 치지 않으며 수수한 꽃차례와 너댓 장의 잎이 전부다. 부족하지도 넘치지도 않는 중용이 있다. 꽃의 색과 모양이 되바라지거나 속되지 않다. 벌 나비를 유혹하려는 몸짓도 보이지 않는다. 그 이름처럼 은은한 느낌 자체일 뿐이다. 누구의 도움을 바라지 않으며 자족하는 모습이다. 은난초는 무리지어 자라지 않아서 좋다. 군자는 패거리의 힘으로 세력을 만들지 않듯 숲속 풀들 중에서 키는 작아도 홀로 빛나고, 그 기품은 군계일학처럼 우뚝하다.

은난초는 멀리도 가까이도 아닌 그런 곳에 산다. 너무 멀리 있지 않아서 찾아보기에 애로가 없고, 가까운 곳에 있지도 않아서 늘 보는 지루함도 없다. 좋은 계절에 두어 번의 해후로 일 년이 족하다.

은난초는 단아하고 은은한 기품이 있어서 해마다 만나고 싶은 그리운 사람 같은 꽃이다.

은대난초
Cephalanthera longibracteata Blume
잡목 숲 속에 자라는 여러해살이풀. 높이 10~50cm. 줄기는 곧게 서며, 잎이 나는 자리에서 약간 지그재그로 꺾인다. 잎 끝이 꽃보다 높이 올라가는 경우가 보통이다. 5~6월 개화. 짧고 뭉뚝한 거가 있다.
[이명] 댓잎은난초, 은대난, 은대란(북한명)

민은난초 *Cephalanthera erecta* var. *oblanceolata* N. Pearce & P. J. Cribb.

낙엽수림 밑에 자라는 여러해살이풀.

높이 18~30cm. 줄기 아랫부분은 잎싸개로 싸여있고, 잎에 3~5개의 능선이 뚜렷하다. 5월 개화. 6~8개의 꽃이 이삭꽃차례로 핀다. 꽃에 거(拒)가 없다. 주로 경기 서해안 지방에서 발견된다.

[이명] 선씀바기, 자주씀바귀

꼬마은난초 *Cephalanthera erecta* var. *subaphylla* (Miyabe & Kudo) Ohwi

활엽수 밑의 습한 숲에 나는 여러해살이풀.

높이 5~15cm. 줄기는 곧게 서고 1~2장의 작은잎이 난다. 4~5월 개화. 3~6개의 꽃이 달린다. 주로 남부 지방과 제주도에 자생한다.

[이명] 가새벌씀바귀, 가새씀바귀, 들씀바귀 등

김의난초

Cephalanthera longifolia (L.) Fritsch, Oesterr.

양지바른 풀밭에 자라는 여러해살이풀.

높이 50~70cm. 줄기는 가늘고 곧게 서고, 잎은 어긋나며 4~7개이다. 4~5월 개화. 거가 매우 짧으며 밖으로 드러나지 않는다.

금난초

Cephalanthera falcata (Thunb.) Blume

낮은 산지의 잡목 숲에 나는 여러해살이풀.

높이 20~50cm. 줄기는 곧게 서며, 잎은 어긋나며 4~10개이다. 4~6월 개화. 거는 원뿔 모양으로 길이 3mm, 뭉뚝하다. 주로 중부 이남 지방에 분포한다. [이명] 금란(북한명), 금란초

장하고 대견하다 장대나물

장대나물 *Arabis glabra* Bernh.
산이나 들의 양지에 나는 십자화과의 두해살이풀. 높이 70~100cm. 뿌리가 깊으며, 잎이 줄기를 감싸고 있다. 4~6월 개화. 꽃의 지름은 2mm 정도. [이명] 깃대나물, 장대

신록의 계절이 오면 풀들이 본격적으로 키 크기 경쟁을 한다. 햇볕 한 줌 더 받고 곤충의 눈에 더 많이 띄려는 생존 다툼이다. 경쟁하는 풀들을 가만히 보면 제 힘으로 크는 정직한 아이들보다 반칙을 써서 다른 식물 위에 올라서는 식물들이 더 많다. 덩굴식물은 다른 식물들을 감고 올라가고, 꼭두서니류는 미세한 가시를 달아 다른 식물들을 밟고 올라간다. 그런 노력도 하기 귀찮아서 다른 식물의 몸이나 뿌리에 자기의 뿌리를 박아 넣고 양분을 가로채는 녀석도 있다. 본성대로 살아가는 것을 탓할 수는 없지만 그런 삶의 태

장대나물의 꽃

도들이 인간 세상에서도 그대로 나타나니, 그 모습이 연상되는 식물들도 곱게 보이지가 않는다.

같은 이유로 장대나물은 볼 때마다 기분이 맑아진다. 그 생김이 훤칠해서 보기에 시원할 뿐만 아니라, 그 태도가 장하고 대견하게 보이는 까닭에서다.

사람 사는 세상에도 장대나물처럼 올곧게 사는 사람이 있다. 장대나물은 많은 땅을 차지하기보다는 뿌리를 깊게 내리고 그 이상을 높이 세워 군계일학처럼 돋보이는 식물이다. 살아가면서 그런 사람을 만나면 그냥 기분이 좋아지고 나도 모르게 그 사람의 걸음을 따라가고 싶어진다.

장대나물은 실제로 얼마나 장대(壯大)한가. 아랫부분에 줄기를 감싸고 있는 잎의 폭을 5cm, 잘 자란 장대나물의 높이를 100cm 정도로 본다면 그 비율이 1:20으로 식물계에서 가장 늘씬한 비율이다. 수천 년 인류문명도 이런 장대한 구조물을 세우지 못했다. 오늘날 세계에서 제일 높다는 비즈 두바이라는 건물도, 800여 m의 높이를 받쳐주는 아래층의 폭이 80m를 넘는다. 장대나물과는 비교도 안 되는 1:10의 비율로 지구상에서 가장 늘씬한 빌딩으로 행세하고 있다.

장대나물로 하여 새삼 조물주를 존경하게 된다. 어떻게 이런 멋진 풀을 만드실 생각을 했을까.

갯장대

Arabis stelleri DC.

바닷가 모래땅이나 바위틈, 산이나 들에 나는 두해살이풀. 높이 20~40cm. 전체에 2~3갈래의 털이 있다. 잎은 두꺼우며 긴 타원형, 가장자리에 불규칙한 톱니가 있다. 4~6월 개화. 제주, 전남, 경남, 울릉도의 해안에 자생한다.

[이명] 갯장때, 산장대, 섬갯장대

산장대

Arabis gemmifera (Matsum.) Makino

깊은 산 중턱의 응달에 나는 여러해살이풀. 높이 15~30cm. 줄기가 연하고, 땅에 닿는 부분에서 새싹이 나온다. 5~6월 개화. *해발 1,000m 정도 되는 큰 산에서 주로 볼 수 있다.

[이명] 큰산장대, 큰산장때

느러진장내

Arabis pendula L.

산이나 들에 나는 두해살이풀. 높이 50~120cm. 열매가 7~10cm 정도로 아주 길게 늘어진다. 7~8월 개화.

[이명] 늘어진장대, 느러진장때

노란장대

Sisymbrium luteum (Maxim.) O. E. Schulz

산과 들의 양지에 나는 여러해살이풀. 높이 70~120cm. 뿌리가 굵으며 땅속 깊이 들어가 있다. 6월 개화. [이명] 향화초, 헤스페리초
*흰색의 꽃이 피는 장대나물속과 다른 속으로 분류된다.

우산이 없던 시절의 추억 우산나물

우산나물 *Syneilesis palmata* (Thunb.) Maxim.

숲 속에 나는 국화과의 여러해살이풀. 높이 60~90cm. 줄기는 곧게 서고, 잎은 지름 40cm 정도의 찢어진 우산 모양이다. 7~9월 개화. 어린잎은 식용한다. [이명] 삿갓나물, 섬우산나물. 애기우산나물(*Syneilesis aconitifolia* (Bunge) Maxim.)은 잎이 우산나물보다 깊고 가늘게 두 차례 갈라지고 잎가의 톱니도 크다.

신록의 숲 속에는 우산 모양을 한 풀들이 자란다. 생긴 모양 그대로 이름도 우산나물이다. 요즘 우산이야 삼단으로 접어서 손가방에 넣고 다닐 수도 있지만 우산을 작게 만들지 못했던 옛날에는 무거운 우산을 받쳐 주는 시종들을 거느릴 수 있는 임금님이나 고관대작들이 쓰던 물건이었다. 우산이나 양산을 뜻하는 상형문자 '산(傘)'은 얼마나 무겁게 생겼는가. 또한, 보호를 받는 어떤 세력의 그늘을 '산하(傘下)'라고 표현하는 것은 우산이 상당한 지배 권력을 상징하는 물건이기 때문이다. 비오는 날 외출하는 옛날 사람들은 삿갓을 쓰고 다녔고 농부들은 볏짚을 엮어 만든 도롱이를 등에 두르고 논밭에 나갔으니, 우산나물이라는 이름은 개화문명이 들어온 다음에 생겼을 것이다. 근대 이전에는 우산나물을 '토아산(兎兒傘)'이라고 불렀던 듯하다. 보통 사람은 양산이나 우산을 구경하기도 어

려우니까, 토끼 새끼에게나 그 우산을 씌워 준 모양이다.

1960년대만 해도 내 고향에서는 우산이 있는 집이 거의 없었다. 비가 오면 아이들은 비료포대 한 쪽을 갈라서 뒤집어쓰고 학교에 갔다. 비가 많이 와서 시냇물이 징검다리를 넘으면 물 건너 물레방아집 아저씨가 아이들을 업어서 건네주었고, 큰 물이 지면 물이 빠질 때까지 며칠이고 학교에 가지 못했다. 어른들은 도롱이를 둘러쓰고 논두렁만 살피고 나서는 종일 쉬었다. 우산나물은 늦여름에 우산 위에 긴 꽃대를 올려 연분홍색 꽃을 피운다. 그때가 되면 센 바람에 뒤집어진 우산처럼 되고 만다. 나는 비오는 날의 이런저런 추억 때문에 오월의 우산나물을 좋아한다. 그것은 우산에 대한 추억이 아니라 우산이 없었던 시대의 추억이다.

농경시대에는 비오는 날이 일요일이자 공휴일이었다. 침침하고 퀴퀴한 초가집 작은 방안이었지만 고단한 농사일을 잠시 쉬며 친구들이나 식구들이 옹기종기 모여 웃음꽃을 피우던 날이었다. 비오는 날이 휴일이 되었던 그 유장한 삶의 시대가 새삼 그립다.

골무꽃이 전하는 감투할미 이야기

골무꽃 *Scutellaria indica* L.

산이나 들에 나는 꿀풀과의 여러해살이풀. 높이 약 30cm. 전체에 털이 나고 줄기는 가지를 치지 않고 네모나며 곧게 선다. 5~6월 개화. 골무꽃속 중에 골무꽃, 떡잎골무꽃, 광릉골무꽃은 꽃이 줄기 끝에 총상꽃차례로 뭉쳐나고 나머지 골무꽃들은 잎겨드랑이에 꽃이 달리는 차이가 있다.

©이성원

나는 인류 역사에 다시없을 놀라운 시대를 살아왔다. 내가 태어났던 1950년대는 우리나라 구석구석에 자급자족하던 천 년 문명이 그대로 남아 있었다. 옷 한 벌을 해 입으려면 목화나 삼씨를 뿌리고 누에를 길러 무명실, 삼실, 명주실을 일일이 손으로 자아내고, 베틀에 걸어 천을 짜서 바느질해서 옷을 만들었으니 그것이 원시나 삼국시대와 다를 것이 하나도 없었다.

5, 60년대 우리나라 산업화 초기에는 시장에서 옷감을 떠다가 바느질이나 재봉틀로 직접 옷을 만들어 입었고, 양복점이나 양장점에서 옷을 맞추어 입던 가내 수공업시대를 거쳐, 90년대에는 기성복을 골라 입기만하면 되는 대량생산 시대가 되었다. 이제는 인터넷이나 텔레비전 홈쇼핑을 보고 버튼 몇 개만 누르면 하루 만에 집으로 배달하여 주는 정보화시대가 되었다. 선진국에서는 산업혁명 이후 이삼백 년 쯤 걸린 이런 변화가 우리나라는 불과 반세기 남짓한 기간에 정신없이 지나갔다.

산골무꽃은 꽃차례가 뭉쳐나지 않고 줄기 끝에 가지런히 달린다.

산업화시대 이전에 집안에서 옷을 만드는 과정에서 규중칠우(閨中七友), 즉 각시방의 일곱 친구가 등장한다. 이른바 골무, 가위, 바늘, 자, 다리미, 인두, 실이었다. 이들은 옷을 지어 입을 때 모두 필요한 것들이었지만 서로 제가 잘났다고 다툰다는 조선시대의 의인화 수필, '규중칠우쟁론기'(閨中七友爭論記)에 등장하는 물건들이다. 이 수필은 교과서에도 등장했다.

규중칠우 중에 가장 나이가 많은 어른이 감투할미다. 감투할미는 바느질을 할 때 손가락 끝이 아프지 않도록 끼는 골무다. 골무는 감투를 닮았고 거죽에 상처를 많이 입어 할미로 묘사한 듯하다. 규중칠우 중에 골무와 인두, 천을 자르고 재는 가위와 자는 사실상 사라졌고, 바늘과 실, 다리미는 앞으로도 가정의 필수품으로 살아남을 것 같다.

골무꽃은 씨방이 감투할미, 즉 골무를 닮아서 유래한 이름이다. 오월의 숲속에서 느닷없이 만나는 골무꽃이 반가운 까닭은 그 이름 하나만으로도 바느질 시대의 추억이 떠오르기 때문이다. 지금 오십대 후반의 세대는 그런 꽃 이름 하나하나에서 옛 삶을 떠올릴 수 있는 마지막 세대인 듯하다. 나는 천 년의 문명사적 체험을 할 수 있었던 시대를 살아서 행복하다.

떡잎골무꽃

Scutellaria indica var. *tsusimensis* (Hara) Ohwi

숲 가장자리에 나는 여러해살이풀. 높이 10~30cm. 골무꽃과 닮았으나 잎이 다소 크고 두껍다. 잎 표면의 맥이 깊게 들어가는 특징이 있다. 5~6월 개화. [이명] 두꺼운골무꽃, 수골무꽃, 좀골무꽃

광릉골무꽃

Scutellaria insignis Nakai

산지의 그늘 밑에 나는 여러해살이풀. 높이 60cm 가량. 전체에 털이 거의 없고, 줄기는 곧게 서고 가지를 친다. 잎은 길고 끝이 뾰족하며, 가장자리에 거친 톱니가 있다. 5~8월 개화. 한국 특산식물이다.

[이명] 광능골무꽃, 숲골무꽃

산골무꽃

Scutellaria pekinensis var. *transitra* (Makino) H. Hara

산지의 숲에 나는 여러해살이풀. 높이 약 30cm. 풀 전체에 짧은 털이 나고 줄기는 모나며 곧게 선다. 5~6월 개화. [이명] 각씨골무꽃, 그늘골무꽃, 두메골무꽃(북한명) 등

호골무꽃
Scutellaria pekinensis var. *ussuriensis* (Regel) Hand.-Mazz.
깊은 산에 나며 거의 털이 없는 여러해살이풀. 높이 15cm 가량. 줄기는 곧게 서고, 가늘며, 가지를 약간 낸다. 7~8월 개화. 꽃이 앞을 향해 약간 굽은 모양이다.
[이명] 개골무꽃, 북해골무꽃(북한명), 산골무꽃

참골무꽃
Scutellaria strigillosa Hemsl.
바닷가 모래땅에 나는 여러해살이풀. 높이 10~40cm. 줄기는 곧게 서고, 잎은 타원형, 끝이 둥근 모양이다. 6~8월 개화.
[이명] 민골무꽃, 큰골무꽃, 휘참골무꽃

애기골무꽃
Scutellaria dependens Maxim.
들의 습지에 나는 여러해살이풀. 높이 30cm 가량. 전체에 털이 없고, 줄기는 가늘고 모가 진다. 7~8월 개화. 꽃은 흰색 또는 연한 보라색이다.

해학이 넘치는 우리 꽃 이름 할미밀망

할미밀망 *Clematis trichotoma* Nakai

숲 가장자리에 나는 미나리아재비과의 낙엽 덩굴나무. 길이 5m 정도. 5~7월 개화. 꽃의 지름이 3cm 정도이고, 꽃이 필 때 3송이씩 모여 피는 취산화서이다. 한국 특산식물. [이명] 할미질빵, 세꽃으아리, 큰질빵풀, 큰잎질빵

사위질빵과 할미밀망은 아주 비슷하게 생겼다. 할미밀망은 한 꽃차례에 세 개의 꽃이 한꺼번에 피고, 사위질빵은 그보다 작은 대여섯 개의 꽃이 차례로 핀다. 두 가지를 동시에 보지 않으면 이런 차이를 보기가 어렵지만 할미밀망은 5월 말쯤에 꽃이 피고, 사위질빵은 한여름에 피므로 쉽게 구별할 수 있다.

사위질빵은 장모가 사위에게 무거운 짐을 지우지 않으려고 가늘고 약해서 잘 끊어지는 이 식물의 덩굴로 질빵을 만들어 준 데서 그 이름이 유래되었다지만, 꾀 많은 사위가 무거운 짐을 지지 않으려고 그랬다는 설도 있다.

그런데 왜 사위는 질빵이고 할미는 밀망일까? 밀망은 멜빵이 변음이 된 것으로 보인다. 두 가지 다 어떤 물건을 짊어지기 위한 끈이기는 하지만, 질빵은 끈 자체로 짐을 묶고 남은 끈으로 만든 임시 멜빵이고, 멜빵은 주로 배낭이나 지게 등의 물건에 고정된 것이다. 예컨대 어떤 사람이 이웃 마을에 놀러갔다가 오는 길에 좋은 땔감이나 소여물 거리를 발견했을 때, 집에 가서 지게를 지고 다시 오기가 번거로우니 주변에 있는 칡넝쿨을 잘라서 나뭇단이나 꼴을 묶어 어깨에 메고 갈 수 있도록 고리를 만든 것이 질빵이다. 이런 쓰임새를 볼 때, 멜빵은 제대로 된 끈으로서 임시변통으로 만드는 질빵보다 질기다고 여겨진다.

그렇다면 할미밀망도 임시변통하는 덩굴이니 할미질빵, 큰질빵풀, 큰잎질빵이라는 이름들이 맞다. 그런데 '질빵'이 왜 '멜빵'이 되었는지 짐작이 가는 이야기가 있다. 어떤 며느리가 시어머니에게 더 무거운 짐을 지게하려고 사위질빵보다 훨씬 질긴 이 덩굴로 '질빵'을 만들었다는 것이다. 미운 시어미는 '멜빵'처럼 튼튼한 이 덩굴로 많이 지고가라는 말이다.

그렇다면 '할미멜빵'이 왜 '할미밀망'으로 되었을까? 필시 할미의 이가 빠져 나갈 때마다 발음이 어눌해져서 '멜빵'이 '밀빵'이 되었다가 '밀망'으로 되어 갔으리라. 해학이 깊은 우리 꽃 이름이다.

사위질빵
Clematis apiifolia DC.
산자락에 나는 낙엽 덩굴나무. 길이 3m 가량. 7~9월 개화. 꽃의 지름은 2cm 정도이고, 5~6송이의 꽃이 총상화서로 달린다.
[이명] 질빵풀

꿀풀의 이름을 얻어 쓴 제비꿀

꿀풀 *Prunella vulgaris* var. *lilacina* Nakai

양지바른 풀밭에 나는 꿀풀과의 여러해살이풀. 높이 20~30cm. 5~6월 개화. 어린잎은 식용, 전초를 약용한다.(황달, 안질환, 두통 등) [이명] 하고초, 가지골나무, 꿀방망이, 붉은꿀풀

꿀풀은 꽃의 밑동에 꿀을 가지고 있어서 붙은 이름이다. 이 풀은 여름이 오면 마르기 때문에 하고초(夏枯草)라고도 하며, 고려 때는 연밀(燕蜜)이라는 이두 향명으로 불리었고, 조선시대에는 '져비꿀'이나 '제비꿀'로 불리다 지금의 꿀풀로 되었다.

그런데 지금 제비꿀로 불리는 식물은 꿀풀과 전혀 다른 식물이다. 제비꿀은 단향과의 식물로서, 단향은 열대지방에 사는 나무 이름이다. 우리나라에는 제비꿀 외에는 단향과의 식물이 없으니 제비꿀은 그의 고향과 친지를 멀리 떠나온 외톨이 식물이다.

꿀풀과 전혀 다른 식물이 꿀풀의 옛 이름을 가진 것도 기이하지만, '하고초'라는 별명까지 같으니 그 내력이 궁금하지 않을 수 없다. 꿀풀과 제비꿀은 양지바른 풀밭에서 사는 점이 같고, 5월에서 6월 사이에 꽃이 피는 시기도 비슷하나 제비꿀이 꿀풀보다 조금 일찍 피고 더 오래 피는 듯하다.

옛 기록에는 꿀풀이 황달, 두통 등 여러 증세에 약효가 있는데, 제비꿀도 꿀풀과 같은 효과가 있어 꿀풀 대용으로 썼다고 한다. 그런 까닭에 꿀풀과 제비꿀의 이름이 서로 섞이지 않았을까 짐작은 되지만 더 자세한 내력은 알 길이 없다.

제비꿀의 내력을 더듬다 보니 옛 일이 한 가지 떠오른다. 국민학교 1학년 때 학교에 다녀오던 길이었다. 동네 우물가에서 큰집 고모가 꾀죄죄한 낯선 계집아이를 목욕시키고 있었다. 그 아이는 자식 서넛을 데리고 다니며 유랑 걸식하던 사람이 동네에 먹고 사는 형편이 괜찮은 집에 주고 간 아이였다. 아이를 맡긴 부모는 아이의 이름도 가르쳐 주지 않고, 다시는 아이를 찾으러 오지 않을 테니 그 집안 성씨로 이름도 지어 호적에도 올려주고 무슨 일을 시켜도 좋으니 밥만 먹여 수라고 부탁했단다. 동네에는 그런 아이들이 두어 집 건너 하나씩 있었다.

꿀풀의 옛 이름을 얻어 쓰고 있는 제비꿀을 보면 가난했던 시대의 옛일들이 생생하게 떠오른다. 예닐곱 살 된 자식과 그렇게 생이별했던 시대를 지금의 아이들은 상상이나 할 수 있을까….

제비꿀
Thesium chinense Turcz.
산이나 들의 풀밭에 나는 단향과의 여러해살이풀.
높이 10~30cm. 다른 식물의 뿌리에 기생하는 반기생식물. 5~6월 개화. 전초는 약용한다.(꿀풀의 대용으로 사용) [이명] 하고초, 제비꿀풀

농부들의 엄친아 수영

수영 *Rumex acetosa* L.

산과 들에 나는 마디풀과의 여러해살이풀. 높이 30~80cm. 신맛이 난다. 5~6월에 개화하며 암수딴그루 식물이다. 암꽃은 붉은빛이 돌고, 수꽃은 주로 연두색으로 보인다. 어린잎과 줄기는 식용, 뿌리는 약용한다.
[이명] 괴싱아(북한명)

수영은 흔한 풀이지만 그 이름과는 친하지 못했다. 그 이름이 어떤 의미로 와 닿지 않았기 때문이었다. 사전에는 '수영'이라는 낱말의 여러가지 뜻이 나오는데, 한자로 '秀穎'이라고 쓰면 '잘 영근 벼나 수수의 이삭'이라는 뜻과 '재주가 뛰어난 수재'를 비유하는 말이 된다. 수영이 '秀穎'이라는 한자말에서 나왔는지는 알 수 없지만, 수영의 꽃차례가 이삭이 잘 영근 곡식을 닮기는 했다.

게다가 수영은 논두렁 가에서도 흔히 자라는 풀이니, 그 옛날 농부들은 논두렁에서 고단함을 잠시 쉬면서 "벼야, 제발 이 풀 좀 닮아라" 하고 잔소리를 했는지도 모른다. 그래서 이 풀을 '빼어난 이삭'인 '秀穎'으로 부르고, 한때 유행했던 '엄친아'로 삼지 않았을까 생각해보았다.

수영의 잎은 신맛이 약간 있고 모양도 시금치를 닮아서 '시금초'나 '산시금치'라고도 부르며 나물로 먹는다. 게다가 벌들에게는 풍부한 꿀을 주는 밀원이 되니 이래저래 모범생의 이름을 받을 만한 들풀이다.

그런데 '수영'을 아무리 그럴듯하게 옹호해 봐도 그 변론이 어딘지 모르게 억지스럽다. 북한의 정명 '괴싱아'는 이해하기 쉬운 이름이다. '괴싱아'란 '고양이가 즐겨 먹는 싱아'라는 뜻이고, 이 식물이 같은 마디풀과인 '싱아'와 같은 집안의 풀이며, 괭이밥처럼 신맛이 나는 식물이라고 생각할 수가 있다. 간단한 이름에 식물의 족보와 특성이 잘 나타나 있나.

박완서 님의 소설 『그 많던 싱아는 누가 다 먹었을까』에 나오는 '싱아'가 바로 이 '수영'이다.

그분이 어릴 적에 살던 지방에서는 '수영'을 '싱아'라고 불렀던 듯하다. 식물 이름 하나만 제대로 불러주어도 많은 사람들에게 아름다운 추억들을 되돌려 줄 것 같다.

애기수영
Rumex acetosella L.
유럽 원산으로 들이나 길가에 나는 여러해살이풀. 높이 20~50cm. 수영의 축소판과 같으며 신맛이 난다. 5~6월에 개화하며 암수딴그루 식물이다. [이명] 애기괴싱아
※생태교란종으로 지정된 식물 11종: 애기수영, 단풍잎돼지풀, 돼지풀, 서양등골나물, 가시박, 물참새피, 털물참새피, 도깨비가지, 서양금혼초, 미국쑥부쟁이, 양미역취

소리쟁이
Rumex crispus L.
비교적 습한 땅에 나는 여러해살이풀. 높이 50~100cm. 뿌리가 굵고 줄기는 곧게 선다. 잎은 긴 타원형으로 큰 것은 25cm까지 자라며 가장자리에 물결모양의 굴곡과 톱니가 있다. 6~7월 개화. 어린잎과 줄기는 식용하며 뿌리는 약용한다. [이명] 긴소루쟁이, 송구지
©배영옥

싱아
Aconogonon alpinum (All.) Schur
산이나 들에 나는 여러해살이풀. 높이 1m 가량. 6~8월 개화. 어린잎과 줄기는 식용한다.
[이명] 승애

멋진 첫 남성 두루미천남성

두루미천남성 *Arisaema heterophyllum* Blume

산의 풀밭에 나는 천남성과의 여러해살이풀. 높이 50cm 정도. 잎은 13~19갈래로 갈라져서 두루미 날개처럼 보인다. 5~6월 개화. 꽃은 암수딴그루로 잎보다 높게 자란다. 알줄기는 독성이 강하며 약으로 쓴다.

[이명] 새깃사두초, 개천남성

어떤 여자가 처음 보는 식물의 이름을 궁금해 하였다. 누군가 '천남성'이라고 알려주자 그녀의 눈에 생기가 돌았다. 멋진 헤어스타일에 늘씬하고 당당한 모습, 싱싱한 생명력, 그 모든 것이 그녀의 첫 남사와 너무 닮았다며 감격하였다. '첫 남성'이 아니라 '천.남.성'이라고 또박또박 일러줘도 그녀는 첫 사랑의 꿈에서 깨어나고 싶지 않은 듯 보였다.

멋진 첫 남성의 추억이 없더라도 천남성의 모습은 매력적이고, 관상용으로도 여러 종류의 천남성들이 재배되고 있다. 천남성을 다른 이름으로 사두초(蛇頭草)라고도 한다. 뱀이 머리를 꼿꼿이 세운 그 모양으로도 봐줄 만하다.

야생의 천남성들 중에서는 두루미천남성이 특히 신기하다. 나는 두루미가 날개를 활짝 편 듯한 멋진 모습을 책에서 보고, 몇 년 동안 오매불망하며 남도

의 산자락을 찾아 헤맨 끝에 두루미의 무리를 찾아내어 무척 기뻤던 적이 있다.

천남성(天南星)은 한약으로 쓰는 약 이름으로 보인다. 맹독을 가진 식물이기 때문에 사약의 재료로 쓰이고, 이를 먹으면 그 이름대로 하늘나라로 가서 별이 된다. 야생동물들도 이 천남성의 독을 아는지 먹지 않는다. 천남성은 적절한 처방을 통하여 좋은 약이 되기도 한다. 파리 같은 곤충이 무엇에 이끌려 천남성의 꽃 속으로 들어가면, 꽃을 싸고 있는 포의 안쪽이 미끄러워서 기어오를 수가 없다. 다행히도 수꽃은 포의 아랫부분에 탈출할 수 있는 틈새가 있어서 하얀 꽃가루를 잔뜩 묻히는 고생은 하지만 탈출이 가능하다. 그러나 암꽃에는 이 틈새가 없어서 탈출하지 못하고 죽게 된다.

옛날 여성은 '첫 남성'과 평생을 같이해야 한다고 믿었다. 요즘은 그런 고정관념에서 많이 자유로워졌다고는 하지만 여전히 여성의 행복과 불행은 '첫 남성'의 영향이 큰 듯하다. 사실 행복과 불행은 생각하는 사람의 몫이다.

천남성

Arisaema amurense f. *serratum* (Nakai) Kitag.

산지의 그늘지고 습한 곳에 나는 여러해살이풀. 높이 50cm 가량. 1장의 잎이 5~11갈래의 작은잎으로 갈라진다. 5~7월 개화. 암수딴그루 식물. 열매는 옥수수 모양으로 붉은색이다. 땅속의 둥근줄기는 독성이 많으며, 약용한다.

[이명] 가새천남성, 청사두초, 톱이아물천남성(북한명)

큰천남성

Arisaema ringens (Thunb.) Schott

습도가 높은 숲에 나는 여러해살이풀. 높이 40cm 가량. 2장의 잎이 마주나며, 각각 3장의 작은잎으로 갈라진다. 5~6월 개화. 암수딴그루. 땅속 둥근줄기는 약용한다.

[이명] 왕사두초, 자주큰천남성, 푸른천남성

둥근잎천남성

Arisaema amurense Maxim.

습한 숲 속에 나는 여러해살이풀. 높이 30cm 가량. 1장의 잎이 5~7장의 작은잎으로 갈라진다. 5~6월 개화. 암수딴그루. 땅속 둥근줄기는 약용한다. [이명] 남산천남성, 넓은잎천남성, 아물천남성, 자주천남성 등

반하

Pinellia ternata (Thunb.) Breitenb.

밭둑에서 나는 여러해살이풀. 높이 30cm 가량. 1~2장의 잎이 각각 3개의 작은잎을 내며, 잎자루 아래에 육아(肉芽)가 있다. 5~7월 개화. 유독식물로 땅속줄기는 약용한다. 대반하(*Pinellia tripartita* (Blume) Schott)는 높이 50cm 가량으로 숲 그늘에 난다. 1~4장의 잎이 각각 3개의 작은잎을 내며 육아가 없다.

늦봄부터 초여름에 피는 꽃들

윤판나물
Disporum uniflorum Baker
산이나 들의 숲에 나는 백합과의 여러해살이풀.
높이 30~60cm. 4~6월 개화. 꽃은 줄기 끝에서 1~3송이가 밑을 향해 핀다. 꽃의 길이 2.5cm 가량. 어린잎과 줄기는 식용한다.
[이명] 금윤판나물, 대애기나리, 큰가지애기나리

윤판나물아재비
Disporum sessile D. Don
온난한 지역의 숲에 자라는 여러해살이풀.
높이 30~50cm. 5~6월 개화. 제주도와 울릉도에 자생한다.

수꽃

선밀나물
Smilax nipponica Miq.
산이나 들에 나는 백합과의 여러해살이풀.
높이 30~60cm. 전체가 황록색이고 줄기가 곧게 서나 끝이 약간 휜다. 5~6월 개화. 암수딴그루 식물이다. 어린잎은 식용한다. 선밀나물과 비슷한 밀나물은 줄기가 덩굴성이다.

쥐꼬리풀

Aletris spicata (Thunb.) Franch.

온난한 지방의 산기슭 풀밭에 나는 백합과의 여러해살이풀. 높이 30~60cm. 줄기가 곧게 서고 가지를 치지 않는다. 5~6월 개화.

꽃의 지름은 1.5mm, 길이는 6mm 정도이다.

[이명] 분좌난, 속심풀

나도옥잠화

Clintonia udensis Trautv. & C. A. Mey.

높고 깊은 산의 나무 그늘 밑에 나는 백합과의 여러해살이풀. 높이 30cm. 잎은 밑동에서 2~3장 나오고 꽃줄기가 곧게 선다. 5~6월 개화. 꽃은 줄기 끝에 2~12송이가 모여 달린다.

[이명] 당나귀나물, 두메옥잠화, 제비옥잠

비짜루

Asparagus schoberioides Kunth

산지 풀밭에 나는 백합과의 여러해살이풀.

높이 50~80cm. 5~6월 개화. 꽃은 암수딴그루로 잎겨드랑이에 2~6송이씩 달린다. 열매는 둥글고 붉게 익는다. 방울비짜루는 꽃이 1~2송이 달리고 꽃자루가 길고 종 모양이다.

[이명] 노간주비짜루, 닭의비짜루 등

쥐오줌풀

Valeriana fauriei Briq.

산의 습한 곳이나 그늘에 나는 마타리과의 여러해살이풀. 높이 40~80cm. 뿌리에서 독특한 냄새가 난다. 5~6월 개화. 꽃의 색깔을 제외하고는 마타리와 비슷하다.

[이명] 길초, 바구니나물, 은댕가리, 줄댕가리

백미꽃
Cynanchum atratum Bunge
산지에 주로 나는 여러해살이풀. 높이 60cm 가량. 줄기는 곧게 서며, 줄기를 꺾으면 흰색 유액이 나온다. 5~7월 개화. 뿌리와 뿌리줄기는 백미(白薇)라 하여 약용한다.
[이명] 아마존, 털개백미, 털백미

민백미꽃
Cynanchum ascyrifolium (Franch. & Sav.) Matsum.
산이나 들에 나는 여러해살이풀. 높이 30~60cm. 줄기는 곧게 서며, 가지는 갈라지지 않는다. 5~6월 개화. 뿌리는 약용(해열제, 기침약)한다.
[이명] 개백미, 민백미, 흰백미

애기도라지
Wahlenbergia marginata (Thunb.) A. DC.
바다 가까운 지역의 풀밭에 나는 초롱꽃과의 여러해살이풀. 높이 20~40cm. 줄기는 밀생하고 밑에서 가지가 갈라진다. 6~10월 개화. 꽃은 가지 끝에 한 송이씩 달린다. 지름 4mm 정도.
[이명] 아기도라지, 좀도라지, 하늘도라지

꿩의다리아재비
Caulophyllum robustum Maxim.
깊은 산에 나는 매자나무과의 여러해살이풀. 높이 60~90cm 가량. 줄기는 곧게 서고 잎은 어긋나며 2~3회 갈라지는 겹잎이다. 5~6월 개화. 제주도를 제외한 전국에 드물게 분포한다.
[이명] 가락풀나물, 개음양곽, 줄기잎나물

제비난초

Platanthera freynii Kraenzl

산지의 숲 속에 나는 난초과의 여러해살이풀. 높이 20~50cm. 5~6월 개화. 꽃의 지름은 2cm 정도로 제비가 날개를 편 모양이다. [이명] 쌍두제비란, 제비난, 향난초

산제비란

Platanthera mandarinorum var. *brachycentron* (Franch. & Sav.) Koidz. ex Ohwi

산지 풀밭에 나는 여러해살이풀. 높이 20~40cm. 5~7월 개화. 꿀주머니(距)의 길이 12~20mm 정도로 아래로 처지고 굽어 있다. 거가 하늘 방향으로 올라간 것은 하늘산제비란이라고 한다. [이명] 산제비난초성 등

흰제비란

Platanthera hologlottis Maxim.

물가나 습한 땅에 나는 여러해살이풀. 높이 50~80cm. 5~7월 개화. 작은 꽃들이 이삭꽃차례로 20cm까지 길게 달린다. [이명] 흰난초

05 한여름의 숲과 들

한여름에는 풀들이 제철 만난 듯 자라고
숲 그늘은 짙어지고 어두워진다.
뜨거운 태양이 대지를 달구는 계절에
들꽃들은 치열하게 키 크기 경쟁을 한다.
한여름은 키가 큰 나리들이 돋보이는 계절이다.
키가 클 자신이 없는 박주가리나 하늘타리는
덩굴을 만들어서 무엇이라도 감고 올라가야
키 큰 식물들 사이에서 살아남는다.
꼭두서니나 며느리배꼽은 가시를 달아서
아무 곳에나 잘도 타고 오른다.
키 작은 식물들은 저마다 살만한 곳을 찾아
키 크고 힘센 식물들 틈에서 꽃을 피운다.

비비추

새는 제 이름을 부르며 운다는
그 말 참 맞더라.

꾀꼬리 꾀꼴꾀꼴, 뻐꾹새 뻐꾹뻐꾹,
딱따구리 딱딱따다다, 제비제비 제제비비,
개개비 개개개비비비, 꿔겅 꿩 꿩 꿩,
소쩍새 솥 적다 소쩍다
다 제 이름 부르길래
비비추는 비비추 비비추
우는 새려니 했다.

한여름 맑은 새소리에
숲으로 꼬여 들었더니
새는 보이지 않고
유성기 나팔 같은 꽃에서
연보라색 새소리가 나오더라.

비비추 *Hosta longipes* (Franch. & Sav.) Matsum.
산속 골짜기에 나는 백합과의 여러해살이풀. 높이 35cm 정도. 꽃줄기는 곧게 서고 잎은 모두 뿌리에서 난다. 잎의 길이 10~15cm. 7~9월 개화. 개화기간이 길어 원예용으로 150여 품종이 개발되었다.
[이명] 바위비비추(북한명)

일월비비추
Hosta capitata (Koidz.) Nakai
산속 습지나 고산지대에 나는 여러해살이풀. 높이 40~45cm. 잎의 길이는 7~15cm. 7~9월 개하. 꽃이 꽃줄기 끝에 뭉쳐난다. 경북 일월산에서 처음 발견되었으나 전국에 분포한다.
[이명] 방울비비추, 비녀비비추, 산지보
©최성훈

좀비비추
Hosta minor (Baker) Nakai
산지에 나는 여러해살이풀. 높이 30cm 가량. 꽃줄기는 곧게 서고, 잎은 뿌리에서 뭉쳐난다. 잎의 길이 10cm 가량. 7~8월 개화. 꽃의 길이 2cm 가량.
[이명] 작은비비추, 조선비비추

나리 중의 나으리라는 참나리

참나리 *Lilium lancifolium* Thunb.

산이나 들, 바닷가에 잘 자라는 백합과의 여러해살이풀. 높이 1.5m 가량. 땅속에 지름 5~8cm의 둥근 비늘줄기가 있다. 잎겨드랑이에 짙은 갈색 주아를 만든다. 7~8월 개화. 관상용, 비늘줄기는 약용 또는 식용한다.
[이명] 나리, 백합, 알나리

7월은 온갖 나리가 피는 달이다. 나리 중에서는 털중나리가 가장 먼저 피고 이어서 하늘말나리, 참나리, 땅나리, 솔나리 등등 열 가지가 넘는 나리들이 핀다.

'나리'의 이름은 지체 높은 분을 칭하던 '나리'에서 유래했다고 한다. 나리의 훤칠한 풍채와 식용과 약용으로 두루 쓰임이 후한 평가를 받은 모양이다. 그런 연유로 옛 선비들의 문방구에서 나리문양을 가끔 볼 수 있는 듯하다. 나리는 땅속줄기가 백여 장의 비늘이 합쳐진 식물이라는 뜻으로 백합(百合)이라고도 부르며 먹는 양파도 백합의 한 종류다. 참나리는 주황색 꽃잎에 검은 점들이 있어서 '호랑나리'라고도 한다. 영어로도 '타이거 릴리(Tiger lily)', 즉 '호랑나리'라는 뜻이다. 유유상종이랄까, 이 '호랑나리'는 호랑나비 같은 큰 나비를 좋아한다. 꽃의 크기와 나비의 크기가 대충 맞아 떨어지기 때문이다.

이 꽃은 나비가 꿀을 빨 때, 수술의 꽃밥을 진공청소기의 헤드처럼 자유자재로 회전시켜 나비의 날개에 꽃가루를 묻히게 되어 있다. 이 꽃가루에는 점액이 섞여 있어서 나비의 날개에 잘 달라붙고 옷에 묻으면, 묻히지 말아야 할 립스틱처럼 잘 지워지지 않는다.

참나리의 특별한 점은 주아(珠芽)를 만드는 것이다. 주아는 다른 개체와 수정을 하지 않고 만드는 자신의 복제품으로 자신의 DNA와 영양 덩어리로 만들어낸 작은 구슬이다. 자신의 복제품과 같은 주아를 발밑에 떨어뜨려 번식을 하니까, 참나리들은 한 집안 식구끼리 풍성하게 군락을 이루면서 자란다.

이런 무리에서는 나비가 수고를 하더라도 남매간에 중매를 하는 셈이다. 참나리는 나비가 수분을 해주더라도 씨앗을 만들지 않고, 멀리 떨어진 다른 참나리 집안의 꽃가루가 와야만 결실을 한다. 나는 '식물은 불필요한 일을 하지 않는다'는 믿음을 가지고 있는데, 아이러니하게도 참나리는 나비에게 꽃가루를 잘 묻히는 수술을 만들어 놓고 거의 결실을 하지 않는다. 하기야 옛날 양반들은 체면치레로 불필요한 일도 많이 했으니 그 나으리들을 닮아서 참나리도 양반 흉내를 내는 모양이다.

중나리
Lilium leichtlinii var. *maximowiczii* (Regel) Baker
산지에 나는 여러해살이풀. 높이 1.5m 가량. 참나리와 거의 비슷하나 주아를 만들지 않는다. 7~8월 개화. 중나리는 꽃이 옆을 보고 핀다는 뜻이다. [이명] 단나리

털중나리
Lilium amabile Palib.
산지에 나는 여러해살이풀. 높이 50~70cm. 전체에 털이 있고, 줄기는 곧게 선다. 6~7월 개화. [이명] 털종나리

땅나리
Lilium callosum Siebold & Zucc.
산이나 들에 나는 여러해살이풀. 높이 60~100cm. 줄기는 곧게 서고 황백색이다. 잎은 좁고 뾰족하다. 7월 개화. 꽃이 땅을 보고 피어서 땅나리라고 한다. [이명] 애기중나리, 작은중나리

하늘나리(왼쪽) *Lilium concolor* Salisb.
산이나 들의 습한 땅에 나는 여러해살이풀. 높이 70cm 가량. 줄기는 곧게 서고 줄기와 잎이 짙은 녹색을 띤다. 6~7월 개화. 꽃이 선홍색으로 짙고 맑다. 꽃이 하늘을 보고 피어서 하늘나리라고 한다.

날개하늘나리(오른쪽) *Lilium dauricum* KerGawl.
고지 초원이나 산지에 나는 여러해살이풀. 높이 50~90cm. 하늘나리에 비해 꽃의 색이 주홍에 가깝고 꽃잎이 넓으며, 상대적으로 검은 반점이 선명하다. 7~8월 개화.

말나리
Lilium distichum Nakai ex Kamib.
높은 산의 숲에 나는 여러해살이풀. 높이 80cm 가량. 줄기는 곧게 서고 잎은 줄기 중간에 4~9장이 돌려난다. 말나리 종류는 잎이 돌려난다. 6~8월 개화. [이명] 왜말나리

하늘말나리
Lilium tsingtauense Gilg
산지의 숲에 나는 여러해살이풀. 높이 60~120cm. 줄기는 곧게 서고, 줄기 가운데서 6~12장의 잎이 돌려난다. 7~8월 개화.
[이명] 우산말나리

섬말나리
Lilium hansonii Leichtlin ex Baker
산지에 나는 여러해살이풀. 높이 1m 가량. 잎이 줄기에 2~3층으로 4~7장이 돌려난다. 6~7월 개화.
[이명] 섬나리, 성인봉나리
©김태원

솔나리
Lilium cernuum Kom.
높은 산에 나는 여러해살이풀. 높이 30~70cm. 잎이 솔잎 모양을 한데서 유래한 이름이다. 7~8월 개화.
[이명] 검솔잎나리, 솔잎나리, 흰솔나리

뻐꾹나리
Tricyrtis macropoda Miq.
숲의 약간 습한 땅에 나는 백합과의 여러해살이풀. 높이 50cm 가량. 7~9월 개화. 주로 중부 이남 지방에 분포한다. [이명] 뻑꾹나리(북한명)

무일푼으로 자수성가한 타래난초

타래난초 *Spiranthes sinensis* (Pers.) Ames

풀밭에 나는 난초과의 여러해살이풀. 높이 10~40cm. 뿌리는 짧고, 잎은 밑부분에 뭉쳐나며, 줄기는 곧게 선다. 6~8월 개화. [이명] 타래란

타래난초는 꽃이 타래처럼 꼬이면서 피는 난초다. 한때 '이~상하게 생겼네, ○○ 스크류~바' 하고 선전하던 얼음과자와 아주 비슷하게 생긴 꽃이다.

이 난초는 우리나라에 나는 백여 가지의 난초 중에서 가장 흔한 난초로서 그늘을 좋아하는 보통 난초와는 달리 묘지처럼 양지바른 풀밭에 여느 잡초와 다름없이 산다. 너무 흔해서 잡초와 함께 예초기에 무더기로 잘려나가는 신세다.

잡초처럼 흔하다는 것은 식물에게는 성공한 삶이다. 타래난초가 험한 야생에서 그토록 번성하는 비결은 무엇일까? 그것은 엄청나게 많은, 그러나 강인한 씨앗을 만들어 내는 것이다. 타래난초는 밥알 크기의 꽃에서 수만 개의 씨앗을 만들어낸다. 말이 씨앗이지 먼지나

다름이 없다. 대체로 식물의 씨앗에는 싹을 틔울 수 있는 최소한의 영양분이 있지만 타래난초는 비정하게도 자식을 무일푼으로 험한 세상에 내보낸다. 그 씨앗은 씨앗이라기보다는 차라리 유전자라고 하는 게 좋을 듯하다.

이 씨앗은 땅에 떨어지면 '난균'이라는 곰팡이 무리를 불러 모은다. 그리고는 자신의 몸에 들어온 균사로부터 영양분을 빼앗아 싹을 틔우고, 싹이 자라면서 이 난균까지 완전히 분해하고 흡수해서 양분으로 삼는다. 이 먼지 같은 씨앗은 난균과의 거래에서 자칫 감염되어 죽을 수도 있는 위험과 고비를 넘어서서 타래난초의 아름다운 꽃을 피우는 것이다.

나와 나의 형제자매들도 그러한 삶을 살았다. 아버지가 젊었을 때, 벌인 일마다 잘못되어서 집안은 풍비박산이 나고 나와 동생 넷은 빈손으로 험한 세상에 뿔뿔이 흩어졌다. 그러나 세월이 흐른 후에 우리 남매들은 저마다의 영역에서 그 나름의 성취를 했고 옛말하며 살고 있다.

명절에 자식들이 모일 때마다 아버지는 이렇게 말씀하신다.

"너희들이 오늘날 모두 이렇게 잘 된 것은, 어릴 적 고생을 시킨 애비 덕인 줄 알거라."

장닭을 닮은 닭의 애비 닭의장풀

닭의장풀 *Commelina communis* L.

산과 들에 나는 닭의장풀과의 한해살이풀. 높이 15~50cm. 7~9월 개화. 푸른색 꽃잎 두 장은 위에, 흰색 한 장은 아래에 달린다. 푸른색 꽃잎을 배경으로 노란 헛수술이 3개 있고, 진짜 수술 3개는 아래로 처져 있다.
[이명] 달개비, 닭개비, 닭기씻개비, 닭의꼬꼬, 닭의밑씻개 등

'닭의장풀'은 닭장 옆에서 잘 자라는 풀이라서 붙은 이름이라고 한다. 그런데 닭의장(欌)풀, 닭의난초, 닭의덩굴 같은 식물 이름에서는 왠지 모를 어색함이 느껴진다. 우리가 언제 '닭장'을 '닭의장'이라고 불렀던가?

우리나라에 개화기와 암흑기가 한꺼번에 닥쳤던 시대에 최초의 신소설이니 뭐니 하는 것의 제목도 그런 식이었다. 혈루(血淚)와 귀성(鬼聲)을 '혈의누', '귀의성'이라고 썼다. 명사와 명사 사이에 일본말 'の'가 연상되는 어조사를 넣은 것도 이상하지만, 닭의장을 한자로 쓸 때, 장롱 '欌'자를 쓴 것도 해괴하다.

내가 어렸을 적 농촌에서는 닭장을 따로 만들지 않고 외양간에 횃대를 달아서 소와 함께 키우는 집이 훨씬 많았다. 닭들은 저녁에 소의 등을 발판삼아 푸드득거리며 횃대에 올라갔다. 소죽을 끓이는 아궁이 앞에서 누렁이는 밤마다 닭들을 지켜주었고, 외양간 시렁에는 고양이 한 가족, 도장방에는 쥐서방네 가족, 수십 년 켜켜이 묵은 초가지붕 속엔 구렁이와 참새들이 살았고, 처마 밑엔 제비들이 봄마다 와서 집을 지었다. 집 옆 감나무 높은 가지에는 까치가 집을 짓고 동구 밖에서 손님이 오는 걸 알려주었다.

우리 옛 농가의 모습을 뒤돌아보자면 '닭의장'이라는 개념과 조어법 자체가

어색하기 짝이 없거니와 우리나라 산과 들 아무데서나 지천으로 볼 수 있는 이 풀을 닭장 부근에서 흔히 볼 수 있다고 하는 유래설도 보편성이 없다.

경상도와 일부 지방에서 수탉을 '장닭'이라고 부른다는 점과 달개비의 꽃잎이 수탉의 벼슬을 많이 닮은 걸 보면, '닭의장풀'의 다른 이름, '달개비'는 '닭의 애비'라는 뜻이 아닐까 싶다. 그렇다면 '닭의欌풀'도 '닭의將풀'이나 '닭의長풀'의 오기일는지도 모른다. '닭의 우두머리'요 '닭의 가장'이라야 우선 말이 되고 뜻이 통한다. 그리하면 수탉이 벼슬을 곧추세우고 위엄을 보이는 닭의 將, 닭의 家長 같은 이 꽃의 모습에 어울리는 이름이 될 듯싶다.

덩굴닭의장풀
Streptolirion volubile Edgew.
산자락의 습한 곳에 나는 덩굴성 한해살이풀. 길이 80cm 가량. 잎은 어긋나며 긴 잎자루가 있고 끝이 매우 뾰족하다. 7~8월 개화. 꽃은 흰색, 지름 5~6mm. [이명] 덩굴달개비, 덩굴닭의밑씻개 ©박해정

사마귀풀

Murdannia keisak (Hassk.)Handel-Mazzetti

논이나 늪에 나는 닭의장풀과 사마귀풀속의 한해살이풀. 높이 10~30cm. 줄기는 기면서 가지가 갈라지고, 각 마디에서 수염뿌리가 나온다.
6~9월 개화. 꽃은 잎겨드랑이에 1송이씩 달린다.
꽃의 모양이 사마귀의 머리를 닮았다.

닭의덩굴

Fallopia dumetorum (L.) Holub

들에 나는 마디풀과의 덩굴성 여러해살이풀. 길이 2m 가량. 전체에 털이 없고, 감기는 줄기가 있다.
6~9월 개화. 유럽원산으로 한국에 귀화한 식물.
[이명] 개여뀌덩굴, 산덩굴메밀, 여뀌덩굴 등

이름이 비슷한 식물

닭의난초

Epipactis thunbergii A. Gray

습한 곳에 나는 난초과의 여러해살이풀.
높이 30~50cm. 줄기는 곧게 서고, 잎은 3~4장.
밑동이 줄기를 감싸고 있다. 6~7월 개화.
[이명] 닭의란

청닭의난초

Epipactis papillosa Franch. & Sav.

산지에 나는 여러해살이풀. 높이 30~60cm.
잎이 5~7장. 7~8월 개화. 꽃은 녹색에 가깝다.
[이명] 파란닭의란, 푸른닭의난초

까치수염인가, 까치수영인가?

까치수염 *Lysimachia barystachys* Bunge

들에 나는 앵초과의 여러해살이풀. 높이 50~100cm. 전체에 짧은 털이 있고, 잎은 촘촘히 난다. 6~8월 개화.
[이명] 까치수영, 꽃꼬리풀, 개꼬리풀, 낭미화(狼尾花)

까치수염

나는 까치수염이나 까치수영이라는 꽃 이름을 쓸 때마다 불편하다. 이 불편함은 어느 쪽을 써야 하느냐는 선택의 갈등이기도 하지만, 그 어느 이름도 썩 마뜩치가 않기 때문이다. 어떤 분은 '까치수염(까치수영)'처럼 함께 표기하기도 하고 임의로 택해서 쓰는 분도 있지만 찜찜하기는 마찬가지일 것이다.

원래의 이름은 '까치수염'인데, 『대한식물도감』(이창복, 1980)에서 '수염'을 '수영'으로 잘못 쓴 데서 '까치수영'이 유래되었다는 설이 있다. 그 책에서 '까치수영' 한 가지만 그리 썼다면 모르겠으되, 진퍼리까치수영, 갯까치수영, 버들까치수영 등을 다 오자(誤字)라고 하면 설득력이 떨어진다.

나는 둘 중에서 고르라고 하면 '까치수영'을 택하는 편이다. 까치가 수염을 다는 것은 어떤 이야기를 꾸며보아도 어색하지만, '까치'와 '수영'이라는 이름씨

©권선희

물까치수염 *Lysimachia leucantha* Miq.

물가 습지에서 자라는 여러해살이풀. 높이 40~60cm. 5~6월 개화, 경남, 전남, 제주도 등에 드물게 분포한다. 까치수염에 비해 꽃이 곧게 서고, 털이 없으며 줄기에 능선이 있다.

는 우리의 옛 생활사를 돌아보면 서로 통할 수 있는 연결고리가 있기 때문이다.

까치는 예로부터 우리나라의 마을 주변에 살아온 텃새로, 동네에 낯선 사람이 나타나면 울음소리로 위험 신호를 보낸다. 옛날 사람들은 이 까치소리를 듣고 손님이 올 것을 미리 알았다. 설 하루 전날인 '까치설날'도 미리 설치는 까치의 습성과 관련이 있고, 백합과의 들꽃 중에서 가장 먼저 피는 '산자고'를 '까치무릇'이라고 부르는 것도 그러한 맥락이다.

'수영'이라는 낱말은 사전에 나온 여러가지 뜻풀이 중에서, '秀穎'이라는 한자로 쓰면 '잘 여문 벼나 수수의 이삭'이 된다. '까치수영'의 꽃차례는 하얀 밥알이 푸짐하게 열린 듯하다. 옛 농부들은 모내기를 막 끝낼 무렵에 피는 이 꽃을 보며 성급한 까치처럼 하얀 쌀밥의 이삭을 꿈꾸었을지도 모른다.

까치수영에는 '개꼬리풀'이나 '꽃꼬리풀' 같은 좋은 이름들도 많다. 이리도 깔끔한 이름들을 두고 왜 뜻 모를 '까치수염'을 국명으로 쓰자고 하는지 모를 일이다.

큰까치수염
Lysimachia clethroides Duby
산지에 흔히 나는 여러해살이풀. 높이 90cm 가량. 털이 거의 없는 편이며, 잎겨드랑이가 붉다. 6~8월 개화.
[이명] 큰까치수영, 민까치수염, 큰꽃꼬리풀

홍도까치수염
Lysimachia pentapetala Bunge
풀밭이나 절개지에 나는 여러해살이풀. 높이 30~80cm. 털이 거의 없고, 가지가 많으며, 잎이 좁다. 8월 경 개화. 꽃차례의 끝이 둥근 모양이다. [이명] 쇠까치수염, 쇠꽃꼬리풀

진퍼리까치수염
Lysimachia fortunei Maxim.
물가의 습지에 나는 여러해살이풀. 높이 40~70cm. 전체에 털이 없고, 줄기가 곧게 선다. 7~8월 개화. 꽃차례가 곧게 선다. 주로 호남 지방에서 볼 수 있다. [이명] 넓은잎물까치수염, 진퍼리까치수영, 진펄꽃꼬리풀 등

갯까치수염
Lysimachia mauritiana Lam.
바닷가에 나는 두해살이풀. 높이 10~40cm. 전체에 털이 없고 줄기는 붉은빛이 돈다. 5~7월 개화. 꽃은 가지 끝에 모여 핀다.
[이명] 갯까치수영, 갯꽃꼬리풀, 갯좁쌀풀

귀신도 울고 간다는 하늘타리

하늘타리 *Trichosanthes kirilowii* Maxim.

산 밑과 들에 나는 박과의 덩굴성 여러해살이풀. 고구마 같은 덩이뿌리가 있고, 잎은 5~7갈래로 깊게 갈라진다. 7~8월 개화. 밤에 꽃이 피며 열매는 오렌지색으로 익는다. 뿌리 녹말은 식용, 뿌리와 씨는 약용한다.

[이명] 자주꽃하늘수박, 하늘수박, 쥐참외

남도 지방을 여행하다 보면 재미있는 현상을 보게 된다. 시골로 갈수록 이농현상 때문인지 오래된 폐가(廢家)가 많은데 두어 집 중 하나는 하늘타리가 무성하게 뒤덮고 있다. 하늘타리는 어떻게 귀신처럼 빈집을 찾아 자리 잡는 것일까?

하늘타리는 밤에 치렁치렁한 술이 달린 하얀 꽃을 피운다. 어둠 속에서도 야행성 곤충의 눈에 잘 띄려는 것이다. 박각시 같은 야행성 곤충은 불빛이 있는 곳에 잘 모여들기 때문에, 이들이 수분을 하는 하늘타리는 자연히 동네를 중심으로 널리 번지게 된다. 워낙 번식력이 왕성한 덩굴식물이라서 사람이 사는 집에서는 바로 뽑혀지고 결국 폐가에서나 살아남게 된다. 그렇지 않아도 한적한 시골의 폐가는 밤에 더욱 으스스한데 귀신 산발한 듯한 이 꽃이 피면 그야말로 '전설의 고향'이 된다.

하늘타리는 덩굴식물들이라서 무엇이든지 잘 타고 올라간다. 하늘을 향해 잘 타고 올라간다해서 '하늘타리'라고 불렀을까? 옛 이름인 천과(天瓜)는 하늘에 열리는 오이라는 뜻이고 다른 이름 괄루(括樓)는 누각을 잘 감고 오른다는 뜻이 있다.

호남 지방에서는 '하늘수박'이라고 하며 여름에 이 열매에서 물을 빨아 먹는다. 다른 지방에서는 열매가 작은 참외를 닮았다고 '쥐참외'라고도 한다. 밤나방과 같은 야행성 곤충과 불을 사용하는 유일한 동물인 인간, 밤에 하얀 꽃을 피우는 하늘타리는 느슨한 공생관계에 있는 것처럼 보인다.

제주도에서는 하늘타리 열매를 방에다 걸어놓는 풍습이 있다. 귀신이 들어오면 내 눈깔망댕이가 큰가 하늘타리가 큰가 재보자 하다가 하늘타리한테 지고 도망간다고 하는 이야기가 전해진다. 밤에 하얀 머리를 풀어헤친 듯한 꽃을 피우는 하늘타리는 웬만한 귀신들이 당해내지 못하는 힘을 가졌나 보다.

노랑하늘타리
Trichosanthes kirilowii var. *japonica* Kitam.
들에 나는 덩굴성 여러해살이풀. 하늘타리에 비해 잎이 얕게 3~5갈래로 갈라진다. 7~8월 개화. 열매는 노란색으로 익는다. 덩이뿌리의 녹말은 식용하고, 씨, 뿌리, 과피는 약용한다.

조물주의 미완성 작품 나나벌이난초

나나벌이난초 *Liparis krameri* Franch. & Sav.

숲 속에 나는 난초과의 여러해살이풀. 높이 5~20cm. 두 장의 타원형 잎이 마주나며, 그물맥이 뚜렷하다. 6~8월 개화. 입술꽃잎은 안쪽 1/4 지점에서 아래쪽으로 꺾인다. [이명] 나나니난초, 나나리란(북한명), 애기벌난초

속임수로 곤충을 유혹하는 난초가 있다고 들었다. 이런 난초는 외국에만 있는 것으로 책에서 본 듯한데, 우리나라에는 나리난초 가문의 식물들이 이런 흉내를 낸다고 한다.

그중에 특히 나나벌이난초를 보면 정말 그럴 수도 있겠다 싶다. 이 난초는 나나니벌의 암컷을 닮은 꽃을 피워서 수컷을 유혹하기 때문에 이 이름을 얻었다고 한다. 그런데 나나니벌이 이 꽃을 찾는 것을 보았다는 사람은 없다. 그렇다면 '나나벌이난초는 나나니벌의 수컷을 유혹해서 수분을 한다'는 명제는 검증이 되지 않은 가설이거나 내가 잘못 들은 것인지도 모른다.

나나니벌의 교미 모습을 유심히 관찰해 보았다. 이 벌은 지상 1.5m 정도의 일정한 높이로 비행 중에 꼬리를 맞대고 교미를 한다. 나나니벌 수컷이 아무리 눈이 나빠도 이 어설프게 닮은 꽃을 보고 덥석 네발짐승 같은 폼으로 달려들지

나나벌이난초의 꽃(왼쪽)과 나나니벌(오른쪽)은 닮은 듯하다.

는 않을 것 같았다. 게다가 이 난초는 주로 6~7월에 꽃이 피는 데 반해 나나니벌의 짝짓기는 8월에서 9월에 이루어지니 말이다.

외국 자료에 의하면 이 나리난초속을 찾아오는 곤충들은 주로 등에, 파리, 모기, 각다귀처럼 한 쌍 날개를 가진 것들인데 수분에 별로 영향을 미치지 못한다고 한다. 아니면 조물주가 아직은 암컷의 모습을 제대로 만들지 못해서 몇 만 년 후에나 그럴싸한 모양을 완성할지도 모르겠다.

나리난초속은 순판이나 예주의 미세한 형태 차이를 가지고 열 가시가 넘는 종으로 세분되어 있지만 나는 꽃이 옥비녀를 닮았다는 옥잠난초, 자주색의 나리난초, 곤충을 닮은 나나벌이난초 정도만 겨우 알아볼 정도다. 나머지 여러 복잡한 이름이 붙은 종들은 조물주가 흡족한 작품을 만들어가는 과정의 습작들인지도 모른다.

만약 나리난초속을 분류하는 기준으로 사람을 세분한다면 까만난장이, 파란눈백인, 곱슬황인 등 수백 가지의 학명이 나올 것이다. 그러면 얼굴이 각지고, 둥글고, 키가 크고 작기도 한 나의 가족은 각각 다른 학명의 인간이 될지도 모른다. 사람(*Homo sapiens* L.)으로 태어난 것이 천만 다행이다.

옥잠난초
Liparis kumokiri F. Maek.
숲 속에 나는 여러해살이풀. 높이 20~30cm. 잎은 2장, 타원형, 밑부분이 좁아져 줄기를 감싼다. 6~8월 개화. 곁꽃잎은 선형, 길이 5~8mm.
[이명] 구름나리란
©김인래

나리난초
Liparis makinoana Schlech.
숲 속에 나는 여러해살이풀. 높이 15~30cm. 잎은 2장으로 타원형이다. 5~6월 개화. 입술꽃잎이 편평하며 하트 모양이다. 곁꽃잎은 실처럼 가늘며, 길이는 8~15mm이다.
[이명] 나리란, 풍경벌레난초

키다리난초
Liparis japonica (Miq.) Maxim.
나리난초와 매우 닮았으며 높이 12~50cm. 5~7월 개화. 입술꽃잎의 옆이 아래쪽으로 말린다. 곁꽃잎은 선형, 길이 7~9mm. 너비 0.5mm.
[이명] 나리란, 키다리란(북한명), 큰옥잠난초

계우옥잠난초
Liparis yongana N. S. Lee, C. S. Lee & K. S. Lee.
숲 속에서 자라는 여러해살이풀. 높이 20~30cm. 6~7월 개화. 잎술꽃잎 가운데에 진한 자주색 선이 있다. 식물계의 원로인 이영노 박사의 제자들이 헌명(獻名)한 것으로 종소명을 '*yongana*'로, 국명에 아호인 '계우(啓宇)'를 붙였다.
©이경서

물레나물 앞에서

물레나물 *Hypericum ascyron* L.

산지에 나는 물레나물과의 여러해살이풀. 높이 50~80cm. 6~8월 개화. 꽃의 지름 4~6cm. 꽃잎이 선풍기 날개처럼 회전하는 모양이다. 어린잎은 식용한다. [이명] 긴물레나물, 매대체, 애기물레나물, 큰물레나물

물레는 어릴 적에 내가 가장 먼저 만난 기계였다. 할머니는 물레바퀴를 천천히 돌리는데 줄로 연결되어 돌아가는 작은 바퀴는 붕붕 바람 소리를 내면서 빨리 돌았다. 할머니는 오른손으로 큰 바퀴를 돌리고 왼손에는 솜뭉치를 쥐고 작은 바퀴에 물린 방추에 대면 솜털들이 실이 되어 감겼다. 누에고치를 삶을 때에도 누에고치에서 거미줄 같은 실 몇 올이 방추에 끼여 감기면서 명주실이 되는 모습이 신기했다. 나는 아랫도리도 입지 않았을 적부터 물가의 왜가리처럼 기다렸다가 고치가 다 풀리면 내 고추를 닮은 번데기를 주워 먹었다.

물레의 원리를 잠깐 생각해보니 큰 바퀴에 작은 바퀴가 물려서 큰 바퀴가 한 번 돌 때 작은 바퀴는 수십 바퀴가 도는 원리였다. 그렇다면 '물레'라는 말의 어원도 '물려' 있다는 뜻이 아닐까 싶다.

물레방아는 옛날에는 회전축에다 혹을 달아서 디딜방아를 찧었지만 근세 이후에는 톱니로 물려서 빠른 회전력을 얻게 되었다. 물레나물은 다섯 장의 꽃잎이 선풍기 날개처럼 생겨서 빙빙 돌아가는 물레를 연상케 한다고 붙은 이름이

라고 한다.

물레나물은 물레나 물레방아의 모양을 그리 닮은 것 같지는 않다. 오히려 도자기를 빚을 때 쓰는 회전틀인 도자기 물레를 더 닮았다. 물레나물의 꽃이 위를 향해 피니까 더욱 그러할 뿐만 아니라, 도자기 물레가 회전을 멈춘 다음에 도자기의 형상이 나오듯 물레나물의 꽃잎이 떨어질 때 쯤 씨방이 작은 도자기처럼 부푼다.

우리나라에서는 옛날에 물레방아로 곡식을 가공했지만 물의 흐름이 유장한 유럽에서는 풍차 방아를 이용했다. 파리의 몽마르트 언덕에도 풍차가 열댓 군데가 있었는데, 1889년에 그 목가적인 풍경에 어울리게 물랭 루즈를 지었다. 물랭 루즈(Moulin Rouges)는 우리말로 '붉은 방앗간'이다. 우리의 방앗간은 '물레방아'고 프랑스의 방앗간은 '물랭'이다.

천 년 전에 나온 물레 앞에 쪼그리고 앉았던 산골 아이가 세월이 좋아져서 지구 반대편 물랭 루즈를 몇 번 가 보았다. 물레나물 앞에 서면 물레에서 물랭까지 천 년 문명을 살게 해준 내 고향 두메산골과 내가 살아온 이 시대가 새삼 고마워진다.

고추나물
Hypericum erectum Thunb.
산지의 약간 습기가 있는 곳에 나는 여러해살이풀. 높이 20~60cm. 7~8월 개화. 꽃의 지름 1.5cm 가량. 가을에 열매가 익으면 붉은 고추 모양이 된다. 어린순은 식용, 성숙한 것은 약용한다.

애기고추나물
Hypericum japonicum Thunb.
들의 습지에 나는 한해 또는 여러해살이풀.
높이 15~50cm. 7~8월 개화. 꽃의 지름 6~8mm, 수술이 10~20개이다.

좀고추나물
Hypericum laxum (Blume) Koidz.
들에 나는 여러해살이풀.
높이 5~10cm. 7~8월 개화. 애기고추나물에 비해 키가 작고, 수술이 8~10개이다.
[이명] 애기고추나물, 둥근애기고추나물

물고추나물
Triadenum japonicum (Blume) Makino
습지에 나는 여러해살이풀. 높이 50~70cm.
8~9월 개화.
[이명] 가는잎고추나물, 물레나물아재비

신비의 홀아비 식물 왕과

왕과 *Thladiantha dubia* Bunge

밭둑이나 풀밭에 자라는 박과의 여러해살이 덩굴식물. 길이 2.5m 정도. 땅속에 감자 모양의 덩이줄기가 있다. 7~8월 개화. [이명] 주먹외, 큰새박, 쥐참외, 주먹참외

왕과의 열매 ©김중연

왕과는 한자로 임금 왕(王), 오이 과(瓜)자를 쓴다. 영어로도 '왕오이'(King cucumber)라고 하는 걸 보면, 오이보다 큰 열매가 달릴 것 같은데, 실제로는 계란만하다고 한다. 열매의 크기로 보자면 '쥐참외'라는 별명이 딱 맞는 이름이다.

특별히 맛이 있거나 뛰어난 약효가 있는 것도 아닌 것을 동서양에서 '오이의 왕'으로 추대했으니 도무지 모를 일이다. 이 꽃이 굳이 왕관을 닮았다고까지는 생각지 않지만, 왕과의 꽃은 호박꽃이나 오이꽃처럼 털털하게 생긴 박과 식물의 꽃 중에서는 가장 조형미가 뛰어나 보인다.

왕과는 이상하리만치 만나기 어려운 식물이다. 야생화에 취미를 붙인 지 십 년 동안 단 세 번을 만났을 뿐인데, 모두 마을 부근에서 본 수꽃들이었다. 이 식물이 정말 기이한 것은 암수딴그루 식물이면서, 도무지 수꽃 부근에서 암꽃을 찾아볼 수가 없는 점이었다. 암꽃과 그 열매인 '왕과'는 동호인들의 사진을

통해서 본 것이 전부다. 풍문에 듣기로는 우리나라에서 단 한 군데, 강원도 정선 지방의 어느 집 화단에 있는데, 그걸 보려고 수많은 사람들이 찾아오고 집주인은 그걸 가지고 꽤나 생색을 내는 모양이다.

'번식과 번성은 모든 생명체의 본질'이라는 나의 믿음에 비추어, 왕과의 삶을 보면 그야말로 미스터리가 아닐 수 없다. 게다가 이름이 '왕과'라고 하니 조선 건국과 함께 핍박받았던 고려의 왕족, 개성 왕(王)씨가 자연스레 떠오른다.

그때 왕씨 성을 가진 사람들은 임금 왕자에 한두 획을 더해서 성을 바꾸거나 외가의 성으로 바꾸어 화를 면했다고 한다. 임금 '王'자에 점 하나를 찍어서 구슬 옥(玉)자를 만들고, 옆에다 두 획을 더하면 밭 전(田)자를 쓰는 성씨가 되고, 위에다 두 획을 얹어서 온전 전(全)자로 살아남은 것이다.

왕과와 같은 가문인 오이, 수세미, 참외, 수박이 그 효용가치에 의해서 번성하고 있는 것을 보면, 이들이 필시 유전자를 한두 획 변형시켜서 살아남은 '왕과'의 후손이 아닐까 하는 생각이 들기도 한다.

'오이의 왕'이라는 이름에 어울리지 않게 초라하고 위태한 삶을 이어가고 있는 왕과를 보면서 여전히 그 이름에 숨겨진 코드를 풀지 못하고 있다.

파리끈끈이의 원조 파리풀

파리풀 *Phryma leptostachya* var. *asiatica* H. Hara

산과 들의 그늘진 곳에 나는 파리풀과의 여러해살이풀. 높이 50~70㎝. 6~9월 개화. 전초를 짓찧어 종기, 옴, 벌레 물린데 등에 해독제로 쓴다. 열매 끝부분에 갈고리가 있어서 동물의 몸에 붙어 씨앗을 퍼뜨린다.

[이명] 꼬리창풀

파리풀은 1과 1속 1종밖에 없는 독특한 풀이다. 다시 말하면 이 풀과 비슷한 그 어떤 풀도 지구상에 없다는 뜻이다. 아시아와 북아메리카의 다양하고 광대한 지역에 퍼져 있으면서도 이처럼 단일한 형질을 유지하고 있는 식물이 또 있을까 싶다.

이 풀은 6월부터 9월까지 넉 달 동안 끊임없이 작은 꽃을 피워내는데, 여느 식물들과는 다르게 꽃마다 한 개의 씨앗만 만든다고 한다. 일가친척도 없이 큰 욕심도 부리지 않고 또박또박 저축해서 티끌모아 태산을 이루듯 자수성가한 알부자라고나 할까?

파리풀은 옛날에 뿌리를 짓찧어 즙을 내어 종이에 먹인 다음 파리를 잡았기 때문에 유래된 이름이라고 한다. 요즈음도 쓰고 있는 파리끈끈이의 원조인 셈

이다. 파리풀의 중국 이름 '승독초(蠅毒草)'는 파리독풀이라는 뜻이고 일본 이름 '하에도꾸소'도 승독초의 일본식 발음이다.

나의 유년은 파리들이 아이들을 짝사랑하던 시절이었다. 얼굴이나 팔다리에는 땟국물이 꾀죄죄하게 흐르고 상처나 종기가 없는 말끔한 아이가 거의 없을 정도였으니, 아이들은 파리들의 좋은 놀이터이자 식사 장소였다. 학교에서는 성냥갑에 파리를 가득 잡아오라는 숙제도 내줬는데 그 무렵의 작은 성냥갑에는 파리가 200마리는 족히 들어갔었던 것 같다. 또한 학교의 큰 통시에 구더기가 생기지 않게 한다고 할미꽃 뿌리를 열 개씩 캐어오라는 숙제도 여러 번 해 간 기억이 있다.

요즈음도 우리 주변에 파리가 없는 것은 아니지만 옛날에 비해서는 만분의 일이나 될까 싶다. 파리가 알을 낳는 재래식 화장실이 거의 사라지고, 고성능 살충제가 가정과 도시와 들녘을 장악한 덕분이다. 문득 생각해보니 우리 주변에서 파리가 줄어든 만큼이나 제비들도 여간 만나기 어려워진 것이 아니다. 귀찮기만 한 파리들이 줄어든 일을 슬퍼할 까닭은 없지만 이러한 반 생태적 환경 변화 속에서 인간만이 잘 살 수 있다는 확신은 서지 않는다.

꿩의 다리는 머리에 붙어 있다

꿩의다리 *Thalictrum aquilegifolium* var. *sibiricum* Regel & Tiling

산지에 나는 미나리아재비과의 여러해살이풀. 높이 1m 가량. 전체에 털이 없고 세 잎이 달린 깃꼴겹잎이 마주난다. 6~7월 개화. [이명] 가락풀, 아시아꿩의다리, 한라꿩의다리

꿩의다리는 한여름에 꽃을 피운다. 그런데 길고 가는 줄기에 달린 이 꽃을 아무리 보아도 꿩의 튼실한 다리를 닮은 느낌은 오지 않는다. 그래서 혹시 내가 모르는 다른 의미의 '다리'가 있는지 국어사전을 찾아보니, 세 가지 뜻이 있었다. '다리'라는 낱말에는 걷는 '다리'(脚)와 건너는 '다리'(橋)라는 의미 외에도 '여자의 머리숱을 많아 보이게 덧 넣었던 딴머리'라는 뜻이 있고, 이를 '가체'(加髢), '다래', '다레'라고도 했다.

그러고 보니 명절에 아내가 한복을 입고 올린 머리를 할 때, 머리 뒤에다 비녀머리 모양의 가발을 붙이는 것을 본 적이 있다. 그게 뭐냐고 물어보았더니,

©김용대

©서하일

'가짜 머리'라고 했다. 조선시대에 쓰던 무겁고 큰 가체보다 작기는 하지만, 그것도 엄연히 '가체'(加髢)이고 '다리'임에는 틀림이 없었다.

장끼의 뒤통수를 유심히 보면 장식처럼 보이는 털 뭉치가 있고, 들꿩도 '다리'라고 불러도 좋을 머리 장식을 하고 있다. 그렇다면, '꿩의다리'라고 부르는 꽃들은 꿩들의 머리장식을 닮아서 그리 부르지 않았을까? 금꿩의다리나 자주꿩의다리처럼 예쁜 색의 꽃들을 보면 꿩의 '다리'로 잘 어울리겠다는 생각이 든다.

아닌 게 아니라 요즘 젊은이들은 멋을 내려고 색깔이 있는 부분 가발을 즐겨 쓴다고 한다. 딸에게 혹시 '다리'라는 말을 들어본 일이 있냐고 물어보니, '다리'는 모르겠고 보통 '부분 가발'이나 '가짜 머리'로 통한다고 했다. 오늘날에도 장식용 머리, 즉, '다리'를 쓰고 있지만 순수한 우리 이름, '다리'는 잊어버린 것이다. 이런 아름다운 우리말 이름씨들을 하나씩 잊어버리면, 예로부터 불러오던 우리 꽃 이름이 더 이상 의미로 와 닿지 않고, 그들에게 가까이 다가갈 수 있는 마음의 다리가 끊어지게 된다.

정말 안타까운 일은 요즈음 속알머리가 부실해져서 내 머리에도 '다리'를 붙여야 할까 고민하게 되는 현실이다.

금꿩의다리
Thalictrum rochebrunianum var. *grandisepalum* (H. Lev.) Nakai
산지의 물가에 나는 여러해살이풀.
높이 1~2m. 전체에 털이 없고 줄기가 곧게 서며 잎은 마주난다. 7~8월 개화. [이명] 금가락풀

자주꿩의다리
Thalictrum uchiyamai Nakai
산지에 나는 여러해살이풀.
높이 50cm 가량. 전체에 털이 없으며, 줄기는 곧게 서며 가지가 갈라진다. 잎은 어긋나고 세 갈래로 갈라지며 뒷면이 다소 분백색이다. 6~7월 개화. 연한 자주색 꽃이 핀다. 한국(전역) 특산 식물이다. [이명] 자주가락풀

좀꿩의다리
Thalictrum kemense var. *hypoleucum* (Siebold & Zucc.) Kitag.
산이나 들에 나는 여러해살이풀.
높이 40~120cm. 7~8월 개화.
[이명] 큰꿩의다리, 좀가락풀, 다닥좀꿩의다리, 무늬좀꿩의다리 등

꿀풀과의 우등생 석잠풀

석잠풀 *Stachys japonica* Miq.

산이나 들의 다소 습한 곳에 나는 꿀풀과의 여러해살이풀. 높이 30~60㎝. 줄기는 모가지고 곧게 선다. 6~8월 개화. 마디마다 6개씩의 꽃이 돌려난다. [이명] 민석잠풀, 배암배추, 뱀배추

꿀풀 동네에는 비슷한 아이들이 많아서 한 학급을 만들고도 남는다. 꿀풀, 익모초, 송장풀, 탑꽃, 곽향, 층꽃풀, 쉽싸리, 박하, 석잠풀, 속단, 광대수염, 층층이꽃, 박하, 향유, 조개나물, 골무꽃… 고만고만한 아이들의 이름을 늘어놓자면 금새 한 교실이 가득 찬다.

국민학교 때부터 마지막 학교를 졸업할 때까지 어느 과정에서나 학급에서 두어 명 정도는 두드러지게 총명한 아이들이 있었다. 내가 학생들을 가르치는 입장에서도 교단에서 보면 몇몇 군계일학들은 금방 눈에 들어왔었다.

그런 학생들은 학기가 끝나면 동료들의 부러움을 받으며 우등상을 받는다. '위 학생은 학업성적이 우수하고 품행이 방정하여 타의 모범이 되므로…'라는 소리를 '위 학생'이 아닌 입장에서 십 년이 넘도록 들었다. 요즈음은 상장에 어떤 문구를 쓰는지는 몰라도 풍문에 듣기로는 '학업 성적이 우습고 품행이 방정맞아도' 뭐라도 잘하는 것을 찾아내서 한 사람도 빠짐없이 상을 준다고 하니 바람직한 일이다.

수많은 종류의 들풀들도 저마다 특별해서, 그 어떤 식물만을 어여쁘고 훌륭하다고 할 수는 없다. 굳이 고르라면 '꿀풀 학교'에서는 석잠풀을 우등생으로

꼽고 싶다.

나는 차를 타고 지나치면서도 석잠풀의 모습에 반한 적이 있다. 길가 풀섶에서 반듯하게 자라는 모습이 찰나에도 눈에 들었기 때문이다. 꽃을 들여다봐도 꿀샘으로 가는 길, 곤충이 날아와 앉을 자리, 꽃가루가 묻는 곳들을 분명하게 표시하고 정리해 놓았다. 그러니 곤충들과의 거래도 얼마나 깔끔할는지 미루어 짐작이 되므로, '수분 성적이 우수하고 품행이 방정하다'고 석잠풀을 칭찬하고 싶다.

석잠풀은 한자로 '石蠶풀'이라고 쓴다. '석잠'은 물에 사는 곤충인 날도래의 애벌레를 이르는 말로서, 이 벌레가 누에를 닮았고 물 속 돌에다 집을 지어서 石蠶이라고 한다. 석잠이나 날도래는 민물고기를 잡을 때 미끼로 많이 쓰던 흔한 벌레이지만 석잠풀과는 무슨 관련이 있는지 모르겠다. 누에가 석 잠을 마칠 무렵에 피는 꽃이라는 유래설이 그럴싸하다. 누에는 잠을 네 번 자고 나서 고치를 짓기 시작하는데, 이렇게 잠을 충분히 자야 고치의 실이 곱다고 한다. 옛날에는 많은 농가에서 누에를 길렀으니 그럴 법도 하겠다.

이런 저런 유래설을 다 들추어보아도 마뜩치 않아서 올 여름에 석잠풀 앞에서 또 옛 일을 더듬어 봐야겠다.

석잠풀과 비슷한 식물들

층층이꽃
Clinopodium chinense var. *parviflorum* (Kudo) H. Hara
산이나 들에 나는 여러해살이풀. 높이 15~40cm. 원줄기는 네모지며, 곧게 선다. 7~8월 개화.
[이명] 층꽃, 층층꽃

탑꽃
Clinopodium gracile var. *multicaule* (Maxim.) Ohwi
산지의 그늘에 나는 여러해살이풀. 높이 10~30cm. 줄기는 모가 지고 길며, 비스듬히 서서 가지가 갈라진다. 6~8월 개화. [이명] 산탑꽃, 산탑풀, 섬탑풀 *애기탑꽃은 줄기가 가늘고 꽃이 분홍색이다.

층꽃나무
Caryopteris incana (Thunb.) Miq.
산이나 들에 나는 마편초과의 반목본성 여러해살이풀. 높이 30~60cm. 7~10월 개화. 꽃차례가 줄기를 둘러싸며 층을 이루며 핀다. 주로 남부 지방에 자생한다.

고삼, 나는 도둑놈이로소이다

고삼 *Sophora flavescens* Solander ex Aiton

산과 들에 나는 콩과의 여러해살이풀. 높이 80~120㎝. 뿌리는 비대하고 매우 쓴맛이 나며, 줄기는 곧게 선다. 6~8월 개화. 열매는 씨와 씨 사이가 잘록한 염주 모양이다. 뿌리는 장염, 황달, 식중독, 심장병 등에 약용한다. [이명] 도둑놈의지팡이, 너삼, 뱀의정자나무, 능암(북한명)

나는 '고삼'이라는 말만 들어도 안쓰러운 생각이 든다. 인생의 꽃다운 시절에 세상 짐 다 짊어진 죄 없는 죄인, '高三'은 '청춘의 족쇄'라는 말에 다름이 아니다.

고삼(苦蔘)이라는 이름을 가진 식물이 있다. 이 식물을 보면 단지 그 이름 때문에 풍성한 꽃차례가 오만 가지 걱정거리를 주렁주렁 달고 있는 듯이 보인다. 원래 '苦蔘'은 한약재로 쓰는 이 식물의 뿌리였는데, 용담이나 현호색처럼 한약재명이 바로 식물명이 된 것이다. 苦蔘은 '쓴 인삼'이라는 뜻이다. 인삼이 본래 쓴 것인데 '쓴 인삼'이라고 하니 얼마나 쓴지 상상이 닿지 않는다. 고삼에는 '도둑놈의지팡이'라는 고약한 별명이 붙어 있다. 그 수상한 이름에는 직감적으로 혐의가 가는 옛일이 있다.

1970년대 이전에는 도둑질이 쉬운 허술한 집들이 많았다. 골목길을 지나는 사람이 창을 통해 방안을 엿볼 수도 있고, 집안으로 쉽게 넘어 들어갈 수도 있었다. 그 시절에는 이런 창문으로 끝이 꼬부라진 지팡이를 밀어 넣어서 벽에 걸린 옷가지나 가방을 훔쳐내는 도둑이 많았다. 이런 옛일을 생각하면 긴 꽃대에 꽃들을 주렁주렁 달고 있는 고삼이 왜 '도둑놈의지팡이'라는 별명을 얻게 되었는지 짐작이 되는 것이다.

살아가면서 도둑을 맞지 않는 방법이 한 가지 있기는 하다. '무소유'의 삶을 실천하고 가신 어느 스님의 가르침대로 소유하지 않으면 아무것도 도둑맞을 것이 없을 터이다. 할 수만 있다면 그 스님의 보석 같은 가르침을 내 마음속 지팡이에 주렁주렁 꿰어 보고 싶다.

그런 상상을 하면서 꽃을 대하면 고삼의 연두색 꽃들이 신라 금관에 달린 영롱한 곡옥(曲玉)으로 보인다.

도둑놈의갈고리
Desmodium podocarpum var. *oxyphyllum* (DC.) H. Ohashi
산이나 들에 나는 콩과의 여러해살이풀.
높이 60~90cm. 줄기가 검은빛이 도는 자주색이고 곧게 서고, 윗부분에서 갈라진다. 7~8월 개화. 열매가 선글라스 모양이며, 깍지 끝에 갈고리가 있다. [이명] 갈구리풀

큰도둑놈의갈고리
Desmodium oldhami Oliv.
산에 나는 여러해살이풀. 높이 1~1.5m.
전체에 털이 퍼져나고 줄기는 녹색이며 곧게 선다. 8월 개화. 선글라스 모양의 열매 가운데가 눈에 띄게 굽어 있다.

추억으로의 긴 여행 박주가리

박주가리 *Metaplexis japonica* (Thunb.) Makino

들에 나는 박주가리과의 덩굴성 여러해살이풀. 길이 3m 이상. 상처를 입으면 흰색 유액이 나온다. 7~8월 개화. 씨의 털은 인주용, 어린 씨는 식용한다.

나의 왼손 검지에는 어릴 적에 낫으로 베인 상처가 지금도 남아 있다. 아홉 살 무렵에 소꼴을 베다가 낫질이 서툴러서 꽤 깊게 베었다. 같이 꼴을 베던 동네 형은 얼른 손가락에다 오줌을 누라고 했다. 피가 줄줄 흐르는 상처에 오줌을 누니까 더욱 따가웠다. 피와 눈물과 오줌, 이 세 가지 액체를 한꺼번에 쏟아내느라 정신이 없었지만, 지금 생각하니 소독을 시킨 것이다.

그사이에 그 형은 어디서 제법 누른색이 도는 박주가리 열매를 따왔다. 약간 고소하고 단 맛이 있어서 가끔 심심풀이로 까먹기도 했던 열매였다. 그 형은 솜처럼 보송송하고 푸짐한 박주가리 씨앗들을 꺼내서 상처에 얹고는 낫으로 자기의 베저고리 아랫단을 길게 찢어내서 내 손가락을 동여매주었다.

박주가리 씨의 풍성한 솜털은 이렇게 내 상처를 치료하기도 했지만, 도장을 찍는 인주(印朱)의 재료로 쓰였다고 한다. 21세기에 태어난 세대는 도장과 인주를 박물관에서나 보게 될 것이다. 그 씨앗의 풍성한 털은 약솜이나 인주로

쓰라고 달린 것이 아니라 씨앗을 바람에 잘 날리게 해서 종족을 멀리 퍼뜨리는 수단이다. 그래서 박주가리의 꽃말이 '긴 여행'이 되었지 싶다. 박주가리라는 이름은 늦가을에 열매가 반으로 쪼개지면서 씨앗들을 바람에 날려 보내고 남은 빈 껍데기에서 나왔을 것이다. 바가지로 쓰기에는 좀 모자란 듯한 '박 쪼가리' 정도로 여기다가 '박주가리'라고 부르게 되지 않았을까 하는 생각이 든다.

지금도 손가락의 상처를 볼 때마다 어린 시절이 그리워진다. 요즘 세상에 자기 옷을 서슴없이 찢어서 상처를 싸매 주는 베옷 같이 순수하고 소박한 인성을 어디서 찾을 수 있을까. 열한 살 먹은 소년이 어쩌면 그렇게 어른스러울 수 있었을까.

요즘 아이들은 그 시절의 시골 소년보다 훨씬 많은 교육을 받았지만 준비되지 않은 상황에서 그처럼 지혜롭고 야무지게 대처할 수 있을까. 어쩌면 우리는 자연이라는 위대한 스승으로부터 마지막 수업을 받은 행복한 세대일는지도 모른다.

그러니 박주가리를 만나면 나는 '긴 여행'이라는 그 낭만적인 꽃말처럼 아슴푸레한 추억의 오솔길을 따라 긴 여행을 떠나지 않을 수 없다.

왜박주가리
Tylophora floribunda Miq.
산지에 자라는 덩굴성 여러해살이풀. 가는 줄기가 1.5~2m 정도까지 뻗는다. 6~7월 개화. 꽃의 지름이 5mm 미만으로 작다. [이명] 나도박주가리, 양반박주가리, 양반풀, 좀양반풀

덩굴박주가리
Cynanchum nipponicum Matsum.
산지의 습기가 많은 땅에 자라는 덩굴성 여러해살이풀. 길이 40~100cm. 7~8월 개화. 꽃의 지름은 7~8mm. 뿌리는 약용한다.

흑박주가리
Cynanchum nipponicum var. *glabrum* (Nakai) H. Hara
산이나 들의 습지에 자라는 여러해살이풀.
높이 50cm 가량. 줄기의 아랫부분은 곧게 서고 윗부분은 덩굴성으로 자란다. 7~8월 개화.
[이명] 검정박주가리

산해박
Cynanchum paniculatum (Bunge) Kitag.
산이나 들의 풀밭에 나는 여러해살이풀.
높이 60cm 가량. 6~7월 개화. 뿌리는 약용한다.
(강장제, 해열제, 이뇨제) [이명] 산새박, 백간초
※주로 산에서 자라며, 열매가 작다는 뜻으로 '산새박' 또는 '산해박'이 되었을 것으로 짐작이 된다.

어머니의 뜰에 심었던 꽃 원추리

원추리 *Hemerocallis fulva* (L.) L.

산지에 나는 백합과의 여러해살이풀. 높이 80cm 가량으로 잎의 길이와 거의 같다. 6~8월 개화. 꽃의 길이 10cm 가량. 속명 '*Hemerocallis*'는 하루 만에 시든다는 뜻이다. 어린잎은 식용한다. [이명] 넘나물, 들원추리 등

원추리는 우리나라 어디서나 피는 꽃이다. 동네 어귀며 산자락 같은 가까운 곳에서도 쉽게 볼 수 있고 높은 산꼭대기며 바닷가 언덕이나 무덤가에서도 흔히 자란다. 이처럼 거의 모든 곳에서 볼 수 있는 꽃은 별로 없다. 어떤 환경에서도 잘 사는 건 그만큼 생명력이 강한 것이다.

화사한 원추리 꽃을 보면 마음까지 밝아진다. 원추리의 옛 이름이 '훤초(萱草)'였으니 우리말에 '훤하다'라든가, '훤칠하다'라는 표현도 원추리 훤(萱)에서 나왔을는지 모를 일이다. 이 꽃을 보면 근심도 사라진다며 '망우초'(忘憂草)라고도 불렀고, 부인이 임신을 했을 때 이 꽃을 몸에 지니면 아들을 낳는다고 해서 '의남초(宜男草)'라고도 했다니 우리 조상들의 원추리 사랑이 예사롭지 않았음을 알 수 있다.

동네 앞 개울가에서 캐다 심은 고향집의 왕원추리

유교 사상이 지배하던 시대에 '아들'의 존재는 집안이 흥하느냐 망하느냐의 기준이 될 정도로 절대적이었다. 그 시대에는 제사를 통해 죽은 부모도 살아있는 듯 모셨고, 제사를 지내줄 아들의 존재는 자신의 분신과 같았다. 원추리를 몸에 지니면 그런 아들이 생긴다고 하였으니 그 시대에 원추리는 참 귀한 대접을 받던 꽃이었으리라.

원추리가 그렇게 좋은 꽃으로 여겨지다 보니, 집안일을 며느리에게 맡기고 뒤채로 물러앉은 어머니의 뜰에 세상 근심 걱정 다 잊으라고 원추리를 심었다고 한다. 지금도 타인의 어머니를 높여 부를 때 쓰는 '훤당(萱堂)'은 어머니의 뜰에 원추리, 즉 훤초를 심은 데서 나온 말이다. 사실 말이 뒤채고 훤당이지 지금 남아 있는 옛 가옥들을 보면 웬만한 부잣집이 아니고서는 뒤채가 따로 있는 집은 거의 없다. 몇 해를 별러서 어머니 무덤 앞에 원추리 몇 포기를 심었는데 두어 해 지나보아야 제대로 자리를 잡았는지 알 수 있을 것 같다.

왕원추리

Hemerocallis fulva f. *kwanso* (Regel) Kitam.

산과 들에 나는 여러해살이풀.

높이 1m 이상. 보통 원추리보다 꽃이 크고 색이 짙다. 7~8월 개화. 관상용, 어린순은 식용, 뿌리는 약용한다.

[이명] 가지원추리, 겹원추리, 수넘너물

노랑원추리

Hemerocallis thunbergii Baker

산과 들에 나는 여러해살이풀.

높이 1m 이상. 6~7월 개화. 꽃이 원추리보다 훨씬 밝은 노란색이다. 저녁 무렵에 꽃이 피었다가 다음 날 아침에 지므로 '저녁원추리'라고도 한다.

[이명] 골잎원추리, 저녁원추리(북한명)

각시원추리

Hemerocallis dumortieri Morren

산지에 나는 여러해살이풀.

높이 50cm 가량. 잎이 활처럼 뒤로 휘고 전체가 소형이다. 6~8월 개화. 어린잎은 식용, 뿌리는 약용한다.

[이명] 가지원추리, 각씨넘나물, 꽃대원추리

©김희영

상여 위에 올라탄 꼭두서니

꼭두서니 *Rubia akane* Nakai
들이나 산에 나는 꼭두서니과의 여러해살이풀. 길이 1m 가량. 원줄기는 네모지고 능선에 밑을 향한 짧은 가시가 있다. 잎은 네 장씩 돌려나기를 한다. 6~8월 개화. 뿌리는 약용, 천연염료용, 연한 잎은 식용한다.
[이명] 꼭두선이, 가삼자리

어릴 적에 보았던 상여 행렬은 참 신기했다. 상여는 길도 없는 들과 밭을 구름처럼 흘러갔다. 개울도 울타리도 거침이 없이 배처럼 떠갔다. 좁은 다리나 가파른 비탈도 태연하게 넘고 올랐다. 만장을 든 사람들, 상여꾼들, 상주들, 문상객들 그리고 동네 아이들이 따라가면 길이 없던 산에도 길이 생겼다. 황천 가는 길은 그 무엇도 막아 세우지 못하는 걸 그때 알았다.

상여가 그렇게 잘 갈 수 있었던 까닭이 궁금해져서 옛날 상여를 메었던 어른들에게 물어서 답을 얻었다. 큰 상여는 상두꾼이 16명이요 그들의 다리가 32개였다. 작은 개울이나 도랑을 건널 때 다리 예닐곱 개 정도는 매달려 건너도 더 많은 다리가 밀고 버티므로 상여가 지나갈 수 있었던 것이다. 탱크나 포크레인이 웬만한 간격은 다 지나가는 것과 같은 원리였다.

좁은 다리나 넓은 개울 앞에서는 대형과 자세를 조정하느라 지체한다. 요즘에 영구차가 튼튼한 다리를 건너갈 때도 멈칫거리며 지체하는 시늉을 하는 것은 이런 상여 행렬의 풍습에서 왔으리라고 짐작이 된다. 옛날의 상여꾼들은 고도로 협동이 잘된 집단체조 선수처럼 움직였다.

저승 길잡이인 '꼭두'가 있어서 상여가 잘 가는지도 모른다. 꼭두는 상여 꼭

대기에 올라탄 작은 나무 인형이다. 그 상여 행렬을 지휘하는 사람은 '요령잡이'나 '선소리꾼'이라고 불렀다. 큰 상여에서는 상두꾼이 많았으므로 요령잡이가 상여에 올라탔고, 작은 상여에서는 앞장서서 요령을 흔들며 상여 행렬을 이끌었다. 그의 선창에 따라 상두꾼들은 상여소리를 부르며 일사불란하게 움직였다.

나는 이 요령잡이가 '꼭두서니'가 아닐까하는 생각을 많이 했다. 꼭두서니는 '꼭두에 선 이' 즉 '상여 꼭대기에 선 사람'이다. '꼭두 앞에 선 사람'이나 '꼭두와 같은 지승 길잡이'라고 해도 좋다.

사전에서 '꼭두서니'를 찾아보면 이런 사람을 지칭하는 뜻풀이는 없고, 꼭두서니과의 여러해살이풀이나 이 풀의 뿌리에서 추출한 염료라고 나와 있다. 꼭두서니는 덩굴도 아닌 줄기로 부근에 있는 식물을 잘도 타고 오른다. 줄기에 거꾸로 난 자잘한 가시가 있어서 아무리 높은 곳이라도 타고 올라간다. 꼭두서니가 자라는 모습은 어떤 곳이나 거침없이 지나가는 상여의 행렬과 같다.

상여 행렬이 다리가 많아서 거침없이 행진하는 것처럼 줄기에 난 자잘한 가시들이 다른 식물에 벨크로처럼 달라붙어 올라간다. 이런 저런 모습들 때문에 '꼭두서니'의 이름을 들으면 언제나 상여의 꼭두에 선 사람이 생각난다.

소나무를 닮은 솔나물

솔나물 *Galium verum* var. *asiaticum* Nakai

산이나 들에 나는 꼭두서니과의 여러해살이풀. 높이 70~100cm. 윗부분에서 가지가 갈라지며 솔잎 모양의 잎이 8~10장씩 돌려난다. 6~8월 개화. 꽃의 지름 2mm 가량. 어린잎은 식용한다.

[이명] 큰솔나물

흰솔나물

꼭두서니들은 다른 식물들을 밟고 꼭대기로 오른다. 그런 삶과 꼭두서니라는 이름이 무관치 않아 보인다. 이런 류의 식물들은 대체로 줄기에 미세한 가시를 달아서 다른 식물체를 올라타거나 기대어 자란다. 그 가시는 눈에 보이지는 않지만 갈퀴 노릇을 하므로 이 집안의 식물들은 흔히 '갈퀴'라는 돌림자를 쓴다. 콩과 식물 중에서도 '갈퀴' 돌림자가 들어간 이름이 많은데, 이들의 갈퀴는 눈에 확연히 드러나는 갈고리 모양이고, 꼭두서니과의 갈퀴는 줄기에 미세하게 난 가시들로서 요즘 널리 쓰이는 벨크로처럼 다른 식물이나 물체에 잘 달라붙는다. 다른 식물을 올라타거나 기대지 않는 갈퀴들은 이름만 갈퀴지 겨우 한 뼘 남짓밖에 자라지 못한다.

솔나물은 형제들의 이런 꼬락서니들이 싫었던 모양이다. 다른 식물들을 못

살게 굴거나 빌붙어 사는 집안 내력을 벗어나서 스스로 홀로서기에 나섰다. 꼭두서니류의 식물들 거의가 흰 꽃을 피우는데 비해서 솔나물은 노란색 꽃을 피워서 그들과 다르다고 얘기한다. 잎을 솔잎처럼 가늘게 만든 것은 바람을 견디며 높이 서려는 노력으로 보인다. 그들끼리 무리를 지어 의지하며 사는 까닭에 가는 줄기로도 1m 높이까지 자란다.

솔나물의 싹은 나물이나 튀김을 해먹을 수 있고 민간에서는 여러 증세에 약용했다고 전해지며, 유럽에서는 치즈를 굳게 하는 식물로 쓰였다고 한다. 그리고 꽃이 풍성해서 벌들도 좋아하는 밀원이 되니, 솔나물이 그저 그런 꼭두서니 집안 체면을 세운 듯하다. 솔나물이 소나무와 함께 자라는 곳을 오랫동안 찾아다녔다. 연약한 풀꽃이 소나무를 닮으려는 그 뜻이 가상해서 소나무와 함께 기념사진이라도 찍어주기 위해서였다.

식물에게 무슨 생각이 있겠으며 옳고 그름이 있겠는가마는, 내밀한 감정을 털어 놓거나 동병상린 하기에 한 포기의 풀꽃만한 것이 없다.

무서운 이름 구릿대

구릿대 *Angelica dahurica* (Fisch. ex Hoffm.) Benth. & Hook. f.
산골짜기 물가에 자라는 산형과의 2~3년살이풀. 높이 1~1.5m. 잎집이 잎몸에 비해 크고 줄기를 둘러싼다. 6~8월 개화. 어린순은 식용, 뿌리와 줄기는 약용한다. [이명] 구리대, 구릿때, 백지

'구릿대'라는 이상한 이름을 가진 식물이 있다. 이 이름은 포락(炮烙)의 끔찍한 장면을 연상하게 한다. '포락의 형'(炮烙之刑)은 불구덩이 위에 기름칠한 구리기둥을 걸쳐 놓고 사형수를 건너가게 해서 떨어지면 타 죽게 되는 무서운 형벌이다. 불에 달구어진 구리기둥에 기름칠까지 했으니 살아난 사람이 없었다고 한다.

악명 높은 폭군으로 역사에 기록된 은(殷)나라의 주왕(紂王)은 달기에게 빠져서 정사를 돌보지 않고 그녀를 위해 연못이 딸린 호화스러운 궁전을 짓고 주지육림에 빠졌으며, 세상의 진기한 보물들을 다 구해 주느라 세금 폭탄을 퍼부었다. 백성들의 원성이 높아 가고 왕을 비판하는 대신들이 늘어나자 주왕은 이들을 공포로 잠재우고자 이 포락지형을 만들었다. 주왕과 달기는 달구어진 구리기둥에서 불구덩이로 떨어져 타 죽는 사람들을 보며 즐거워했다고 하는 이야

기가 사마천의 『사기(史記)』 은본기(殷本紀)편에 나온다.

'구릿대'는 줄기가 구리색이면서 대나무를 닮은 데서 유래된 이름이라는 설이 그럴싸하게 들린다. 그러나 산형과의 식물 중에서 줄기가 구리색이면서 대나무를 닮은 식물이 어디 한 둘인가. 구릿대의 '구리'를 구렁이로 해석해야 된다는 설도 있다. 잘 쓰지 않는 말이지만 '구리'는 구렁이의 다른 말이기도 하다. 이 유래설도 꽤 설득력이 있게 보인다. 왜냐하면 구릿대의 '잎집'이 구렁이의 머리 모양을 닮았기 때문이다. '잎집'은 '엽초'(葉鞘)라고도 하며 잎자루가 줄기를 싸고 있는 부분이다. 이와 비슷한 다른 식물들의 잎집은 끝이 뾰족하고 길쭉한데, 구릿대의 잎집만 둥글둥글해서 구렁이의 머리를 닮았다.

잎집들이 굵은 줄기에 붙어 있는 모습이 구렁이가 기둥을 기어오르는 모습을 닮아서 '구릿대'가 되었다는 명확한 근거는 없지만, 어슷비슷한 수많은 산형과 식물의 이름 하나라도 제대로 불러주는 데 도움이 될 만한 좋은 이름 풀이이다.

참당귀

Angelica gigas Nakai

산지나 골짜기에 나는 여러해살이풀. 높이 1~2m. 전체에 자주빛이 돌고 향기가 강하다. 8~9월 개화. 뿌리는 약용하고 어린잎은 식용한다. [이명] 조선당귀

어수리

Heracleum moellendorffii Hance

산과 들에 나는 여러해살이풀. 높이 70~150cm. 줄기는 속이 빈 원기둥 모양, 굵은 가지가 갈라진다. 7~8월 개화. 겹우산모양 꽃차례에서 바깥쪽 꽃이 큰 특징이 있다. [이명] 개독활

개발나물

Sium suave Walter

늪이나 물가에 나는 여러해살이풀. 높이 1m 가량. 아랫부분의 잎은 1회 깃꼴겹잎으로 작은잎이 7~17장이다. 8~9월 개화. 어린잎은 식용하고 뿌리는 약용(신경통)한다.
[이명] 개발풀, 가락잎풀

바디나물

Angelica decursiva (Miq.) Franch. & Sav.

산이나 들의 습지 근처에 나는 여러해살이풀. 높이 80~150cm. 줄기에 세로줄이 발달했다. 작은잎이 3~5장 달린 깃꼴겹잎이다. 8~9월 개화. 흰색 또는 자주색의 꽃이 핀다. 어린잎은 식용한다.
[이명] 사약채, 흰바디나물

©이동희

역사적 러브스토리에 등장하는 마

마 *Dioscorea batatas* Decne.

산 가장자리에 나는 마과의 덩굴성 여러해살이풀. 덩이뿌리는 굵으며 땅속 깊이 들어가고 줄기는 자주색이다. 잎겨드랑이에 육아(肉芽)가 있다. 암수딴그루 식물. 6~7월 개화. 수꽃꽃차례는 곧게 서고 암꽃은 밑으로 처진다. 뿌리는 약용 또는 식용한다. [이명] 당마, 참마

『삼국유사』에 나오는 이야기다. 서동(薯童)은 백제 30대 왕인 무왕(武王)의 어릴 적 이름으로 마(서여, 薯蕷)를 캐서 팔았기 때문에 그리 불렀다고 한다. 그는 진평왕의 셋째 딸 선화공주가 아름답다는 소문을 듣고 신라로 숨어들어가서, 마를 팔면서 서라벌에 노래를 퍼뜨렸다.

"선화공주님은 남몰래 정을 통하고 서동님을 몰래 밤에 안고 간다."

'서동요'라고 하는 이 노래가 서라벌에 널리 퍼지자, 조정은 공주를 멀리 귀양을 보내기로 했고, 왕후는 순금 한 말을 주어 노자로 쓰게 했다. 공주의 귀양길에 서동이 나타나 모시기를 청하자, 공주는 믿음직한 서동에게 첫눈에 반하여 정을 통했고, 그 후에야 서동요가 불리어진 내력을 알게 되었다.

마음이 맞은 둘이 백제로 들어와 살아갈 궁리를 할 때, 공주가 모후에게 받은 금을 꺼내 놓자, 서동은 껄껄 웃으며 자기가 마를 캐던 곳에는 금을 산더미처럼 묻어 놓았다고 했다. 그리고 그것을 긴급택배로 하룻밤 사이에 진평왕에

단풍마

게 보낸다. 공주를 불법 납치해 온 데 대한 미안한 마음과 결혼을 허락해 달라는 예물로 많은 금을 보냈던 듯하다. 어디까지가 사실이고 어디까지가 픽션인지는 모호하나, 삼국시대에도 마를 식용하거나 약용했던 듯하다.

마는 산우(山芋) 또는 서여(薯蕷)라고도 하며, 뿌리는 굵은 덩어리거나 손바닥 모양이고 땅속 깊이 있다. 마의 덩이뿌리는 한방에서 산약(山藥)이라고 하며, 위장을 튼튼하게 하고, 정력을 강화시키고, 설사를 멎게 하는 등 여러가지 병증에 약리작용이 있다고 한다. 뿌리에 전분이 많아서 흉년에는 훌륭한 구황식물이 되기도 했다.

여러 종류의 마 중에서 가장 화려한 꽃을 피우는 단풍마는 덩굴로 나무를 높이 감고 올라가서 황금빛 꽃차례를 늘어뜨린다. 선화공주가 서동 앞에서 쏟아 놓았던 순금 한 말이나 진평왕에게 보냈던 금붙이가 쏟아지는 모양으로 핀다.

단풍마
Dioscorea quinqueloba Thunb.
산이나 들에 나는 덩굴성 여러해살이풀. 전체에 거친 털이 있고, 잎은 손바닥 모양 5~9갈래이다. 7~8월 개화. 뿌리는 약용한다. [이명] 국화마
*국화마는 털이 없고 잎은 5~7갈래로 갈라진다.

각시마
Dioscorea tenuipes Franch. & Sav.
산지에 나는 덩굴성 여러해살이풀. 굵은 땅속줄기가 옆으로 뻗으며, 열매에 날개가 3개 달린다. 7~8월 개화. 남부 지방에 분포한다.
[이명] 애기마 *도꼬로마는 각시마와 비슷하나, 열매에 날개가 1개 달린다.

둥근마
Dioscorea bulbifera L.
산지에 나는 덩굴성 여러해살이풀. 덩이뿌리가 크고 둥근 모양으로 지름 5~8cm이다. 8~10월 개화. 덩이뿌리는 약용 또는 식용한다.

유년의 추억으로 가는 이정표 짚신나물

짚신나물 *Agrimonia pilosa* Ledebour

들이나 길가에 나는 장미과의 여러해살이풀. 높이 30~150cm. 6~8월 개화. 어린잎은 식용하고 전초는 약용한다.
[이명] 등골짚신나물, 낭아(狼牙), 용아초(龍牙草) 등

들길을 가다가 문득 만나는 짚신나물은 아득한 유년의 추억으로 가는 이정표다. 나는 볏짚으로 짚신을 삼고, 가마니를 짜고, 새끼를 꼬는 어른들의 일을 거들면서 어린 시절을 보냈다. 그 무렵 어른들은 짚신을 신고 농사일을 하다가, 마을 밖으로 나들이 갈 때만 하얀 고무신을 꺼내 신었다. 볏짚은 짚신을 삼는 데 쓰일 뿐 아니라 농촌 생활 어느 곳에도 쓰이지 않는 곳이 없었다. 볏짚으로 지붕을 덮고 방바닥에 까는 자리를 짰다. 여름철엔 마당에서 볏짚 멍석에 둘러앉아 밥을 먹었다. 멍석은 곡식을 널기도 하고 식구들이 일하는 자리기도 했다. 볏짚으로 거적과 가마니를 짜서 온갖 양식을 갈무리했다. 닭은 볏짚으로 엮은 둥지에서 알을 낳았다. 외양간의 소들은 볏짚을 썰어서 끓인 쇠죽을 먹고 겨울을 났다.

그 무렵에는 종이가 너무도 귀해서 내 나이 열 살 무렵에야 신문지로 뒤를

닦기 시작했다. 그 전에는 통시(변소) 한 구석에 볏짚을 한 단 놓아두고 지푸라기 몇 가닥을 뽑아 대여섯 번을 겹쳐서 뒤를 닦았다. 수천 년 벼농사문명이 내 어릴 적까지 그대로 남아 있었다.

나는 가끔 재미삼아 어른들 짚신을 신고 다녔는데, 한 번은 짚신 한 짝을 뒷간에 빠뜨려 버렸다. 헐거운 어른 짚신을 신고 통나무 발판이 건들거리는 뒷간에 갔으니 언젠가 한 번은 일어나고야 말 사고였다. 어린 마음에 크게 혼날 줄 알고 볏짚을 쌓아둔 헛간 구석에 숨었다. 그 무렵 헛간은 나의 포근한 은신처였다.

짚신나물의 살짝 굽은 노란 꽃차례는 짚신을 닮은 듯도 하다. 어떤 책에서는 그 잎이 짚신을 닮아서 붙은 이름이라고도 한다. 그 이름이 아니라면 이 꽃에서 짚신을 떠올리기가 쉽지 않지만, 나는 '짚신'이라는 두 글자만으로도 짚신시대의 추억으로 가는 기차를 탄다. 그 종착역엔 언제나 포근한 헛간의 볏짚더미가 기다리고 있다.

머지않아 볏짚에의 추억을 간직한 사람들이 모두 사라지면, 아무도 기억하지 못하는 묘비처럼 짚신나물은 무심코 피고 지리라.

큰제비고깔의 놀부심술

큰제비고깔 *Delphinium maackianum* Regel

산지에서 자라는 미나리아재비과의 여러해살이풀. 높이 1m 정도. 7~8월 개화. 꽃받침이 고깔 모양으로 변형되었고 꽃잎은 고깔 안쪽에 작은 제비 모양의 돌기로 변형되어 있다. [이명] 산제비고깔

오래전에 태백산 부근에서 큰제비고깔을 처음 보았다. 제비고깔은 북한 지역에 자생하고, 국내에서는 본 사람이 없는 듯하다. 그러니까 이 글은 큰제비고깔의 이야기다.

꽃은 고깔처럼 생기기는 했는데 하필이면 제비고깔일까? 그 꽃에서 마땅히 제비를 떠올릴 만한 단서가 보이지는 않았다. 혹시 제비의 모습을 볼 수 있을까 해서 꽃을 자세히 살펴보았더니 여느 꽃들과는 확실히 다른 모습을 하고 있었다. 미나리아재비과 식물이 대개 그렇듯이, 보라색 고깔로 보이는 것은 꽃받침이 변형된 것이고 꽃잎은 변형되어 고깔 속에 있다. 꽃잎이 변형된 것은 꽃 가운데에 짙은 보라색 돌기로 보였고, 바로 그 모습이 제비 모양을 많이 닮아 있었다. 전체 모습은 고깔 모양이고 그 속에 제비가 있어서 제비고깔이 되지 않았을까 짐작해보았다.

이 꽃에 벌이 달려드는 모습을 흥미롭게 관찰했다. 꽃 가운데에 작은 제비 모양의 돌기가 버티고 있어서 벌이 꿀을 얻기가 어려워 보였다. 벌들은 제비 모양의 돌기 아래에 감추어진 꽃술 부근에서 한참동안 비비적대다가, 꽃가루만 묻혀 가는 듯했다. 사실 꽃 이름 때문에 그 돌기가 제비 모양으로 보이는 것이

큰제비꼬깔에서 꿀을 얻으려는 벌이 꽃 정면에서 실패한 듯 꽃의 꿀주머니를 직접 뚫는다.

지, 이 꽃은 벌을 유혹하기 위한 암벌의 모습일 가능성이 많다.

꿀을 얻지 못한데다가 가짜 벌에 속은 벌은 약이 올랐는지 꽃 뒤로 돌아가서 꿀 냄새가 나는 곳을 붙들고 한참 씨름을 했다. 그 도굴작업도 만만치 않자 벌은 이내 포기하고 다른 꽃으로 날아갔다. 한마디로 제비고깔은 꿀 냄새만 풍겨 벌을 유혹하고 꽃가루를 묻혀가게 하는 고약한 수법을 쓰는 듯했다.

내 짐작이 맞다면 그야말로 놀부 심보가 아닐 수 없다. 놀부가 다리를 부러뜨렸던 제비들이 거꾸로 놀부 심술을 배웠을까? 제비고깔이나 큰제비고깔이나 번성하지 못하는 걸 보면 놀부 심술 같은 번식 수법 때문은 아닐까 싶다.

제비고깔

Delphinium grandiflorum L.

산지에서 자라는 여러해살이풀. 높이 60cm 정도. 큰제비고깔은 잎이 넓게 3갈래로 갈라지고, 제비고깔은 가늘고 깊게 여러 갈래로 갈라진다. 7~8월 개화. 꽃을 옆에서 보면 제비가 나는 모습처럼 보인다. 북한 및 중국 동북부 지역에 분포한다.

06 여름과 가을 사이

여름과 가을 사이 한 달,
입추(立秋)라는 말이 무색한 8월의 뜨거운 한 달 동안
일 년 중에 가장 많은 꽃들이 핀다.
식물들은 이 무렵 해가 짧아지는 신호를 느끼며
그 삶의 절정을 맞이한다.

봄에 새싹이 나서 여름 동안 성장하고
성장의 절정에서 꽃을 피워
따가운 가을 햇살에 단단한 결실을 맺는다.
그리고 겨울잠을 자며 새로운 일생을 꿈꾸는
이러한 식물들의 생애주기는
대자연에 잘 순응하는 삶이다.

달맞이꽃

여름밤 달빛 아래
달맞이꽃 피었다.
옥죄였던 젖가슴 부푸는 소리
속살에서 피어나는 노오란 향기

잎새에 부서지는
푸른 언약
기약 없는 기다림
덧없는 사랑

달맞이꽃 *Oenothera biennis* L
건조한 들판에 자라는 바늘꽃과의
두해살이풀. 높이 50~90cm. 7~9월
개화. 저녁 9시경에 꽃이 피고
다음날 오전에 시든다.
[이명] 겹달맞이꽃

애기달맞이꽃

Oenothera laciniata Hill

바닷가의 모래땅에 자라는 두해살이풀. 높이 20~30cm. 줄기가 땅을 기며 달맞이꽃에 비해 꽃이 작다. 5~10월 개화. 해가 질 무렵 꽃이 핀다. [이명] 좀달맞이꽃

마타리와 마타하리

마타리 *Patrinia scabiosaefolia* Fisch. ex Trevir.

산과 들의 양지에 나는 마타리과의 여러해살이풀. 높이 60~150cm. 윗부분에서 가지를 치고 밑에서 새싹이 나와 자란다. 8~10월 개화. 어린 식물은 식용한다. [이명] 가얌취, 가양취, 미역취

소녀가 산을 향해 달려갔다. 이번은 소년이 뒤따라 달리지 않았다. 그러고도 곧 소녀보다 더 많은 꽃을 꺾었다.

"이게 들국화, 이게 싸리꽃, 이게 도라지꽃…."

"도라지꽃이 이렇게 예쁠 줄은 몰랐네. 난 보랏빛이 좋아!… 근데 이 양산같이 생긴 노란꽃이 머지?"

"마타리꽃"

소녀는 마타리꽃을 양산 받듯이 해보인다. 약간 상기된 얼굴에 살폿한 보조개를 떠올리며.

시골 소년과 도시 소녀의 순수한 사랑을 그린 소설 「소나기」의 한 장면이었다. 사람들은 마타리하면 소나기에서 소녀가 양산 받듯이 한 마타리보다는 여간첩의 대명사인 '마타하리'를 먼저 연상하는 것 같다. 물론 마타리와 마타하리는 이름 외에 아무런 관련이 없다.

마타하리는 1차 세계대전 당시 파리의 사교무대였던 물랭루즈의 댄서였다. 독일은 파리 사교계의 중심에 있었던 마타하리를 이용해서 첩보를 수집했지만, 실제로 그녀가 수집한 첩보는 사교계에 나도는 잡다한 소문 정도였었다. 프랑

스는 그녀가 보낸 첩보가 연합군 5만 명의 목숨과 같다며 사형을 선고했다. 프랑스 권력층은 그들의 갖가지 추문이 드러날 위기를 느낀 나머지 사형 집행을 서둘러 그들의 지저분한 냄새를 덮어버리려 했다는 후문이 있다.

마타리는 그 뿌리에서 된장 썩는 냄새가 나서 '패장'(敗醬)이라고도 하고, 이 고약한 냄새를 '맡았니'라고 하는 데서 그 이름이 유래되었다고 한다. 또, 설거지한 물을 '마타리물'이라고도 하는 지방이 있는 걸 보면 아무래도 아랫도리에서 나는 좋지 않은 냄새에서 그 이름이 나왔을 개연성이 크다.

우리 꽃이름 중에 '타리'나 '다리'라는 꼬리말이 붙은 것이 몇몇 있다. 이 이름들에서 '다리'라는 접미사는 '~을 닮은 꽃'으로 풀이할 수 있다. 예컨대 솜다리는 솜을 닮은 꽃, 수수꽃다리는 수수꽃 닮은 꽃이라는 뜻이다. '마타리'는 키가 훤칠하니까 '말을 닮은 꽃'이라는 뜻으로 '말(馬)+다리'가 변음된 이름이 아닐까 하는 생각도 해 보았다.

마타리와 상관없는 마타하리 이야기를 잠깐 꺼낸 까닭이 한 가지 있다. 마타하리는 1876년 8월 7일, 네덜란드에서 인도네시아계 부모로부터 태어났고 원래 이름은 마가레타(Margaretha Geertruida Zelle)였었다. 마타하리(Mata Hari)라는 애칭은 인도네시아어로 '여명의 눈동자'란 뜻이다. 마타하리는 1917년 10월 15일에 총살형으로 삶을 마감했다.

마타리의 꽃은 8월 초에 피기 시작해서 10월 중순까지 피어있다. 이 꽃과 이름이 비슷한 마타하리도 8월초에 태어나 10월 중순에 사라져 갔다.

금마타리

Patrinia saniculaefolia Hemsl.

높은 산지에 나는 여러해살이풀. 높이 30cm 가량. 줄기는 곧게 서고, 뿌리에서 나는 잎은 손바닥 모양이다. 줄기에서 나는 잎은 깃 모양으로 깊게 갈라진다. 6~7월 개화. 한국(전역) 특산식물이다. [이명] 향마타리

뚝갈

Patrinia villosa (Thunb.) Juss.

산이나 들의 양지바른 곳에 나는 여러해살이풀. 높이 1m 가량. 전체 모양이 마타리와 닮았으나, 털이 많고 꽃이 흰색이다. 7~8월 개화. 어린잎은 식용한다.
[이명] 뚝깔, 뚜갈, 흰미역취

*마타리와 뚝갈이 섞여 자라는 곳에서는 자연교잡종이 나타난다. 3장의 사진 좌로부터 마타리와 뚝갈이 섞여 자라는 모습(왼쪽), 가까이 촬영한 모습(가운데), 흰꽃과 노란꽃이 반반씩 달린 자연교잡종(오른쪽). 이 자연교잡종은 국가표준식물목록에 등록되어 있지는 않으나, '뚝마타리'라고 불린다.

언제나 우리 곁을 지켜온 박하

박하 *Mentha piperascens*(Malinv.) Holmes
개울가와 습지에서 나는 꿀풀과의 여러해살이풀. 높이 60~100cm. 줄기는 단면이 사각형이고 곧게 선다.
7~10월 개화. 잎과 줄기는 약용하고, 박하유, 박하주정의 원료로 쓴다.
[이명] 털박하, 야식향(夜息香), 번하채, 인단초(仁丹草) 등

박하는 그 꽃의 모습보다도 향기로 더 기억되는 식물이다. 이 땅의 야생식물 중에서 그만큼 강한 향을 내는 것이 없다. 박하 향은 너무 강렬해서 음식에는 쓰지 않고, 껌, 사탕, 음료수, 담배, 은단 같은 것에 첨가제로 들어가서 입안에 청량한 자극을 준다. 입뿐만 아니라 타박상에 붙이거나 바르는 약품의 원료가 되어 피부의 염증을 가라앉히고 통증을 덜어주고 활명수에도 들어가서 속까지 시원하게 한다.

나도 어렸을 적에 박하 신세를 크게 졌던 기억이 있다. 충치를 앓았는지 몰라도 예닐곱 살 무렵에 이가 몹시 아팠다. 할머니는 냇가에서 박하 한 줌과 흰 띠를 두른 돌 한 개를 가져오셨다. 그것을 삶은 물을 여러 차례 입에 머금고 있으면 이 아픈 것이 사라졌다. 지금 생각해보니, 박하는 염증을 가라앉히고 통증을 덜어주고, 흰띠가 있는 돌은 일종의 위약효과(僞藥効果, placebo effect)였다.

그 무렵 나는 꽤나 잔병치레를 했지만 병원 신세를 져본 적이 없다. 약방이나 의원이 삼십 리나 떨어진 읍내에 있기도 했지만, 자질구레한 질환은 동네 안에서 해결할 수 있었기 때문이다. 배앓이나 체한 것 정도는 할머니가 약손으로 다 낫게 해주었고, 옆집 할매는 침을 잘 놓고, 뒷집 할배는 뼈 맞추는 도사고 뒤 집에는 일본 친척이 보내 줬다는 귀한 금계랍(키니네)이 있고 어떤 집에서는 쉬쉬하지만 급할 때는 아편을 얻을 수 있었다.

치과의사는 일 년에 한두 번 등짐을 지고 동네에 나타났다. 그 상자에서 처음 보는 이상한 도구들을 꺼내서 방안에 널어놓고 어른들의 이를 빼고 금니를 만들어 주면서 며칠을 묵고 갔다. 어디서 오는지 몰라도 용하다는 침쟁이도 몇 달에 한 번씩 왔다. 그 시절에는 의료 행위에 특별한 자격증이나 면허가 없었고, 산과 들에 널려 있는 모든 풀과 나무들이 여차하면 약이 되었다.

그때는 고향 동네 앞 냇가에 박하가 지천이었지만, 요즘은 키 큰 잡초들만 무성해서 박하를 찾기는 어려워졌다. 박하 향기를 맡으면 잠깐의 반가움 뒤에 언제나 어릴 적 꿈같은 추억의 미로가 열린다.

산박하
Isodon inflexus (Thunb.) Kudo
산지에 나는 꿀풀과 산박하속의 여러해살이풀. 높이 1m 가량. 전체에 잔털이 있으며 줄기는 네모지고 곧게 선다. 잎은 마주나며 톱니가 있으며 잎자루가 길고 날개가 있다. 6~8월 개화. 꽃의 길이 8~10mm. 어린잎은 식용한다.
[이명] 깻잎나물, 깻잎오리방풀, 깻잎오리방풀(북한명), 애잎나물

오리방풀
Isodon excisus (Maxim.) Kudo
깊은 산에 나는 여러해살이풀. 높이 50~100cm. 전체적으로 산박하와 비슷하나 잎 끝이 거북꼬리 모양이며 꽃차례가 풍성하다. 7~9월 개화.
[이명] 둥근오리방풀, 지리오리방풀

방아풀
Isodon japonicus (Burm.) Hara
산과 들의 약간 건조한 곳에 나는 여러해살이풀. 높이 1m 가량. 줄기는 네모지고 곧게 서며, 가지를 많이 친다. 8~9월 개화. 어린순은 식용, 성숙한 것은 약용한다. [이명] 회채화

배초향
Agastache rugosa (Fisch. & Mey.) Kuntze
양지의 자갈밭에 나는 여러해살이풀. 높이 40~100cm. 줄기는 네모지고 곧게 서며 위에서 가지가 많이 갈라진다. 7~9월 개화. 줄기 끝에 많은 꽃이 밀집하여 달린다. 전초는 약용하고 어린잎은 식용 및 향료로 쓴다.
[이명] 방아잎, 방아풀, 방애잎, 종개풀
©이우락

파브르의 목숨을 구한 쐐기풀

혹쐐기풀 *Laportea bulbifera* (Siebold & Zucc.) Wedd.

숲 속에 나는 쐐기풀과의 여러해살이풀. 높이 40~70㎝. 줄기와 잎에 눈에 잘 띄지 않는 가시 같은 독침이 있다. 잎겨드랑이에 주아(珠芽)가 달려 번식하므로 혹쐐기풀이라고 한다. 7~8월 개화. 잎은 약용한다.

[이명] 알쐐기풀

들꽃을 사랑하는 벗과 함께 꽃 탐사를 하는 일은 즐겁다. 어느 날 함께 탐사를 하던 동호인 한 분이 길섶에 난 풀을 만지며 물었다.

"이것이 모시풀인가요? 쐐기풀인…. 앗 따거라!"

"하하하, 그 풀이 쐐기풀이라고 스스로 밝히는구먼요."

쐐기풀이나 모시풀 종류는 숲이나 들에 흔한데다가, 눈길을 끌지도 못하는 식물이어서 들꽃을 즐겨 찾는 사람들조차도 이런 변을 당한다. 게다가 쐐기풀과에는 무슨 모시풀이나 쐐기풀, 거북꼬리 등 비슷하게 생긴 풀이 수십 가지나 있으니 말이다. 그날 만난 풀도 집에 돌아와서야 '혹쐐기풀'로 이름을 확인하였다. 국가표준식물목록에 무슨 쐐기풀이 아홉 가지나 나와 있었는데, 혹쐐기풀은 잎겨드랑이에 주아가 있어서 쉽게 구별이 되었다. 그냥 쐐기풀은 우리나라에 희귀해서 본 사람이 별로 없는 듯하다.

파브르의 곤충기는 그가 쐐기풀의 덕을 톡톡히 본 이야기로부터 시작된다. 파브르가 동호인들과 함께 1,912m 높이의 '방투우산'을 탐사할 때, 갑작스런 폭우와 짙은 안개로 방향을 잃고 조난을 당하게 되었다. 길을 잃고 헤매다가 밤이 되었는데, 일행 중 누군가가 쐐기풀에 쏘였다. 길을 따라 자라는 쐐기풀의

성질을 알고 있는 파브르는, 어둠 속을 더듬어 일부러 쐐기풀에 쏘여가며 대피소를 찾았다. 파브르는 그의 곤충기 제1장에서 그때 대피소를 찾지 못했다면 고산의 추위로 목숨을 잃을 수도 있었다고 회고하고 있다.

쐐기풀은 잎과 줄기에 보일 듯 말 듯 작은 독침이 있다. 그 침은 주사바늘 구조로 되어 있다. 쐐기풀에 찔리면 벌이나 쐐기의 침처럼 개미산이 분비되어서 한참동안 꽤나 고통스럽다. 아무런 소용도 없을 것 같은 쐐기풀이 도대체 무엇을 지키려고 그런 침과 독액을 만들었을까? 게다가 하필이면 길 주변에 자라서 인간을 괴롭히는 걸까? 어쨌거나 파브르는 그런 쐐기풀의 특징을 잘 알고 있었기에 자칫 목숨까지도 잃을 뻔했던 위기에서 크게 덕을 본 셈이다.

사람과의 관계도 마찬가지라는 생각이 든다. 도무지 도움이 되지 않을 것 같은 사람도 친해지면 달리 보인다. 쐐기풀 같은 독침을 가진 사람도 나의 스승이 될 수 있고 곤경에서 나를 도와줄 수 있는 능력 하나쯤은 가지고 있다. 어떤 존재가 도움이 되거나 해가 되는 것은 오로지 내가 하기 나름이라는 것을 쐐기풀과 파브르에게서 배웠다.

익모초에게 배운 고진감래

익모초 *Leonurus japonicus* Houtt

들과 밭둑에 나는 두해살이풀. 높이 1m 가량. 줄기가 네모지며, 곧게 서고, 잎은 마주나며 깊게 갈라진다. 6~9월 개화. 연한 홍자색꽃이 잎겨드랑이에 모여 핀다. 전초를 산후출혈, 월경조절, 복통, 신장염 등에 약용한다. [이명] 개방아, 임모초, 육모초

익모초는 '부인에 적합하고 정(精)에 도움을 주므로 익모초(益母草)라고 한다'는 옛날 처방에서 유래된 이름이다. 약으로 쓸 때는 7, 8월에 풀 전체를 채취해서 볕에 말린 뒤 이를 달여 먹는데, 그 맛이 아주 쓰기로 악명이 높다. 그 약리작용은 산후에 자궁의 수축력이 약하여 출혈이 있고 하복부가 팽만하고 우울한 감정과 전신에 힘이 없을 때 복용하면 지혈이 되면서 혈액순환을 활발하게 유도한다고 전해진다. 따라서 부인이 해산 후 복용하면 회복력이 빨라지고, 생리불순에는 대사를 원활하게 하여 정상 생리작용을 도와준다.

그 외에도 익모초는 해독, 정혈, 조혈작용이 탁월하여 복통, 결핵, 부종 등의 여러 질환에도 효과가 있으며, 여름철에 더위를 먹어서 식욕이 없고 오한이 나면서 열이 있을 때 생즙을 짜서 먹으면 좋다고 한다. 이 풀이 그 어느 약초보다도 고맙고 좋은 것은 우리나라 들녘 어디에서나 쉽게 구할 수 있기 때문이다. 이렇게 널리 번성하는 것은 식물로서 크게 성공한 것이다.

©배영옥

여름부터 가을까지 오랫동안 꽃을 피우는 익모초를 보면 벌, 나비, 박각시 같은 온갖 곤충들이 다 날아든다. 식물들의 꽃은 대개 어떤 특정 곤충에 알맞게 그 크기와 형태가 발달하는 경향이 있지만 익모초는 자잘한 꽃으로 여러가지 곤충들을 불러 모으는 멀티플레이어다. 익모초는 어느 곤충도 마다 않고 후하게 꿀을 베풀어 크게 번성함으로써, '좋은 성공'의 본보기가 된다.

나는 어릴 때 약국이나 병원이 없는 두메산골에 살아서 배가 아플 때마다 익모초 달인 쓰디쓴 물을 마셔야 했고 어떤 여름철에는 보약처럼 복용을 강요당했던 기억이 있다. 익모초는 나에게 고진감래(苦盡甘來)를 가르쳐 준 풀이다. 그 쓰디쓴 익모초 달인 물을 대견하게 먹고 나면 그때는 아주 귀했던 사탕을 보상(?)으로 먹을 수 있었다. '고진감래'란 익모초 다음에 사탕이 온다는 말이었다.

송장풀

Leonurus macranthus Maxim.

산자락에 나는 익모초 속의 여러해살이풀.
높이 1.2m 가량. 줄기는 모가 지고 곧게 선다.
8~9월 개화. 연분홍색 꽃이 잎겨드랑이에 모여 난다. 전초는 약용한다.(이뇨제, 강정제, 뇌졸중)
[이명] 개방앳잎, 개속단, 산익모초, 대화익모초

속단(續斷)

Phlomis umbrosa Turcz.

산지에 나는 여러해살이풀. 높이 50~90cm. 뿌리가 굵은 덩이줄기를 여러 개 달고 있다. 줄기는 모가지고 곧게 서며 드물게 가지가 갈라진다. 7월 개화. 뿌리줄기는 약용한다. 속단은 끊어진 혈맥이나 부러진 뼈를 잇는다는 뜻이다.

쉽싸리

Lycopus lucidus Turcz. ex Benth.

물가나 습지에 나는 여러해살이풀.
높이 70~100cm. 전체에 털이 없고, 줄기는 모가 지며 곧게 선다. 6~8월 개화. 암수딴그루.
[이명] 개조박이, 쉽사리, 택란, 털쉽사리

개쉽싸리

Lycopus ramosissimus (Makino) Makino

물가나 습지에 나는 여러해살이풀. 높이 30cm 가량. 가지가 많이 갈라지고, 잎이 넓고 톱니가 깊다. 7~9월 개화.
[이명] 개택란, 고려쉽사리, 조선쉽싸리 등

담배풀에서 피어나는 담뱃대의 역사

긴담배풀 *Carpesium divaricatum* Siebold & Zucc.
산이나 들에 나는 국화과의 여러해살이풀. 높이 30~100cm. 담배풀 종류 중에서 담뱃대 모양을 가장 많이 닮았다. 8~10월 개화. 두상화의 지름 1cm 가량. 아래를 보고 핀다. [이명] 천일초

담배풀은 해바라기 꽃의 축소판이다. 담배풀은 담배를 만드는 풀이 아니라 담뱃대를 닮았다는 뜻이다. 그 누런 꽃도 담배통에 담배를 재어 놓은 모양새다. 내가 어릴 적에는 담뱃대의 길이로 누가 큰 어른인지 알았다. 그 시대에는 담뱃대의 길이가 신분과 연세에 비례했다. 할배가 긴 담뱃대로 놋재떨이를 땅땅 두드리면 그 위엄이 온 집안을 울렸고, 그 담뱃대에서는 구수한 옛날이야기가 연기처럼 피어오르기도 했었다.

담뱃대에 관한 자료를 찾다보니 재미있는 글을 하나 발견했다. 구한말(舊韓末)에 군대도 없던 나라인 조선 상인들이 담뱃대 하나만 들고 만주와 러시아를

겁도 없이 활개를 치며 다녔다고 한다. 러시아인들은 그 담뱃대 속에 탄환을 발사하는 비밀장치가 있다고 믿고 담뱃대를 쪼개어 봤더니 냄새나는 니코틴만 가득했더라는 이야기였다. 양반들, 어른들 눈치 안 봐도 되는 남의 나라에서는 담뱃대를 마음 놓고 휘젓고 다닐 수 있어서 힘이 절로 났던 모양이다.

1890년경에는 친일 내각이 담뱃대를 들고 다니는 것을 금지했다. 담뱃대를 물고 넘어지면 위험하다는 식의 해괴한 논리를 내세웠지만 궐련을 많이 팔아서 일본의 군자금을 충당하기 위한 술책이었다. 아무튼 그 시대에는 담뱃대가 요즘 스마트폰 같은 필수품이었던 듯하다.

그런데 우리 큰집 며느리가 아들을 낳던 해에 역사적 사건이 일어났다. 그 며느리가 작심한 듯, 젖먹이들 건강에 아주 해로우니 집 안에서 담배를 피우지 말라고 시아버지에게 도전장을 던진 것이다. 그 일이 있었던 해가 1980년경으로 기억하는데, 아마 그 무렵이 흡연 완전자유지대였던 우리나라에서 흡연이 공공의 적으로 내몰리기 시작했던 시기였지 싶다.

담배 연기는 할배의 옛날이야기와 버무려져서 구수하기만 했는데 담배의 해로움을 귀에 못이 박히도록 수십 년을 듣다 보니 후각도 세뇌가 되었는지 요즘은 약간 불편하게 여겨진다. 그래도 담배는 말할 수 없이 고마운 작물이었다. 논이 별로 없었던 내 고향에서는 집집마다 담배 농사를 지었다. 일 년 내내 온 식구가 매달려야 하는 바쁘고 힘든 농사였지만 잎담배를 팔아서 학교를 다니고 옷을 사 입을 수 있었다.

요즘 같은 담배 퇴치 풍조라면 언젠가 담배가 사라질지도 모르겠다. 그리 되면 담배풀이 담배의 원료였던 줄 알고 한 시대를 병들게 했던 풀이었다는 누명을 쓸까봐 걱정이 된다.

담배풀
Carpesium abrotanoides L.
산자락에 나는 여러해살이풀. 높이 50~100cm. 잎겨드랑이마다 지름 6~8mm의 꽃이 가지런히 달린다. 8~9월 개화. [이명] 담배나물, 학슬

천일담배풀
Carpesium glossophyllum Maxim.
산지의 건조한 숲 속에 나는 여러해살이풀. 높이 50cm 가량. 전체에 거친 털이 있고, 줄기는 단단하고 곧다. 8월 개화. 꽃은 흰빛을 띤 녹색, 지름 1.2cm 가량. 담배풀 종류 중에서 꽃이 가장 납작한 편이다. [이명] 주걱담배풀

두메담배풀
Carpesium triste Maxim.
깊은 숲 속에 나는 여러해살이풀. 높이 40~100cm. 줄기 밑부분의 잎은 잎자루에 넓은 날개가 있다. 7~9월 개화. 두상화의 지름 1cm 가량. [이명] 산담배풀, 왕담배풀

여우오줌
Carpesium macrocephalum Franch. & Sav.
산에서 자라는 여러해살이풀. 높이 1m 가량. 가지가 굵으며 잎이 넓고 끝이 뾰족하다. 8~9월 개화. [이명] 왕담배풀(북한명)

산비장이가 벼슬을 받은 까닭

산비장이 *Serratula coronata* var. *insularis* (Iljin) Kitam. f. *insularis*

산기슭의 양지에 자라는 국화과의 여러해살이풀. 높이 50~140cm. 8~10월 개화. 어린순은 식용한다.
[이명] 큰산나물, 산비쟁이

산비장이는 비장의 전립 장식과 닮았다.

여름이 끝나갈 무렵 산에 들면 늘씬한 키에 붉은 꽃이 핀 산비장이를 만나게 된다. 산비장은 '산을 지키는 비장(裨將)'이라는 뜻이다. '비장'은 조선시대 감사나 절도사가 데리고 다니던 막료로서, 비서업무나 민정시찰, 감찰업무 등을 수행하던 관직이다. 산에 사는 수많은 나무와 풀들 중에 하필 이 녀석이 비장으로 뽑힌 까닭이 궁금하던 차에, 어느 날 문득 유난히 붉은 산비장이의 꽃이 눈에 들었다. 그 꽃의 색깔과 모양이 어디서 많이 본 듯했다. 바로 조선시대에 무관들이 쓰던 모자 전립(氈笠)의 장식용 수술과 많이 닮았다는 생각이 들었다. 전립의 꼭지에 다는 장식은 금, 은, 옥, 공작깃 등 무관의 품계에 따라 그 장식을 달리했다. 대체로 하급 무관이었던 비장의 전립 장식이

붉은 수술과 공작깃이 아니었을까 하는 생각이 들었다. 그러고 보면 산비장이의 잎은 새깃 모양으로 갈라진 특징이 있는데 이 역시 전립을 장식하던 공작의 깃과 많이 닮았다는 생각이 든다.

보통 사람들은 산비장이보다 '배비장'을 더 잘 알고 있다. 배 비장은 신임 제주목사의 비장으로 제주에 사전 답사를 갔다가 명기 애랑에게 농락당해서 갖은 수모를 겪는 소설 속의 인물이다. 같은 소설 속에 등장하는 정 비장 역시 전임 제주목사의 비장으로 애랑에게 생니까지 뽑아주고 가는 얼빠진 친구로 등장한다. 비장이란 직책은 지방 수령을 측근에서 보좌하는 소임이니, 당연히 충직하고 총명한 사람들이었을 것이다. 훌륭하고 뛰어난 수많은 비장이 있었을 것임에도 불구하고 웃음거리가 된 두 사람의 비장 이야기만 전해지는 걸 보면 세상 인심이 참 고약하다는 생각도 든다.

그 못난 비장들 때문에 산비장이의 체면이 걱정이다. 훤칠한 키에 아름다운 꽃을 피우는 산비장이가 자칫 얼간이 풀꽃으로 취급 받을까 하는 염려 때문이다. 산비장이가 입이 있다면 이런 말을 할 것 같다. "부디 처신을 조심해서 가족이나 동료를 욕되게 하지 말게나."

산삼보다 더 좋다는 약초 하수오

하수오 *Fallopia multiflora* (Thunb.) Haraldson

마디풀과의 덩굴성 여러해살이풀. 뿌리가 뻗으면서 군데군데 덩이뿌리를 형성한다. 8~9월 개화. 괴근(적하수오)은 약용한다. 중국 원산, 약용식물로 재배하던 것이 야화(野化)된 것이 많다.

언젠가 하수오 이야기를 인터넷에서 보고 스크랩을 해 두었다. 출처는 분명하지 않지만 재미있는 이야기라서 줄거리만 옮겨 본다.

"옛날 중국의 남쪽지방에 하(何)전아라는 사람이 살았는데 워낙 병약하여 58세가 되도록 장가도 들지 못했다. 그가 어느 날 남녀가 사랑을 하는 모습처럼 얽힌 덩굴을 보고 홀로 사는 외로움도 달랠 심산으로 뿌리째 캐어 왔다. 그날 밤, 하씨의 꿈에 신선이 나타나 이르기를 '그 약초는 하늘이 네게 내리는 보약이니 잘 달여 먹어라' 하였다. 하씨가 꿈에 본 신선의 말대로 이 뿌리를 정성껏 달여 먹었더니 과연 몸도 건강해졌을 뿐만 아니라 흰 머리까지 도로 검어졌다. 그리하여 그는 나이 60에 장가를 가서 160세까지 건강하게 살았으며 아들 또한 이 약초를 꾸준히 달여 먹고 130세까지 장수했다고 한다. '하수오'란 하(何)씨의 머리(首)가 까마귀(烏)처럼 검어졌다는 뜻이다."

하수오는 고구마 같은 뿌리의 색이 붉어서 적(赤)하수오라고도 한다. 다시 말하자면 적하수오는 하수오와 다른 종이 아니라 약재로 쓰이는 하수오의 뿌리를 일컫는 말이다. 신체허약, 요통, 고혈압, 만성간염, 장염 등의 증상에 효과가 있다고 한다. 언젠가 호남지방에서 백 년이 넘은 적하수오 10여 뿌리를 캤는데 그 시가가 1억이 넘었다니 산삼과 비견될 만하다.

몸에 좋은 비싼 보약으로 말하자면 어디 산삼이나 하수오 뿐이겠는가. 녹용, 웅담, 상황, 영지, 동충하초, 로얄제리… 열거하기도 벅차다. 그런데 이렇게 귀하고 비싼 보약을 마음대로 먹을 수 있었던 사람들이 특별히 오래 살았다는 소리는 들어 본 일이 없다. 나에게는 그런 비싼 보약들보다도 더 좋은 보약이 많이 있다. 그것은 낙천적 생각과 밝은 웃음, 검소한 음식 맛있게 먹기, 자연과 인간에 대한 진솔한 사랑, 감동과 감사에 인색하지 않는 마음, 몸을 부지런히 움직이는 습관이나 취미 같은 것들이다.

이러한 보약들은 오래 두어도 상하지 않으며 사용할수록 풍부해지는 것이며 어떠한 재난에도 사라지지 않는 것들이다. 내가 존경하는 선생님 한 분도 '何首烏'를 그것을 먹는다고 "어찌 머리가 검어지랴"로 풀이하셨다.

나도하수오
Fallopia ciliinervis (Nakai) Hammer

높은 산지에 나는 덩굴성 여러해살이풀. 길이 2m 가량. 하수오에 비해 잎에 주름이 많고 길쭉하며 꽃이 수직으로 서는 경향이 있다. 6~8월 개화. [이명] 하수오

삼도하수오
Fallopia koreana B. U. Oh & J. G. Kim

높은 산지에 나는 덩굴성 여러해살이풀. 1990년대 초반 경상, 전라, 충청도의 경계가 만나는 민주지산 일대에서 처음 발견되어 삼도하수오라는 이름이 붙었으며 한국 특산식물이다. 7~8월 개화. 민주지산, 덕유산, 황학산, 지리산 등에서 주로 발견된다.

큰조롱
Cynanchum wilfordii (Maxim.) Hemsl.

산이나 들의 양지바른 풀밭에 나는 박주가리과의 덩굴성 여러해살이풀. 길이 3m 정도. 하수오와 식물분류계통이 다른 박주가리과의 식물이나, 한약재명에서 큰조롱의 뿌리를 '백하수오'라고 하므로 약간의 혼동이 있다. 7~8월 개화. 약용식물로 재배한다.

세포큰조롱
Cynanchum volubile (Maxim.) Hemsl.

산지에 나는 덩굴성 여러해살이풀. 줄기에 곱슬곱슬한 털이 있다. 8월 개화. 강원도 세포(북한)에서 발견되어 이름을 얻었으며, 전국에 드물게 분포한다. [이명] 큰은조롱(북한명)

이질풀과 쥐손이풀

이질풀 *Geranium thunbergii* Siebold & Zucc.
들에 나는 쥐손이풀과의 여러해살이풀. 높이 50~100cm. 전체에 털이 있고, 잎은 손바닥 모양으로 3~5갈래로 갈라진다. 8~10월 개화. 꽃의 지름 1~1.5cm. 꽃잎에 5개의 줄이 있다. 전초를 이질이나 위장 질환에 약용한다.
[이명] 개발초, 민들이질풀, 분홍이질풀, 쥐손이풀

가을 들녘에 나가면 짙은 분홍색의 이질풀 꽃을 볼 수 있다. 그 옆에는 작은 양초를 닮은 갓 생긴 초록색 씨방들과, 갈색으로 변해서 껍질이 위로 도르르 말린 여문 씨방들이 있다. 껍질이 말린 씨방들은 상식이 화려한 옛날 촛대처럼 보여서 조물주가 만든 멋진 꽃꽂이 작품이라는 생각이 든다.

그런데 이질풀과 비슷한 것들이 많아서 그 이름을 제대로 알고자 자료를 찾아보면 보통 일이 아니다. 모양과 이름이 비슷비슷한 쥐손이풀과의 식물들이 스물 대여섯 종이나 국가표준식물목록에 등록되어 있다. 그중에 이질풀이라고 이름 붙은 것이 열두어 가지고, 쥐손이라고 이름 붙은 것이 열댓 가지나 된다. 그들 중에 대표격으로 보이는 이질풀과 쥐손이풀만이라도 제대로 알고 싶어서 뚜렷이 구별되는 차이를 찾아보았다.

우선 이질풀의 꽃잎에는 자주색 줄무늬가 다섯 개, 쥐손이풀에는 세 줄의 줄무늬가 뚜렷하였다. 또 이질풀은 대체로 꽃이 하늘을 보고 피는 반면에 쥐손이풀은 꽃이 옆을 보고 피는 편이다. 이는 단지 이질풀과 쥐손이풀, 그리고 그들의 근연종에만 해당되는 식별방법이지 쥐손이풀과의 모든 식물에 맞지는 않다.

그런데 이질풀은 이질에 좋은 약이라서 붙은 이름이라지만, 쥐손이풀은 무슨 연유로 그리 부르게 되었을까 궁금했다. 자료에는 쥐손이풀도 이질풀과 같은 치료 효과가 있다고 한다. 깊게 갈라진 잎이 쥐의 발 모양을 닮아서일 것이라고 짐작은 되지만 '쥐발이풀'이 아니라 '쥐손이풀'이라고 부르는 것이 이상하지 않은가.

지금은 이질 같은 전근대적인 전염병도 거의 없고, 좋은 약도 많지만, 옛날에는 이질에 걸리면 생명을 잃기도 했던 무서운 병이었다. 그 시대에는 오직 '엄마손은 약손, 네 배는 똥배' 하는 주문이나 외며 구전으로 내려오는 몇몇 약초와 천지신명에게 운명을 맡겨야만 했다. 쥐손이풀이라는 이름은 사경을 헤매는 아이에게 속수무책이었던 그 시대에 '쥐손'이라도 빌리고 싶은 마음에서 나오지 않았을까 하는 생각도 든다.

둥근이질풀
Geranium koreanum Kom.
높은 산에 나는 여러해살이풀. 높이 1m 가량. 전체에 털이 약간 있고, 잎은 3~5갈래로 갈라진다. 7~8월 개화. 지름 2cm 가량. 전초를 약용(지사제)한다. [이명] 긴이질풀, 둥근쥐손이, 산이질풀, 왕이질풀

선이질풀
Geranium krameri Franch. & Sav.
산이나 들에 나는 여러해살이풀. 높이 60~80cm 이상. 털이 있고, 잎은 3~7갈래, 손바닥 모양으로 갈라진다. 7~8월 개화. 꽃의 지름 2.5~3cm. 꽃잎에 짙은 자주색줄이 5개 있다. 전초를 약용(지사제)한다. [이명] 참이질풀, 털손잎풀

꽃쥐손이
Geranium eriostemon Fisher ex DC.
고산의 중턱 이상에 나는 여러해살이풀. 높이 50cm 가량. 전체에 거친 털이 많이 나고 잎은 5~7갈래로 손바닥 모양으로 갈라지며 가장자리에 불규칙한 톱니가 있다. 7~8월 개화. 꽃의 색은 탁하고 연한 자주색, 지름 3cm 가량. [이명] 낭림쥐손이, 털손잎풀, 흰털쥐손이, 털쥐손이풀(북한명) 등

쥐손이풀(왼쪽) *Geranium sibiricum* L.
산과 들에 나는 여러해살이풀. 높이 30~80cm. 잎은 3~5갈래로 깊게 갈라진다. 6~8월 개화. 꽃의 지름은 약 1cm. 꽃잎에 3줄의 무늬가 있다. 이질, 장염, 피부병 등에 약용한다. [이명] 손잎풀

세잎쥐손이(오른쪽) *Geranium wilfordii* Maxim.
산지에 나는 여러해살이풀. 높이 50~100cm. 줄기의 마디가 솟고, 잎은 3갈래로 갈라진다. 8~9월 개화. 꽃의 지름 1~1.5cm. 꽃잎에 검은자주색 맥이 3줄 있다. 전초를 약용(위장약)한다. [이명] 마디쥐손이, 세갈래쥐손이

절굿대를 닮지 않은 절굿대

절굿대 *Echinops setifer* Iljin

양지쪽 풀밭에서 자라는 국화과의 여러해살이풀. 높이 1m 가량. 가지가 약간 갈라지며 솜 같은 털로 덮여서 전체가 흰색이 돈다. 7~9월 개화. 어린잎은 식용하고 뿌리를 부스럼에 약용한다.

[이명] 개수리취, 둥둥방망이, 분취아재비, 절구대, 절구때

언젠가 축하 받을 만한 일이 있어서 꽃바구니를 받았다. 그 꽃바구니는 장미와 몇 가지 꽃들로 꾸민 것이었는데, 거기에 절굿대의 연보라색 꽃이 꽂혀 있는 걸 보고는 '아니 네가 어떻게 이곳에…' 하는 말이 튀어나올 뻔했다. 흰 구름 벗 삼아 산에서 유유자적하는 꽃이 서울 한복판에서 선물용 꽃바구니에 꽂혀 나타나다니… 게다가 꽃피울 철보다 한 달이나 이르게 나타난 걸로 봐서는 드디어 이 꽃도 재배되는구나 하는 생각이 들었다. 그 절굿대의 꽃은 장미나 백합들의 무리에서도 오히려 돋보일 정도로 특별하고 신비로웠다.

절굿대라는 이름은 절구공이를 닮아서 나온 이름이라고 한다. 사람들은 이 유래에 대해 그런가보다 하지만, 나는 아무리 보아도 그들이 닮았다는 생각이 들지 않는다. 아닌 말로 어디 발가락 하나라도 비슷한 구석이 없다. 세상만물 중에 이 꽃과 비슷한 것을 굳이 찾아내라면, 밤송이나 고슴도치, 바다 밑에 사

는 성게 정도이다. 이 꽃의 학명을 붙인 사람도 나와 같은 생각을 했나보다. 절굿대의 속명 '*Echinops*'는 성게나 밤송이를 닮았다는 뜻이다. 절구를 찧는 절굿대는 야구방망이 두 개를 이어붙인 모양이다. 이 꽃이 절굿대를 닮았다는 말은 '밤송이가 야구방망이 닮았다'는 비유만큼 거리가 멀다는 말이다.

절굿대처럼 완전한 구형의 꽃차례를 나는 본 적이 없다. 꽃이 피기 전에는 작은 밤송이 같아서 찔리면 아플 것 같고, 꽃이 필 때는 그 뾰족한 가시들이 연보라색 별들로 변한다. 그 꽃들의 배열은 기하학적인 질서와 우주의 신비다. 이런 꽃으로 절구를 찧는 상상을 하다니….

이름이 비슷한 식물

절국대

Siphonostegia chinensis Benth.

산이나 들의 양지에 나는 현삼과의 반기생 한해살이풀. 높이 30~60cm. 줄기는 곧게 서고, 가지가 많이 갈라진다. 7~8월 개화. 전초를 종기와 어혈에 약용한다. [이명] 절굿대, 절굿때

*절국대는 벌곡대(伐曲大)의 변음으로 추정된다.

암까치깨를 잃은 홀아비 수까치깨

수까치깨 *Corchoropsis tomentosa* (Thunb.) Makino

산과 들에서 자라는 벽오동과의 한해살이풀. 높이 60cm 내외. 전체에 털이 나 있고, 잎 가장자리에 둔한 톱니가 있다. 8~9월 개화. 10개의 수술과 그보다 긴 5개의 헛수술이 있다. 열매는 길이 3~4cm로 털이 있고 3갈래로 갈라진다. [이명] 민까치깨, 참까치깨, 푸른까치깨 등

수까치깨는 늦여름에 노란 꽃이 피면 눈에 잘 띈다. 이런 꽃 이름은 한 글자 한 글자가 궁금증을 자아낸다. 앞에 붙은 '수'는 무슨 의미이며, 까치와는 어떤 관련이 있을까? 그리고 '깨'라니…. 씨앗이 깨를 닮았는지, 깨 맛이 나는지 궁금했다.

어느 가을에 남도의 꽃을 찾아 나섰다가 씨방을 맺은 수까치깨를 보고서 일단 '수'에 대한 의미는 알 듯하였다. 그 씨방은 길쭉하고 살짝 구부정한 오이 모양으로 하늘을 향해 머리를 쳐들고 있어서 한 눈에도 수컷의 몸가락으로 보였다. 수까치깨의 이름을 추적하다가 알게 된 사실이지만 국가표준식물목록에는 '암까치깨(*Corchoropsis intermedia* Nakai)'가 등록되어 있다. 수목원자료에는 식물명과 그 미라(1911년 채집, 강원대 소장)의 사진만 있을 뿐 어떤 설명도 없으니 사실상 멸종된 것으로 보인다. 아무튼 그로 미루어보아도 수까치깨의 '수'는

수컷의 의미인 듯하다.

'수까치깨'는 『한국식물명의 유래』에 의하면 '가라스노고마'(カラスノゴマ)라는 일본의 식물명에서 나왔다고 한다. 이를 직역하면 '까마귀의 깨'이니 일명의 의역인 셈이다.

그렇다고 하더라도 여전히 궁금증이 남는다. 일본에서는 까마귀가 먹는 깨고 우리나라에서는 까치가 먹는 건가? 이 식물이 귀화식물도 아닌데 원래 우리나라의 이름은 무엇이었을까? 여러 가지 석연치 않은 의문이 꼬리를 물고 생겨났다.

근거는 모르겠지만 '까치깨'는 '가짜 깨'라는 설이 더 솔깃하다. 우리말에 까치가 접두사로 쓰일 때는 '이르다' 또는 '가짜'라는 의미로 받아들일 수 있고, 두 가지 의미를 다 포함해서 쓰는 경우도 많다. 이를테면 '까치설날'은 '이른 설날'도 되고 '가짜 설날'도 된다. 수까치깨는 길쭉한 씨방 속에 깨알 같은 씨앗을 만들므로 아무래도 '가짜 깨'로 풀이하면 그럴싸해 보인다.

가을에는 까치가 정말 이 열매를 먹는지 유심히 봐야겠다. 전혀 살림에 보탬이 되지 않을 일이지만 나는 자연 속에서 볼일이 너무 많아 탈이다.

까치깨

Corchoropsis psilocarpa Harms & Loes.

산과 들에서 자라는 한해살이풀.

높이 30~90cm. 6~8월 개화. 수까치깨에 비해 꽃이 작고 암술머리가 붉으며, 꽃받침이 뒤로 젖혀지지 않는 차이가 있다. 열매의 길이는 2cm 정도이고 털이 없다.

불암초

Melochia corchorifolia L.

열대 식물로 낮은 풀밭에 나는 벽오동과의 한해살이풀. 높이 30~60cm. 줄기 밑동에서 가지가 갈라지고 줄기에 털이 있다. 7~9월 개화. 꽃은 가지 끝에 뭉쳐나며 한두 송이씩 차례로 핀다. 귀화식물로 1969년에 소개되었다. [이명] 길뚝아욱, 들아욱

고슴도치풀

Triumfetta japonica Makino

들이나 황무지에 자라는 피나무과의 한해살이풀. 높이 50cm 가량. 자세히 보지 않으면 수까치깨와 전초의 모습이 비슷하다. 8~9월 개화. 꽃잎은 5개로 달걀 모양 긴 타원형이고 수술은 10개이다. 열매에 갈고리 같은 가시가 있어 다른 물체에 잘 붙는다. 고슴도치풀이란 이 열매의 모습에서 유래했을 것이다. [이명] 피나무풀

사라진 빈대, 남은 땅빈대

큰땅빈대 *Euphorbia maculata* L.

들의 풀밭에 나는 대극과의 한해살이풀. 높이 20~30㎝. 줄기는 비스듬히 서서 자라며 잎은 마주난다. 8~9월 개화. 술잔모양꽃차례(杯狀花序)로 꽃이 핀다.

"빈대 잡으려다 초가삼간 태운다"는 속담이 있다. 이 속담을 들으면, 빈대는 밉지만 없애기 어렵고, 이것을 잡으려고 무언가 태우다가 불이 번져 집을 태웠던 어처구니없는 일이 있었을 법하다는 생각도 든다.

빈대는 집 안에 살면서 밤에 나와 사람의 피를 빨아먹고, 병균을 옮기며 악취를 내는 아주 혐오스러운 곤충이었다. 보통 때는 길이 5mm 정도의 아주 작은 비닐봉투 같은데, 피를 빨고 나면 몸통이 통통하게 부풀고 자주색으로 변한다.

『지봉유설』에는 부평(浮萍, 개구리밥)을 태워 그 연기로 빈대를 잡는다고 했고, 어떤 책에서는 지네와 거미를 꿩의 깃털과 함께 태우면 없어진다고 하였으니, 이런 방법으로 빈대를 잡으려다가 집을 통째로 태워버렸을 개연성이 있다. 과학적인 방법인지, 주술적인 처방인지는 모르겠으나, 그런 것들이 타는 연기가 빈대에게 독가스가 되었을 수도 있겠다.

식물 중에는 땅빈대, 애기땅빈대, 큰땅빈대가 있다. 이 식물들은 잎 가운데에 짙은 자주색 반점이 있어서, 피를 빨아먹고 자주색이 된 빈대를 닮았다. '빈대' 앞에 붙은 '땅'은 빈대처럼 집 안에 살지 않고 땅을 기면서 사는 식물이라는 뜻으로 쓴 접두사 같다. 이들 중에 큰땅빈대는 반점이 없는 것이 많고 줄기가 서서 자란다.

땅빈대와 애기땅빈대는 개미가 수분을 해준다고 한다. 개미는 먹이를 얻으면 다른 꽃에 들르지 않고 바로 집으로 가져가는 습성이 있어서 대체로 수분곤충의 역할을 하지 않는다. 그런데 땅빈대는 꽃을 개미들이 다니는 땅바닥에 늘어놓아서 개미가 밟고 지나가면 수분이 되는 보기 드문 식물이다. 이들의 꽃은 작지만 대극과 식물의 정교한 꽃차례를 가지고 있다. 눈길 주지 않는 땅바닥에도 조물주의 놀라운 세공이 널려 있다.

인간은 빈대와 수천 년을 싸워오다가 20세기 중반에 와서야 주변에서 벼룩 같은 해충들과 함께 빈대를 몰아냈다. 과학의 힘을 빌어서 거둔 초라한 승리일 수도 있겠지만, 아직도 빈대는 우리들의 일상 속에서 버젓이 살아 있다. 빈대처럼 납작한 빈대떡이 서울 한복판에서도 무수히 부쳐져서 사람들의 입을 즐겁게 해준다. 그런데 "빈대 붙는다", "빈대도 낯짝이 있다"라는 속남도 흔히 쓰이는 걸 보면, 빈대는 사라졌지만 빈대를 닮은 사람들은 많은 모양이다.

땅빈대
Euphorbia humifusa Willd. ex Schltdl.
들이나 밭에 흔히 나는 한해살이풀. 땅을 기고, 전체에 털이 약간 있으며, 자르면 흰 유액이 나온다. 가지는 2갈래로 갈라지며 붉은색이 돈다. 8~9월 개화.
[이명] 점박이풀

애기땅빈대
Euphorbia supina Raf.
들이나 밭에 나는 한해살이풀. 지면을 따라 퍼지며 길이는 10~25cm이다. 잎과 줄기에 흰털이 나며, 가지는 3갈래로 갈라진다. 잎 가장자리에 둔한 잔톱니가 있고, 중앙부에 갈색 반점이 있다. 6~8월 개화.
[이명] 애기점박이풀, 좀땅빈대
©표종환

아주 오래된 이름 멸가치

멸가치 *Adenocaulon himalaicum* Edgew.
산이나 들의 그늘지고 습한 곳에서 자라는 국화과의 여러해살이풀. 높이 50~100cm. 8~10월 개화.
봄에 어린잎은 나물로 먹는다. [이명] 개머위, 명가지, 옹취, 총취

멸가치는 그늘진 등산로를 따라 흔히 볼 수 있는 풀이다. 작은 방망이 같은 열매에 끈적끈적한 돌기가 나 있어서 사람들의 바지자락에 씨앗이 잘 붙어 퍼지기 때문이다. 무심코 지나치면 꽃을 피웠는지 보이지도 않지만 몸을 낮추어 가까이 들여다보면 그 꽃이 여간 예쁘지 않다. 크기만 하다면 신부의 부케 못지않게 아름다운 이 꽃은 그 이름이 귀에 설었던 탓에 별로 친하게 지내지 못했다.

멸가치처럼 그 뜻을 짐작조차 할 수 없는 우리 꽃 이름들이 많다. 멸가치, 명아주, 산해박, 영아자, 조뱅이, 지칭개 같은 이름들은 이 땅에서 수천 년 살아온 토박이 같은 친근감은 들지만, 한자말에서 유래된 이름인지 우리말 이름인지도 알 수가 없다. 이들은 특별히 맛있거나 약효가 뛰어나지도 않아서 양반

중심의 기록문화유산에서 그 내력을 더듬기도 어렵다. 이 이름들은 백성들의 입에서 입으로, 고을에서 고을로 전해지면서 그 지방의 발음 습관에 따라 변음이 되고 재탄생되기도 했을 것이다.

'멸가치'도 그러한 이름들 중의 하나인 듯싶다. 여느 토박이 식물들처럼 호로채(葫蘆菜), 개머위, 선경채, 옹취 등의 이명들이 있지만 그 어느 이름에서도 유래를 짐작하기가 어려웠다. 어느 날 나물 캐는 어떤 할머니를 만나서 그 실마리를 찾았다. 봄나물로 먹을 만하다며 멸가치를 뜯던 그 할머니는 그 풀이 말발굽을 닮았다고 옛날부터 '말굽취'라고 불렀다고 했다. 그렇다면 '말굽취'가 '멸가치'로 변했을 법하지 않은가?

나는 '멸가치'라는 이름을 들을 때마다 '고집멸도(苦集滅道)'의 사성제(四聖諦)를 자연스럽게 떠올리고는 했다. 그리고는 '꽃 이름에 대한 집착을 멸(滅)하는 것이 곧 도(道)에 이르는 길'이라고 그 이름의 유래를 풀지 못하는 데 대한 위안을 삼았다.

그러자 멸가치가 이렇게 화답했다. '멸(滅)'하라! 인간의 '가치'로 꽃을 보려는 생각을, 세상의 모든 생명은 스스로 고유하며 귀한 것이니….

소경불알과 더덕

소경불알 *Codonopsis ussuriensis* (Rupr. & Maxim.) Hemsl.
숲 속에 나는 초롱꽃과의 덩굴성 여러해살이풀. 줄기에 잎이 4장씩 뭉쳐나며 그중 1장이 작다.
7~9월 개화. 꽃 안쪽에 반점이 없거나 희미하다. 뿌리는 둥글며 식용할 수 있으나 향기가 거의 없다.
[이명] 만삼아재비, 소경불알더덕, 알더덕

소경불알의 뿌리

예전에 '눈 감으면 코 베어가는 세상'이라는 말이 있었는데 요즘은 '눈 뜨고도 코 베어가는 세상'으로 바뀐 듯하다. 눈을 떠도 코를 베인다는데 앞을 보지 못하는 사람은 오죽할까. 이런 속담을 생각하면 밑 터진 자루처럼 생긴 소경불알 꽃이 알맹이를 도둑맞은 불알로 보여서 슬며시 웃음이 나오곤 했다. 그런데 더덕의 꽃도 소경불알의 꽃과 거의 비슷하므로 꽃 모양에서 소경불알의 이름이 유래했다고 보기는 어렵다.

소경불알과 더덕을 구별하는 방법을 대강 추려보면, 첫째, 더덕은 꽃 안쪽에 자주색 반점이 뚜렷하나 소경불알에는 희미하고, 둘째, 두 가지 식물 모두 잎줄기에 네 장의 잎이 달리지만 더덕은 잎 크기가 모두 같고 소경불알의 잎은 넷 중 하나가 작으며, 셋째, 소경불알에는 더덕 특유의 향기가 없다고 한다.

그러나 산에서 이들을 만나면 말처럼 구분이 쉽지 않다. 왜냐하면 꽃 안쪽

에 있는 자주색 반점이 개체에 따라 변이가 많고, 잎의 크기도 서로 비슷한 듯 보이기도 하고 작은 듯도 보일 것이며, 더덕도 꽃이 필 때는 향기가 별로 나지 않는다고 한다.

이 두 가지 식물은 뿌리를 캐보면 확실하게 차이가 난다. 더덕의 뿌리는 도라지나 인삼처럼 길쭉한 모양에 특유의 향기가 있고, 소경불알의 뿌리는 그야말로 불알처럼 둥근 모양에 향기가 없다. 게다가 막 캐내었을 때 묻어난 부엽토의 거무스레한 색깔하며 잔털이 많이 달려서 성인 남자의 그것과 영락없이 닮았다.

그런데 불알이면 불알이지 앞에 '소경'은 왜 붙였을까? 옛날에는 시각장애인을 '소경' 또는 '봉사'라고 했는데, 분별력이 모자란 사람을 빗대어 일컫는 말이기도 했다. 감각과 분별력이 무딘 사람이 그로 말미암은 잘못을 했을 때, 옛날에는 '아이구! 이 소경아….'라는 핀잔을 듣기 십상이었다.

두메산골에서 어린 시절을 보낸 나도 그런 말을 들어보았다. 열 살쯤 되어서는 소꼴도 베고 더덕이나 도라지도 캐오곤 했다. 더덕을 캐온 걸망에 이 불알처럼 생긴 뿌리가 몇 개 섞여 있으면 '아이구! 이 소경이 더덕을 캐러 가더니

불알까지 캐왔네….' 하고 집안이나 이웃의 어른들이 우스갯소리를 했었다. '소경불알'이란 분별력이 모자란 사람이 더덕을 캔다는 것이 불알 같은 것을 캐 온 데서 유래되지 않았을까 추측해 본다.

더덕
Codonopsis lanceolata (Siebold & Zucc.) Trautv.
숲 속에 나는 여러해살이 덩굴식물. 잎은 어긋나지만 서로 근접하여 네 장씩 뭉쳐나는 듯이 보인다. 8~9월에 개화하며, 꽃 안쪽에 짙은 자주색 반점이 있다. 뿌리는 도라지 모양으로 향기가 진하고, 식용 또는 약용한다.
[이명] 참더덕

만삼
Codonopsis pilosula (Franch.) Nannf.
깊은 산에 나는 여러해살이 덩굴식물. 전체에 털이 있으며 더덕과 같은 향기가 난다. 7~8월에 개화하며, 꽃이 연한 녹색을 띤 흰색에 가깝다. 뿌리는 도라지와 같으나 30cm 이상 자라고 식용 및 약용한다.
[이명] 삼승더덕

기억할 수 없는 그 모습 며느리밥풀

애기며느리밥풀 *Melampyrum setaceum* (Maxim.) Nakai.

산지의 건조한 땅, 특히 소나무 숲 속에 잘 자라는 현삼과의 한해살이풀. 높이 30~60cm. 반기생식물이다. 꽃며느리밥풀은 포가 녹색인데 비해 애기며느리밥풀은 포가 붉은색이고 잎이 매우 좁다. 8~9월 개화.
[이명] 가는잎며느리밥풀, 작은새애기풀(북한명) 등

붉은 입술에 하얀 밥알을 물고 있는 듯한 꽃이 있다. 밥을 훔쳐 먹었다는 시어미 구박에 억울하게 죽은 며느리가 밥알 두 개를 물고 있는 형상으로 피어났다는 애틋한 전설을 간직한 그 꽃은 '며느리밥풀'이다.

그런데 정작 우리 꽃 이름 중에 '며느리밥풀'은 없다. 국가표준식물목록에는 아홉 가지나 되는 며느리밥풀이 있는데, 그 이름 앞머리마다 알쏭달쏭한 수식어들이 붙어 있다. 이를테면, '꽃', '털', '수염', '알', '애기', '새' 같은 것들이다. 꽃을 보면서도 왜 그런 접두사를 붙였는지 알 수 없고, 식물분류학자라도 그 차이를 찾아내기가 어렵다. 자라는 환경도 다르고, 변종들 간에 자연교잡이 이루어지기 때문이다. 무지개의 일곱 색깔에 금을 그어 나눌 수 없듯이 조금씩 다른 모습이다.

다만 학명을 보면 이 며느리밥풀들이 '꽃며느리밥풀(*Melampyrum roseum*)'과 '애기며느리밥풀(*Melampyrum setaceum*)'의 두 집안으로 나뉘어 있는 것을 알 수 있다. 큰집은 '꽃며느리'가 맞이, 그 동서들이 '털', '수염', '알' 며느리들이고, 이들은 모두 꽃을 받치고 있는 포(苞)가 녹색이다.

작은집은 '애기며느리'와 그 아랫동서인 '새며느리' 뿐인데, 이들의 포는 붉은색이라서 큰집 며느리들과 확실히 다르다. 또 이들 중에 흰 꽃이 피는 것이 새 품종으로 추가되었으니, 이 아이들은 소복을 한 청상(青孀)으로 봐줄까?

나는 그 여러가지 며느리밥풀 꽃들 중에 한 가지는 분명하게 알고 있다. 매년 추석, 어머니 산소에 성묘 가는 길가에 애기며느리밥풀꽃이 무리지어 피어난다. 내겐 이 꽃의 전설이 사실처럼 느껴진다.

내 나이 겨우 두 살 무렵, 어머니는 스물셋 꽃다운 나이에 스스로 삶을 거두셨다. 어머니 무덤으로 가는 솔밭 아래 해마다 피는 그 꽃은 기억할 수조차 없는 내 어머니의 모습에 다름이 아니다.

꽃며느리밥풀

Melampyrum roseum Maxim.

산지의 볕이 잘 드는 숲 가장자리에 나는 반기생의 한해살이풀. 높이 30~50cm. 잎은 긴 타원 모양으로 끝이 뾰족하다. 포는 녹색. 꽃며느리밥풀의 변종인 털, 수염, 알며느리밥풀은 모두 포가 녹색이며 애기며느리밥풀과 새며느리밥풀의 포는 붉은색이나 자주색이다. 7~8월에 개화.

[이명] 꽃새애기풀

알며느리밥풀

Melampyrum roseum var. *ovalifolium* Nakai ex Beauverd

산지에 나는 한해살이풀.

높이 30~70cm. 꽃며느리밥풀에 비해 포에 털이 거의 없다. 8~9월 개화. 학명은 꽃며느리밥풀의 변종임을 나타낸다. [이명] 둥근잎밥풀, 둥근잎새애기풀 등

새며느리밥풀

Melampyrum setaceum var. *nakaianum* (Tuyama) T. Yamaz.

산지의 양지바른 곳에 나는 한해살이풀. 높이 50cm 정도. 포는 붉은빛이 도는 자주색이며 가장자리에 가시 모양의 돌기가 있다. 8~9월 개화. 한국 특산종으로 덕유산, 지리산, 설악산, 오대산 등지의 높은 산에 난다. 애기며느리밥풀에 비해 잎이 크고 넓으며 포가 달걀 모양이다.

미친년 치맛자락 같다는 왕고들빼기

왕고들빼기 *Lactuca indica* L.
들에서 자라는 국화과의 한두해살이풀. 높이 1~2m. 윗부분에서 가지가 갈라지며 상처에서 흰 유액(乳液)이 나온다. 7~10월 개화. 꽃(頭花)의 지름 2cm 정도이다.

"우리 인간만이 생존 경쟁을 넘어서서 남을 무시하고 제 잘난 맛에 빠져 자연의 향기를 잃고 있다. 남과 나를 비교하여 나만이 옳고 잘났다고 뻐기는 인간들은 크고 작건 못생겼건 잘생겼건 타고난 제 모습의 꽃만 피워내는 야생초로부터 배워야할 것이 많다."

– 황대권 님의 『야생초 편지』 중에서

황대권 님은 그의 책에서 왕고들빼기를 야생초의 왕이라고 불렀다. 그 까닭은 환경이 좋은 곳에서는 2m 가까이 자라는 훤칠한 키와 미친년 치맛자락 같이 찢어진 잎에서 풍기는 야성미, 많은 꽃을 피워 낙하산처럼 꽃씨를 날리는 왕성한 번식력이 야생초 중에서도 가장 야성적인 특징을 갖추었기 때문이라고 하였다.

황대권 님은 '미친년 치맛자락처럼 찢어진 잎'이라고 하였지만 '야생초의 왕'이라고도 불렀고, 이름도 왕고들빼기라서 그런지 내 눈에는 이 풀의 잎에서 임금 왕(王)자가 먼저 들어왔다. 오뉴월에는 잎이 王자가 여럿 모인 신라 금관 모양으로 왕성하게 자라고 가을에 꽃이 필 무렵에는 줄기에 임금 왕자가 주렁주렁 달린다.

황대권 님은 80년대 중반에 조작된 '학생간첩단' 사건에 연루되어 13년간 억울한 옥살이를 하신 분으로, 이분이 옥중에서 쓴 편지로 엮은 『야생초 편지』는 책으로 출간되어 많은 사람들이 꾸준히 애독하고 있다. 다산 정약용 선생도 18년간의 유배생활을 하는 동안 『목민심서』, 『경세유표』, 『흠흠신서』 등 수많은 걸작들을 저술하였다. 만약 다산이 그러한 정치적 우여곡절을 겪지 않고 엘리트 관료로서 순탄한 공직생활을 하였다면 그런 위대한 책들을 쓸 수 있었을까?

우리 역사상 최초의 어류도감이라 할 수 있는 『자산어보』도 다산의 형 정약전 선생이 흑산도 유배생활 중에 쓴 것이다. 인도의 초대 수상 네루는 독립운동을 하면서 오랜 감옥생활을 했다. 그가 옥중에서 그의 딸에게 쓴 편지를 모은 책이 『세계사편력』이다. 네루는 옥중서신으로 딸에게 그의 세계관과 역사의식을 가르쳤다. 그는 감옥에서 딸 인디라 간디를 인도의 수상으로 만든 셈이다.

이러한 분들은 행동의 자유를 박탈당했을 때 오히려 사유(思惟)의 정원을 보다 넓고 더 아름답게 가꾸었다. 나는 지금 무슨 핑계를 대며 게으름을 피우고 있는가….

비슷한 식물들

두메고들빼기
Lactuca triangulata Maxim.
깊은 산에 나는 두해살이풀. 높이 1m 가량.
전체에 털이 없고 줄기는 원기둥 모양. 잎자루에 날개가 있고, 줄기를 감싸며, 가장자리에 불규칙한 톱니가 있다. 7~8월 개화.

께묵
Hololeion maximowiczii Kitam.
들의 습지에 나는 두해살이풀. 높이 50~100cm. 잎은 좁고 길며 가장자리는 밋밋하다. 8~10월 개화. 이른 봄에 뿌리줄기를 식용하고, 전초는 약용한다.
[이명] 깨묵, 깻묵, 실쇠채나물

쇠서나물
Picris hieracioides var. *koreana* Kitam.
산이나 들에 나는 두해살이풀. 높이 90cm 가량. 전체에 붉은 강모가 있고, 잎은 좁고 뾰족하다. 잎 밑부분이 줄기를 감싼다. 6~9월 개화.
[이명] 모련채, 조선모련채, 참모련채, 털쇠서나물

키큰산국
Leucanthemella linearis (Matsum.) Tzvelev
산지의 습한 곳에 나는 여러해살이풀. 높이 1m 가량.
잎은 선형으로 단순하고 거칠며 잎자루는 없다.
8~9월 개화.
[이명] 어리국화, 키다리국화, 키큰국화

콩인지 팥인지도 모르면서…

여우콩 *Rhynchosia volubilis* Lour.

산이나 들에 나는 콩과의 덩굴성 여러해살이풀. 전체에 갈색의 거친 털이 밀생한다. 8~9월 개화. 꽃차례는 10~20개 정도로 뭉쳐나며, 열매의 껍질이 붉고 열매마다 씨앗이 2개씩 들어있다. [이명] 녹각, 개녹각, 덩굴들콩

콩과 팥은 어떻게 다를까? 식물 공부를 꽤 했다는 사람들도 이런 질문을 받으면 고개를 갸우뚱하며 생뚱맞은 질문이라는 표정을 짓는다.

명확한 답이 없는 질문은 부질없는 질문일 수도 있다. 그러나 같은 콩과 식물인데, 어떤 식물은 '콩'이라는 이름이 붙고, 어떤 것은 '팥'이라고 하니 거기에는 그럴만한 이유가 있지 않을까? 몇 년 동안 많은 사람들에게 물어보았지만 답을 얻지 못하다가, 식물도감을 자세히 들여다보면서 그럴듯한 답을 얻었다.

식물도감에서 '팥속'의 기재문을 쉬운 말로 풀어 쓰면, '팥은 꽃이 대칭이 아니다'라는 한마디로 요약할 수 있다. 식물학 용어를 조금 써서 설명하자면 '콩

돌콩(왼쪽)의 꽃은 좌우대칭이고 새팥(오른쪽)의 꽃은 용골이 꼬여 있다.

은 용골이 반듯하고, 팥은 용골이 꼬여 있다'이다. 용골이란 뱃머리로부터 배의 꼬리까지 배를 지탱하는 등뼈인데, 식물학에서는 콩과 식물의 꽃에서 특징적으로 나타나는 모양으로서, 뱃머리나 여자 고무신 코처럼 생긴 부분을 '용골'이라고 한다. 곤충이 두 장의 꽃잎이 합장한 모양의 이 용골에 앉으면 용골이 갈라지면서 수술이 튀어나와 꽃가루를 묻힌다. 팥의 꽃은 이 용골이 뱃머리나 고무신 코처럼 대칭이 아니고 골뱅이처럼 꼬부라져 있다는 점이 콩의 꽃과 다르다. 전래 동화에도 콩쥐는 반듯하고 팥쥐는 꼬인 아이로 나오는 것이 다 까닭이 있는 듯하다.

야생에서 콩이나 팥의 이름이 붙은 식물들 즉, 돌콩, 여우콩, 여우팥, 새콩, 새팥의 꽃들을 관찰해 보면 이런 규칙에서 벗어나지 않는다. 여기서 돌, 여우, 새와 같은 접두사는 열매가 너무 자잘해서 먹지 못하는 야생의 것이라는 수식어로 흔히 쓰이는 말 같다. 언젠가 식물분류학에 관한 강의를 들을 기회가 있어서 교수님께 '콩과 팥은 어떤 차이가 있나요'라고 질문을 했더니 '콩은 콩이요 팥은 팥이다'라는 답변을 들었다. 우리 조상들은 이미 천 년 전에 콩과 팥을 가려서 이름 붙여 놓았거늘 콩인지 팥인지도 모르면서 식물학을 가르친다고….

큰여우콩

Rhynchosia acuminatifolia Makino

산자락의 반그늘에 자라는 덩굴성의 여러해살이풀. 여우콩에 비해 큰여우콩은 잎이 크고 끝이 뾰족하다. 여우콩은 꽃차례가 10~20송이로 뭉쳐 달리고 큰여우콩은 3~5송이 정도 달린다.

[이명] 나도여우콩, 뾰족덩굴들콩, 뾰족여우콩

돌콩(왼쪽)

Glycine soja Siebold & Zucc.

들에 나는 덩굴성의 한해살이풀. 줄기는 2m 정도. 잎은 3출 겹잎, 긴 타원형. 7~8월 개화. 꽃의 길이는 6mm 정도.

새콩(오른쪽)

Amphicarpaea bracteata subsp. edgeworthii (Benth.) H. Ohashi

들에 나는 덩굴성 한해살이풀. 줄기는 1~2m 정도. 3출 겹잎, 난형이다. 8~9월 개화. 꽃의 길이는 15~20mm 정도.

여우팥(왼쪽)

Dunbaria villosa (Thunb.) Makino

산이나 들에 나는 덩굴성 여러해살이풀. 줄기는 2m 정도 3출 겹잎, 작은잎은 마름모꼴 비슷하고 길이 1.5~3cm. 7~8월 개화, 꽃의 길이는 15~18mm.

[이명] 여호팥

새팥(오른쪽)

Vigna angularis var. *nipponensis* (Ohwi) Ohwi & H. Ohashi

들의 풀밭에 나는 덩굴성 한해살이풀. 3출 겹잎, 작은잎은 길쭉한 난형, 길이 3~7cm. 8월 개화, 꽃의 길이는 10mm 정도. [이명] 돌팥

두상화서의 원조 중대가리풀

중대가리풀 *Centipeda minima* (L.) A. Br. & Asch.
길가나 밭 또는 논둑 근처에서 자라는 국화과의 한해살이풀. 줄기는 땅 위를 기면서 옆으로 10~20cm 뻗는다. 8~9월 개화. 잎겨드랑이에 지름 3~4mm의 두상화가 1개씩 달린다. [이명] 땅과리, 토방풀(북한명)

식물도감을 보면 두상화서(頭狀花序)라는 용어가 나온다. 민들레나 쑥부쟁이, 코스모스와 같은 국화과 식물의 꽃들이 대체로 이 '두상화서'로 꽃이 핀다고 책마다 나와 있다. '두상화서'라는 한자어를 '머리모양꽃차례'라는 우리말로 풀어 봐도 도대체 어디가 어떻게 머리를 닮았다는 건지 이해가 되지 않았다.

이 용어를 제대로 공감하지 못한 채로 여러 해를 보내다가, 중대가리풀을 만나고 나서야 체증이 쑥 내려가는 기분이 들었다. 중대가리풀은 말 그대로 꽃차례가 중대가리를 쏙 빼닮아서 이 꽃이야말로 '두상화서'의 전형이자 원조임을 실감하게 된다. 보통 국화과의 꽃들은 이 두상(頭狀)이 솥뚜껑처럼 펑퍼짐하고, 가장자리에는 혀꽃이 달려서 머리 모양을 떠올리기가 쉽지 않지만 '중대가리풀'은 꽃차례가 둥그스름하고 혀꽃이 없어서 그 이름도 모양도 영락없는 까까머리 '두상'이다.

이 '중대가리'를 점잖은 말로 하면 '스님머리'가 되지만, '스님머리풀'이라고 하면 정말 맛대가리가 없어진다. 내 어릴 적의 어렴풋한 기억을 더듬어 봐도 그렇다. 옛날 내 고향 동네 깊은 산속에 고려 공민왕 때 지었다는 오래된 절에는 나이 든 대처승이 주지로 있었다. 동네 사람들은 그 스님 앞에서는 '대사님, 대사님…' 했지만, 그 스님이 없는 자리에서는 그냥 'ㅇ중'이라고 불렀다. 농사일하다가 멀리서 지나가는 그 스님이라도 보일라 치면, "오뉴월 땡볕에 ㅇ중대가리 깨질라…"는 소리도 했다.

어린 나이에도 사람들이 그 중을 깔보는 것이 느껴졌다. 그 중의 아들이 시주함에서 돈이며 쌀이며 퍼내다가 읍내 술집 계집들 치마 밑에 다 쑤셔 넣는다는 둥, 아이 못 가진 여자들은 그 절에 가서 백일기도하면 씨 없이도 아이가 생긴다는 둥 수상한 소문이 돌았다.

'중대가리풀'의 이름은 하루아침에 생긴 이름이 아니다. 우리 풀꽃의 이름마다 백성들의 묵시적 합의가 있다.

차풀과 자귀풀 구별하기

차풀 *Chamaecrista nomame* (Siebold) H. Ohashi

강가나 산지에 나는 콩과의 한해살이풀. 높이 30~60cm. 줄기는 곧게 서며, 잎은 새깃 모양으로 갈라진다. 7~9월 개화. 전초는 약용하고, 차를 끓여 마신다. [이명] 며느리감나물, 눈차풀

차풀과 자귀풀은 닮은 곳이 많은 식물이다. 사는 곳과 모습과 꽃 피는 시기와 쓰임새까지 비슷해서, 이 두 가지 풀의 이름을 바꿔 부르는 일도 흔하다. 차풀은 차나무가 귀하던 우리나라에서 차 대신 써 온데서 유래된 이름이라고 하지만, 자귀풀로도 차를 만든다. 자귀풀은 밤에 스스로 잎을 접는 데서 나온 이름이나, 차풀 역시 같은 모양의 잎을 달고 있으며 밤에 접는다. 그리고 이뇨, 해열, 지사, 소종 등 약효까지도 비슷하다.

차풀은 요긴한 쓰임새나 잎을 가지런히 모으고 있는 모습이 참하다고 하여 '며느리감풀'이라는 좋은 별명이 붙어 있다. 차풀은 자귀풀보다 구하기가 쉬워서 많이 쓰인 까닭에 이런 별명을 얻었지 싶다.

이 두 식물에서 눈에 띄는 차이는 자귀풀이 키가 약간 크고, 줄기 속이 비어 있고 마디가 있다. 차풀은 노란 꽃이 피고 자귀풀은 연한 노란색 꽃이 핀다. 이 밖에도 몇 가지 다른 곳이 있지만 이런 관념적인 지식은 쉬 잊히고 기억 창고

차풀(왼쪽)과 자귀풀(오른쪽)은 자생환경도 비슷하고 모양도 닮았다.

에 서로 바뀌어 저장되기 십상이다.

책을 가지고 들녘에 나가서 조목조목 짚어가며 식물을 관찰하면 쉽사리 구분이 되지만 늘 번거로운 수고를 할 수는 없어서 단순 무식하지만 나름대로는 기발한 식별법을 생각해 내었다. 자귀풀의 꽃은 자귀로 한 번 탁 쫀 듯이 간결한 모양이고, 차풀의 꽃은 차에 치인 듯 부서진 모양이라고 기억했다.

그런 엉터리 식별법으로 야생화의 이름을 하나씩 알아갔지만, 십여 년이 지난 후에는 먼발치에서도 두 식물을 가려 볼 줄 알게 되었다. 그동안 공부를 더 한 것도 아닌데 무어라고 표현하지 못하는 느낌이 오는 것이다. 시간은 말이 없으나 현명한 스승이 되어 주고 세월은 보이지 않으나 많은 것을 해결해준다.

자귀풀
Aeschynomene indica L.
낮은 지대의 밭둑이나 습지에 사는 콩과의 한해살이풀. 높이 50~80cm. 줄기는 연하며, 속이 비었고, 마디가 있다. 잎은 새깃 모양으로 차풀과 비슷하다. 7~9월 개화.

야화식물 어저귀

어저귀 *Abutilon theophrasti* Medicus

인도 원산, 아욱과의 한해살이풀. 높이 1.5m 가량. 둥근 줄기의 껍질을 섬유용으로 쓰기 위해 재배했으나, 현재는 과거의 경작지 부근에서 야화되어 자생한다. 7~9월 개화. [이명] 모싯대, 오작이, 청마

어저귀는 꽃들의 왕이 되고 싶어서 씨방을 왕관 모양으로 만들었다. 그러나 이를 가당치 않게 여긴 신의 노여움을 사서 어저귀의 씨방이 연탄처럼 시커멓게 변했다고 한다. 옛말에 높은 지위에 써주지 않음을 한하지 말고 먼저 그 지위를 감당할 그릇이 되는지 염려하라 했거늘 왕관만 쓰면 왕이 되리라는 생각은 어저귀의 오산이었다. 그런 전설 때문에 어저귀의 꽃말이 '억측'이 되었나 보다. 어저귀는 원래 인도가 원산지였으나 섬유작물로 효용이 높아 중국을 거쳐 우리나라에 들어온 외래식물이다.

다산 정약용 선생이 농민의 고단함을 표현한 시가 있다.

"어저귀 먼저 베고 삼밭에 호미질 / 늙은 할멈 쑥대머리 밤에사 빗질하네
일찍 자는 첨지영감 발로 차 일으키네 / 풍로에 불붙이고 물레도 고쳐야지"

어저귀를 섬유로 가공하는 과정을 묘사한 것으로 보인다.

연암 박지원의『열하일기』에는 중국 사람들이 집을 지을 때 회반죽에 어저귀를 잘게 썰어 넣어 만든 벽돌을 쌓는다는 기록이 있다. 또 어떤 논문에 의하면 어저귀 펄프로 만든 한지는 닥나무로 만든 보통 한지와는 다른 먹 번짐의 특성이 있다고 한다.

어저귀의 원산지는 인도로 알려졌다. 열매의 모습. 꽃의 색깔 등에서 인도의 국기(오른쪽 위)가 연상된다.

오늘날 어저귀는 더 이상 경작되지 않고 밭에서 쫓겨나 논둑이나 밭둑에서 그 이름처럼 어정거리고 있다. 어저귀의 씨방을 보면 연탄이 연상되는데 요즈음은 연탄도 소용이 줄어서 머지않아 어저귀 신세가 될 것 같다.

인도에서 건너온 식물이라는 선입견 때문인지는 몰라도 어저귀를 볼 때마다 참 인도를 닮았다는 생각이 든다. 어저귀의 꽃, 잎, 씨방의 색과 형태를 보면 인도의 국기와 아주 비슷한 느낌을 받는다.

미국에서 들어왔거나 이름에 '미국'이 붙은 식물들, 이를테면 미국쑥부쟁이, 미국자리공, 미국가막사리 등등이 우리 생태계를 우려스러울 정도로 잠식해 가는데 비해 인도에서 전래된 이 식물은 그야말로 '인도스럽게' 문명의 뒤안길에서 어정거리고 있는 느낌을 준다.

어저귀처럼 한 때는 경작이 되던 식물이 효용이 떨어져 야생으로 다시 돌아간 식물을 야화(野化)식물이라고 한다. 나도 언젠가 '야화인간(野化人間)'으로 돌아가고 싶다.

중국패모

Fritillaria thunbergii Miq.

산자락에 나는 백합과의 여러해살이풀. 높이 30~80cm. 땅속에 둥근 모양의 비늘줄기 2개가 있으며 지름 1.5~3cm. 중국 원산으로 약초로 재배되었으나 요즈음은 거의 야화되었다. 4~5월 개화. 꽃 안쪽에 희미한 그물무늬가 있다.

[이명] 점패모

양하

Zingiber mioga (Thunb.) Roscoe

절 부근에서 재배하던 생강과의 여러해살이풀. 높이 30~50cm. 8~10월 개화. 꽃, 어린잎, 줄기를 식용한다. 열대아시아 원산으로 절에서 식용으로 재배하였으나 야화되어 남부 지방에서 자생한다.

[이명] 양애, 양해깐

이름만 짚어보고 가는 8월의 꽃들

개곽향

Teucrium japonicum Houtt.

산이나 들의 다소 습한 곳에 나는 꿀풀과의 여러해살이풀. 높이 30~70cm. 7~8월에 잎겨드랑이에서 연한 붉은색 꽃이 총상꽃차례로 핀다. 어린 싹을 먹으며 한방에서는 약재로도 쓴다.

개아마(왼쪽)

Linum stelleroides Planch.

들의 다소 건조한 풀밭에 나는 아마과의 두해살이풀. 높이 40~80cm. 줄기는 곧게 서며, 위에서 가지가 많이 갈라진다. 7~8월 개화. 꽃의 지름 5mm 정도. 전국에 드물게 분포한다.

[이명] 들아마

노랑개아마(오른쪽)

Linum virginianum L.

근래에 소개된 귀화식물이다.

거북꼬리(왼쪽)

Boehmeria tricuspis (Hance) Makino

산자락의 약간 그늘진 곳에 자라는 쐐기풀과의 여러해살이풀. 높이 1m 가량. 잎 끝이 거북의 꼬리처럼 보인다. 7~8월 개화. [이명] 큰거북꼬리

좀깨잎나무(오른쪽)

Boehmeria spicata

거북꼬리와 비슷하며, 반목본성이고, 붉은색이 도는 꽃이 핀다.

[이명] 신진, 점거북꼬리, 새끼거북꼬리

거지덩굴

Cayratia japonica (Thunb.) Gagnep.

주로 남부 지방의 산이나 들에 나는 포도과의 덩굴성 여러해살이풀. 손바닥 모양의 겹잎이 '한 푼 줍쇼' 하는 걸인의 손처럼 보인다. 8~9월 개화. [이명] 새발덩굴, 울타리덩굴, 풀덩굴, 풀머루덩굴

괭이싸리 **개싸리** **전동싸리**

Lespedeza pilosa (Thunb.) Siebold & Zucc.

비수리와 닮은 식물로서, 잎이 동글동글하여 아름답다. 싸리류는 거의 목본이나 괭이싸리와 **개싸리**(*Lespedeza tomentosa*)와 **전동싸리**(*Melilotus suaveolens* Ledeb.) 는 드물게 초본이다.

금불초(金佛草)

Inula britannica var. *japonica* (Thunb.) Franch. & Sav.

산과 들의 물기가 있는 곳에 나는 국화과의 여러해살이풀. 높이 60cm 정도. 7~10월 개화. 어린순은 식용하고 꽃을 말린 것, 전초, 뿌리는 모두 약용한다. [이명] 들국화, 옷풀, 하국(夏菊)

깨풀
Acalypha australis L.
밭이나 들에 나는 대극과의 한해살이풀.
높이 30~50cm. 이름이나 모습은 마치 꿀풀과의 식물같다. 7~8월 개화. 어린잎은 식용한다.
[이명] 들깨풀

누린내풀
Caryopteris divaricata (Siebold & Zucc.) Maxim.
낮은 산자락에 자라는 마편초과의 여러해살이풀.
높이 1m 정도. 8~10월 개화. 민간에서는 포기째 이뇨제로 쓴다. 좋지 않은 냄새가 난다.
[이명] 노린재풀, 구렁내풀

매듭풀
Kummerowia striata (Thunb.) Schindl.
산과 들의 길가에 나는 콩과의 여러해살이풀.
높이 10~30cm. 밑에서 가지가 많이 갈라지고, 잎은 어긋나며 3출 겹잎이나. 8~9월 개화. 둥근매듭풀은 잎이 둥글고 넓으며 가장자리에 가는 톱니가 있다.

마디풀(왼쪽) *Polygonum aviculare* L.
들에 자라는 마디풀과의 한해살이풀.
높이 20~40cm. 가지가 많이 갈라지고 줄기가 단단하고 질기다. 6~7월 개화.
[이명] 돼지풀, 옥매듭, 편축 등

마디꽃(오른쪽) *Rotala indica* (Willd.) Koehne
논둑의 습한 곳에 나는 부처꽃과의 한해살이풀.
높이 12~15cm. 줄기는 밑부분이 옆으로 기다가 선다. 7~8월 개화. 꽃의 지름 2mm 가량. 잎겨드랑이에 1송이씩 달린다.
[이명] 개마디꽃, 마디풀, 새마디꽃 등

대나물
Gypsophila oldhamiana Miq.
산이나 들에 나는 석죽과의 여러해살이풀. 높이 1m 가량. 잎이 대나뭇잎 모양으로 길이 3~5cm 이며 잎맥이 뚜렷하다. 6~10월 개화. 어린 식물은 식용하며 뿌리는 약용한다.
[이명] 마디나물(북한명), 은시호

땅두릅
Aralia cordata Thunb.
들이나 산기슭에 나는 두릅나무과의 여러해살이풀. 높이 1.5m 가량. 7~8월 개화. 뿌리는 약용하고 어린순은 식용한다. 키가 크고 줄기가 단단해서 뫼두릅나무나 땃두릅나무라고도 한다.
[이명] 독활

맥문동
Liriope platyphylla F. T. Wang & T. Tang
산지의 그늘에 나는 백합과의 상록성 여러해살이풀. 높이 30~50cm. 5~8월까지 개화 기간이 길고, 둥글고 까만 열매도 예뻐서 공원에도 많이 심는다. 개맥문(*Liriope spicata*)은 맥문동보다 꽃이 성기게 달리고 관상가치가 떨어진다.

백령풀(왼쪽) *Diodia teres* Walter
건조하고 척박한 땅에서 자라는 꼭두서니과의 한해살이풀. 높이 20~40cm. 7~9월 개화. 백령도에서 처음 발견되어 붙은 이름이나 전국적으로 분포한다. 미국에서 유입된 것으로 추정된다.

큰백령풀(오른쪽) *Diodia virginiana*. 은 전남 장성 부근에만 자생지가 알려져 있고, 백령풀보다 전체적으로 크고 약간 덩굴성으로 땅을 기며 자란다.

무릇

Scilla scilloides (Lindl.) Druce

산자락이나 들에서 무리지어 자라는 백합과의 여러해살이풀. 높이 30~40cm. 땅속에 길이 2~3cm의 달걀 모양의 비늘줄기가 있으며 봄과 가을에 잎이 2개씩 나온다. 7~9월 개화.

[이명] 물구, 물구지, 물굿이

범부채

Belamcanda chinensis (L.) DC.

들과 산지에 나는 붓꽃과의 여러해살이풀. 높이 1m 정도. 잎 모양은 새의 깃으로 만든 부채와 같다. 7~8월 개화. 황적색 꽃잎에 짙은 반점들이 표범 무늬와 닮았다.

비수리

Lespedeza cuneata G. Don

들에 나는 콩과의 여러해살이풀. 줄기는 1m까지 자란다. 8~9월 개화. 가축의 사료로 쓰거나 빗자루를 만들어 쓴다. 정력에 좋다고 하여, 밤에 문을 연다는 뜻의 야관문(夜關門)이라고도 한다

벼룩아재비(왼쪽) *Mitrasacme alsinoides* R. Br.

들판의 습지에 나는 마전과의 한해살이풀. 높이는 5~15cm. 밑에서 가지가 갈라지며 잎은 마주난다. 8~10월 개화.

[이명] 벼룩풀, 실좀풀꽃, 애기벼룩아재비

큰벼룩아재비(오른쪽) *Mitrasacme pygmaea.* 는 20cm까지 자라며 잎이 줄기 아래쪽에 밀생한다.

[이명] 큰실좀풀꽃

주홍서나물(왼쪽)
Crassocephalum crepidioides (Benth.) S. Moore
남부 지방의 들이나 산 언저리에 자라는 국화과의 한해살이풀. 높이 1m 정도. 줄기가 곧게 자라고 위에서 가지가 많이 갈라진다. 7~9월 개화. 꽃은 담배꽁초 모양으로 따뜻한 남해안에서는 12월까지도 꽃을 볼 수 있다. 아프리카 원산으로 1950년대에 일본에서 들어온 것으로 보인다. 비슷한 식물로 **붉은서나물(오른쪽)** *Erechtites hieracifolia* 이 있으며, 꽃 색깔이 흰색이고 약간 크다.

수박풀
Hibiscus trionum L.
산자락의 풀밭에 자라는 아욱과의 한해살이풀. 높이 30~60cm. 전체에 흰색의 거친 털이 있고 잎이 수박 잎 모양이다. 8~9월 개화. 햇볕이 뜨거워지기 전, 보통 오전 중에 꽃을 닫는다.

아마풀
Diarthron linifolium Turcz.
산의 풀밭에 나는 팥꽃나무과의 한해살이풀. 높이 30cm 정도. 가지가 많이 갈라진다. 8월 개화. 꽃은 짙은 붉은색으로 지름이 1mm 미만이다. 아마풀속은 전세계적으로도 2종 밖에 없는 희귀종이다.

영아자
Asyneuma japonicum (Miq.) Briq.
산골짜기의 낮은 지대에 나는 초롱꽃과의 여러해살이풀. 높이 70cm 정도. 7~9월 개화. 어린잎은 식용한다. [이명] 여마자, 염아자

석류풀
Mollugo pentaphylla L.
공터나 밭에 나는 석류풀과의 한해살이풀. 높이 20cm 정도. 7월~10월 개화. 열매가 석류알갱이를 닮았다.

참나물
Pimpinella brachycarpa (Kom.) Nakai
높은 산의 그늘에 나는 산형과의 여러해살이풀. 높이 50~70cm. 5월 중순에 어린잎을 식용하며 맛과 향이 좋아서 재배도 한다. 7~8월 개화.

큰개현삼
Scrophularia kakudensis Franch.
산지에 나는 현삼과의 여러해살이풀. 높이 1m 정도. 줄기는 사각형이고 가지를 친다. 7~8월 개화. 굵은 넝이뿌리를 약재로 쓴다. 근연종으로 현삼, 토현삼 등 10여 종 정도가 있으나 구분하기가 쉽지 않다. [이명] 큰돌현삼, 큰현삼

털별꽃아재비(왼쪽)
Galinsoga ciliata (Raf.) S. F. Blake
들이나 길가의 빈터에 자라는 국화과의 한해살이풀. 높이 50cm 가량. 전체에 거친 털이 촘촘히 난다. 6~11월 개화.
[이명] 큰별꽃아재비, 털쓰레기꽃

별꽃아재비(오른쪽) *Galinsoga parviflora* 는 매우 드물게 발견되며 털별꽃아재비보다 혀꽃이 작고 털이 적다.
©이동희

털이슬 *Circaea mollis* Slebold & Zucc.
산의 숲 속에 나는 바늘꽃과의 여러해살이풀.
높이 50cm 정도. 8월경 개화. 작은 열매에 갈고리 모양의 반투명한 털이 밀생하여 마치 줄기에 이슬방울들이 맺힌 것처럼 보인다. 닮은 식물로 쥐털이슬, 쇠털이슬, 말털이슬 등이 있다.

붉은털이슬 *Circaea erubescens*
지리산 일대에서 발견되며 털이슬보다 한 달 정도 먼저 꽃이 핀다.

톱풀 *Achillea alpina* L.
산과 들에 나는 국화과의 여러해살이풀.
높이 30~70cm. 길쭉한 잎 가장자리에 톱니가 가지런해서 톱처럼 보인다. 7~10월 개화.
[이명] 가새풀, 배암세, 배암채

서양톱풀 *Achillea millefolium*
유럽 원산으로 잎 가장자리의 톱니가 깊게 2중으로 갈라져 있어서(2회 깃꼴 겹잎) 톱날 같지 않다.

환삼덩굴
Humulus japonicus Sieboid & Zucc.
들과 빈 터에 나는 삼과의 덩굴성 한해살이풀.
전체에 밑을 향한 가시가 있다. 5~10월 개화.
암수딴그루 식물.
[이명] 범상덩굴, 언경퀴, 한삼덩굴(북한명), 갈강가시 등

파대가리 *Kyllinga brevifolia* Rottb.
양지바른 습지에 나는 사초과의 여러해살이풀.
높이 20cm 정도. 6~10월 개화.
꽃 모양이 파의 꽃을 닮았다.
[이명] 가시파대가리, 큰송이방동산이, 파송이골

세대가리 *Lipocarpha microcephala*
저지대의 습지에 나는 여러해살이풀로 파대가리와 비슷하다. 머리 모양의 꽃차례가 세 덩어리씩 뭉쳐서 달린다.

활나물
Crotalaria sessiliflora L.
들에 나는 콩과의 한해살이풀. 높이 20~40cm. 전체에 털이 많다. 7~9월 개화.

활량나물
Lathyrus davidii
산이나 들에 나는 콩과의 여러해살이풀로 90cm까지 자란다. 6~8월에 꽃이 피고 어린잎은 식용한다.

07 가을에 피는 꽃

가을에는 많은 꽃들이 눈에 띄지만
새로 피는 꽃은 그리 많지 않다.
가을 들녘의 꽃들은 대개 늦여름에 피기 시작한 꽃들이다.
실제로 가을에 들어서 피는 꽃들은
구절초, 바위솔, 용담, 쓴풀, 물매화 정도다.

가을은 국화의 계절이라는 말은 시적인 표현이기도 하지만
실제로 국화과의 꽃들이 가장 많이 핀다.
여러 가지 쑥부쟁이와 구절초들, 뚱딴지, 산국과 감국,
비짜루국화, 사데풀, 미역취, 개미취, 수리취, 삽주…
이들은 흔히 들국화라고 불리는 꽃들이다.

유홍초

유홍초가 유혹하는 가을 아침
여름부터 핀 꽃이 오래도 간다.
머무를 '留'에 붉을 '紅'자던가
붉은 꽃 앞에서 걸음 머문다.

온몸으로 가을을 칭칭 감아도
바람처럼 거미줄을 지나간다.
사랑은 짧고 이별은 길다.
피가 붉을 동안에는
유홍초처럼 붉게 피자.

둥근잎유홍초

Quamoclit coccinea Moench

들에 나는 메꽃과의 덩굴성 한해살이풀. 열대 아메리카 원산으로 관상용으로 도입한 것이 널리 야화된 듯하다. 8~10월 개화.

유홍초

Quamoclit pennata (Desr.) Bojer

열대 아메리카 원산의 덩굴성 한해살이풀. 잎이 빗살 모양으로 완전히 갈라지며, 주로 원예용으로 기르고 야생에서는 드물다. 7~8월 개화.

별나팔꽃

Ipomoea triloba L.

길가 공터나 민가 주변에 나는 넝굴성 한해살이풀. 3m 정도 줄기를 뻗는다. 9~11월 개화. 지름 2cm 정도의 연한 자주색 꽃이 핀다.

애기나팔꽃 *Ipomoea lacunosa* L.은 흰색 꽃이 피며 꽃잎이 약간 갈라져 있다.

나팔꽃

Pharbitis nil (L.) Choisy

들에 나는 덩굴성 한해살이풀. 길이 2~3m. 7~10월 개화. 남부 지방에서는 11월까지 꽃을 피운다. 씨는 약용한다.

[이명] 털잎나팔꽃

산국과 감국

산국 *Dendranthema boreale* (Makino) Ling ex Kitam.

산이나 들에 나는 국화과의 여러해살이풀. 높이 1m 정도. 가지가 많이 갈라지며 잎은 깃 모양으로 깊게 갈라진다. 9~11월 개화. 혀꽃 길이가 대롱꽃들의 지름보다 짧은 편이며 전체 꽃차례의 지름은 1.5cm 정도다. 전초는 약용, 꽃은 향료용으로 쓴다. [이명] 감국, 개국화, 나는개국화, 들국

'산국'(山菊)은 산에 피는 국화라는 이름이지만 산과 들이 만나는 곳이나 들녘에서 흔히 볼 수 있다. 늦가을 산책길에 산국의 짙은 향기를 맡아보면 이 꽃이 화분에 즐겨 기르는 국화들의 조상일 거라는 직감이 온다. 산국 꽃을 말려서 베게에 넣고 자면 그 향기로 인하여 잠자는 동안에 머리가 맑아진다고 한다.

감국은 산국과 아주 닮은 꽃이다. 감국(甘菊)에는 달 '감(甘)'자가 들어있듯이 꽃을 먹어보면 처음에는 쓴 맛이 나지만 뒷맛은 상큼하며 달달하다. 감국은 꽃을 말려 차로 만들어 마시면 좋다. 감국은 산국보다 쓴 맛과 향기가 덜하며 꽃이 약간 크다.

들꽃에 관심이 많은 사람들은 산국과 감국이 너무 비슷해서, 둘의 차이를 찾아서 그 이름을 제대로 불러주려고 애를 쓴다. 자료를 찾아보면, 꽃의 크기, 향기, 꽃차례의 모양, 줄기의 색, 맛, 잎의 모양 등의 차이를 일목요연하게 정

감국 *Dendranthema indicum* (L.) DesMoul.

산이나 들에 나는 여러해살이풀. 높이 30~60cm. 산국에 비해 줄기의 색이 짙고 잎이 얕게 갈라진다. 9~11월 개화. 혀꽃 길이가 대롱꽃들의 지름보다 긴 편이며 전체 꽃차례의 지름은 2~2.5cm 정도다. 전초는 약용, 꽃은 차로 만든다. [이명] 국화, 들국화, 선감국, 황국

리해놓은 것이 많다. 그렇지만 이 차이점들을 달달 외워서 산야로 나가도 막상 이 꽃들을 대하면 이런 분별적인 지식은 별로 소용이 없어진다. 자연은 말 그대로 '스스로 그러한 것'이어서 그 어느 꽃도 인간의 언어로 묘사되고 구분된 대로, 꽃이 크고 작고, 향기가 더하고 덜하고, 색깔은 또 어쩌고 하는 서술에 딱 맞아 떨어지는 꽃은 드물다. 게다가 그들의 중간 형태를 취한 교잡종도 있는 듯하였다.

무엇과 무엇을 굳이 분별해서 그 차이를 보려하지 말고 있는 그대로를 청정한 마음으로 바라보기를 즐길 수 있어야 한다. 그들 내면의 아름다움을 가슴으로 느끼고, 그 향기에 취해 대화를 나누다 보면 자동차를 타고 지나가며 봐도 그것이 감국인지 산국인지 보이는 날이 자신도 모르게 온다.

사람들은 사물을 있는 그대로 바라보려하지 않고 비교하고 분별하며 고단한 삶을 자초한다. 산국은 산국이고 감국은 감국이나 그 경계는 모호하다.

고절한 선비의 초상 구절초

구절초 *Dendranthema zawadskii* var. *latilobum* (Maxim.) Kitam.

산에 자라는 국화과의 여러해살이풀. 높이 50~100cm. 뿌리에서 나는 잎은 전체적으로 난형이며 끝이 얕게 갈라져 있다. 9~10월 개화. 개화 초기에 분홍빛을 띠는 경우가 많다. 전초는 약용한다.

[이명] 넓은잎구절초, 서흥구절초, 낙동구절초 등

구절초는 대자연에서 유유자적하는 꽃이다. 그 넉넉한 자태와 담백한 품격은 화단의 요란한 화초들에 비할 바가 아니다. 구절초는 산정에서 흰 구름과 노니는 신선이나 맑은 물가의 강태공, 안개 짙은 산곡의 처사를 닮았다. 이 꽃에서는 조정에 구차하게 머리를 조아리지 않고 초야로 귀거래한 선비의 고절한 모습이 보인다.

구절초(九節草)는 음력 9월 9일에 이것을 잘라서 약재로 쓰면 가장 효험이 좋다고 해서 이렇게 부른다고도 한다. 기왕에 구절초라 하니 그 쓰임을 아홉 가지로 묶어 보았다.

우선 『본초강목(本草綱目)』에 나오는 약효가 네 가지로, 간장을 보호하고, 눈을 맑게 하며, 머리를 가뿐하게 하고, 혈액순환에 탁월한 효능이 있다고 한다. 식용으로는 봄에 어린순을 나물로 먹고, 그 꽃잎은 떡이나 비빔밥에 넣어 눈과 입을 즐겁게 하고, 차로 마실 수도 있고, 술을 담가 먹기도 하니 네 가지

용도이다. 그리고 꽃잎을 베게에 넣으면 머리가 맑아진다고 한다. 구절초의 이런 쓰임들은 대체로 선비다운 덕목이다. 모든 생물의 성정은 그 생김을 닮는다는 생각이 든다.

요즘 세태에는 구절초 같은 선비의 모습이 더욱 아쉽다. 벼슬 한 자리 얻어 보겠다고 청문회에 나오는 사람들이나 그걸 또 흠집 내겠다고 거품을 무는 사람들이나 똑같이 구질구질하다는 생각이 들어서이다.

구절초는 고절한 선비의 초상이다. 가을에는 높은 산에 올라 구절초를 만나고 올 일이다. 구절초가 맑은 선비의 기상을 채워줄 것이다.

포천구절초
Dendranthema zawadskii var. *tenuisectum* Kitag.
강가 바위틈에 나는 여러해살이풀. 높이 50cm 가량. 전체에 털이 없으며 잎이 깃 모양으로 완전히 갈라진다. 9~10월 개화. 한국 특산식물로 한탄강 일대에 자란다.
[이명] 가는잎구절초, 포천가는잎구절초

개미취 이름의 유래를 찾아서

개미취 *Aster tataricus* L. f.
양지바른 산자락에 나는 여러해살이풀. 높이 1~1.5m. 9~10월 개화. 뿌리는 약용하고 어린 싹은 식용한다.
[이명] 들개미취, 애기개미취, 자원(紫苑)

1968년 1월 21일, 31명의 자객들이 대궐 앞까지 들어왔다. 왕은 노발대발하며 당장 향토예비군을 창설하라는 어명을 내렸다. 두 달만에 법령을 만들고 수백만 벌의 예비군복을 생산했다. 예비군 창설식 하루 전날 저녁에야 향군 마크가 두메 고을까지 도착했다. 아이들은 이 마크를 나누어주러 동네 집집마다 다니면서, 예비군복과 모자 어느 위치에 '향군 마크' 붙여야 한다는 전달을 했다.

"아지매요, 내리 아침에 예비군 모일 때 '항굼마끄' 붙이고 오라니더."

"항금바쿠라꼬? 참 '황금바쿠' 맹키로 생깄네…요걸 오데다 붙이라꼬?"

두메산골에서 '향군'과 '마크'는 귀에 설고 '황금'과 '바쿠'(바퀴의 경상도 방언)는 아는 말이라서 하루 저녁 사이에 '황금바쿠'로 묵시적 합의가 이루어졌다. 게다가 예비군 마크에는 노란색 월계수 잎이 타이어 무늬처럼 두르고 있어서 날이 갈수록 '황금바쿠'가 맞는 이름임을 아무도 의심하지 않게 되었다.

T.V가 있던 읍내에서는 '항금 빳지'가 되었다가 '황금박쥐'로 둔갑했다. 당시에는 '황금박쥐'라는 만화 영화가 크게 인기를 끌고 있었던 데다가, 예비군

향군마크

마크 가운데 한반도 디자인이 박쥐 모양을 닮아서였을 것이다. 며칠 사이에 30리 떨어진 두메와 읍내의 이름씨가 이렇게 달라졌다.

오래된 우리의 꽃 이름 중에는 이래저래 변음된 것이 많은 듯하다. 개미취도 몇 년 동안 추리를 해보았지만 본명이 아닐 거라는 의심이 들었다. 이 식물에서 개미를 끌어들일 어떤 단서도 찾지 못했기 때문이다. 어떤 자료에서 "줄기에 난 털이 개미처럼 보여서 개미취라고 한다"는 유래설을 보고서 다시 자세히 살펴보아도 그럴 만한 혐의가 없었다.

고심을 거듭한 결과 비역취에게 짙은 혐의가 갔다. 같은 국화과의 식물이니까 봄나물로 먹을 때에는 모양이 비슷해서, 저건 '미역취'고 이건 '개미역취'라고 차별할 필요가 있었을 것이다. 하룻밤 사이에 '항군 마크'가 '황금박쥐'로도 둔갑하는데, '개미역취'라고 자꾸 부르다보면 '개미취'가 되는 일은 쉽지 않겠는가.

개미취는 그 이름 때문에도 오랫동안 고민을 했던 식물이지만, 한동안은 쑥부쟁이와 구분을 하지 못해서 애를 먹었다. 몇 년 동안 꽃을 벗 삼다 보니 개미취는 윗부분에서 꽃이 몰려서 피고, 쑥부쟁이는 밑동부터 가지를 치고 꽃을 피우는 것을 자연스레 알게 되어서 요즈음은 차를 타고 빠르게 지나치더라도 금방 무엇인지 안다.

쑥부쟁이와 개미취의 꽃을 아무리 들여다보아도 가려낼 수 없다. 때로는 한 발 물러서서 세상일을 바라보면 현명해질 때가 있다.

벌개미취
Aster koraiensis Nakai
산이나 들의 물기가 있는 곳에 나는 여러해살이풀. 높이 50~60cm. 줄기에 팬 홈과 줄이 있다. 6~10월 개화. 어린순은 식용하고 조경용으로 심는다. 한국(황해도 이남) 특산식물이다.
[이명] 고려개미취

갯개미취
Aster tripolium L.
바닷가 습지에 나는 두해살이풀. 높이 30~100cm. 전체에 털이 없고 밑은 붉은빛이 돈다. 잎은 반 정도 줄기를 감싸며 가장자리가 밋밋하다. 9~10월 개화.
[이명] 갯자원, 개개미취

미역취

Solidago virgaurea subsp. *asiatica* Kitam. ex H. Hara

산이나 들에 나는 여러해살이풀. 높이 30~70cm. 줄기 윗부분에서 가지가 갈라지며 잔털이 있다. 7~10월 개화. 어린순을 식용한다. 한국, 일본 등지에 분포한다.

[이명] 돼지나물

양미역취

Solidago altissima L.

들이나 산자락에 자라는 여러해살이풀. 높이 1~2m. 북아메리카 원산의 외래식물로 하천이나 평야지대에 급속히 번져서 2009년에 생태교란종으로 지정되었다. 9~10월 개화.

미국미역취

Solidago serotina Ait.

미국미역취는 양미역취와 비슷하나 7~8월에 꽃이 피며, 50~100cm 정도 높이로 자라고, 분포지역이 드물다.

뚱딴지 삼대가 뚱딴지의 씨를 말리다

뚱딴지 *Helianthus tuberosus* L.

들에 나는 국화과의 여러해살이풀. 높이 1.5~3m. 줄기 윗부분에서 가지가 많이 갈라진다. 8~10월 개화. 땅속의 덩이줄기는 식용, 약용 또는 사료용으로 쓴다. [이명] 돼지감자, 뚝감자(북한명)

'뚱딴지'란 행동이나 사고방식 따위가 너무 엉뚱한 사람, 또는 완고하고 우둔하며 무뚝뚝한 사람을 놀림조로 이르는 말이다. 드물게는 뚱뚱한 사람을 지칭하는 말로도 쓰인다. 그리고, 작은 해바라기꽃을 닮은 식물명이기도 하고, 전기 설비에 사용되는 절연체인 '애자'의 다른 이름으로도 쓰인다.

사람과 식물과 물건을 지칭하는 이 세 가지의 쓰임에서 한 가지 공통점이 있다면 '뚱뚱함과 엉뚱함'일 것이다. 들꽃 중에서 가장 키가 큰 축에 드는 '뚱딴지'는 그 늘씬한 모습에서 뚱딴지 같은 이름이 나오지는 않았을 터이고, 흔히 돼지감자라고 하는, 뚱뚱한 땅속줄기에서 나온 이름일 것이다. 이 식물의 종소명 '*tuberosus*'도 덩이줄기(塊莖)라는 뜻이다.

게다가 국화과인 이 식물에 감자를 닮은 뿌리가 달린 것도, 포도덩굴에서 사과가 열린 만큼이나 뚱딴지 같은 일이다. 전기 설비에 쓰이는 뚱딴지는 사기로 만들어서 모양이 투박하고, 뚱딴지의 괴경 색깔을 닮은 고동색을 많이 쓰므로 그 이름을 차용해 온 듯하다.

나는 뚱딴지를 볼 때마다 가난했던 옛 시절을 떠올리게 된다. 북아메리카 출신인 이 식물이 언제 우리나라에 들어왔는지는 몰라도 이 뚱딴지조차 없어서 못 먹던 시절이 불과 반세기 전이었다. 그저 주린 배를 채우려고 먹었다. 그 시절은 먹고 죽지만 않는다면 모든 식물이 귀했다. 뚱딴지는 달작지근하고 아삭아삭해서 더욱 귀한 대접을 받았다.

요즘 가을 들녘 어디서나 흔히 볼 수 있는 뚱딴지들은 이제 이 땅이 굶주림을 완전히 벗어났다는 기념비이기도 하다. 그런데 우리 북녘 땅에는 뚱딴지가 살고 있을 것 같지 않다. 아이러니하게도 뚱딴지를 쏙 빼닮은 삼대(三代)의 통치 아래서 이미 오래전에 뚱딴지 씨가 말라버렸으리라 짐작이 되고도 남는다.

백성들이 살아가는 형편에 따라 한 식물의 운명도 극명하게 갈리는 참으로 기묘한 땅, 기묘한 시대에 우리가 살고 있다.

고전의 향기를 간직한 삽주

삽주 *Atractylodes ovata* (Thunb.) DC

양지바른 산자락에 나는 국화과의 여러해살이풀. 높이 30~50cm. 8~10월 개화. 어린잎은 식용, 뿌리는 약용(건위, 발한, 이뇨제)한다. [이명] 창출, 백출

삽주라는 특이한 이름을 가진 식물이 있다. 삽주의 꽃은 백발이 된 도토리처럼 보여서 한 번 보기만 해도 기억에 오래 남는다. 삽주의 뿌리를 말린 것은 창출(蒼朮), 또는 백출(白朮)이라 하여 요즈음도 한방에서 건위, 발한, 이뇨제로 널리 쓰고 있고, 뿌리를 태운 재는 여름철에 곰팡이를 없애는 데 썼다고 한다.

삽주는 항아리에 하얀 꽃들이 깊숙이 꽂혀 있는 모양이라 한 번 본 사람이라면 누구나 쉽게 알아볼 수 있는 꽃이다. 삽주는 국화과에서는 보기 드문 암수딴그루 식물로서, 양성화가 피는 개체와 암꽃만 피는 개체가 있다고 한다. 그렇다면 암꽃 상태에서 결실을 맺고 꽃이 지는 개체도 있고, 암꽃 상태에서 수술을 성장시켜 수꽃을 만드는 개체도 있는 모양인데, 가까운 곳에서 관찰할 수 있는 기회가 있었으면 좋겠다. 보통 꽃들은 아래서 위로 올라가며 꽃을 피우는데 삽주는 위로부터 아래로 꽃이 피는 점도 특이하다.

『고려사』 73권에 '삽주(揷籌)'라는 말이 나와 있다. 삽주는 잡과(雜科: 기술직 관리를 뽑는 시험)의 시험도구였다. 그것은 어떤 경전의 중요한 구문에 각각의 번호를 붙인 다음 같은 번호를 적은 종이 수십 개를 통에 꽂아 놓은 것인데, 그중에 10개를 뽑아서 6개를 설명할 수 있어야 합격이 되었다. 수많은 문제 중에서 응시자가 임의로 문제를 선택하는 방식이니 그 시대 나름대로 공정한 시험을 위해 고심한 흔적이 보인다. 이 삽주를 하는 도구는 작은 단지에 번호를 적은 한지 조각을 두루마리로 가늘게 말아서 빼곡히 꽂아놓았을 것이다. 그렇다면, '삽주'의 꽃은 이 시험도구의 모양을 많이 닮아서 이러한 이름을 얻지 않았을까 하는 생각이 드는 것이다.

삽주는 암꽃이 딴 그루로 피는 남녀가 유별한 식물인 데다가, 위로부터 아래로 피는 장유유서(長幼有序)의 개화 순서하며, 오랜 세월 동안 쓰이던 한약재였으니 참 고전적인 식물이다. 게다가 과거시험 도구의 이름까지 가졌으니 더욱 그러하다. 가을 산길에서 삽주를 만나면 그 하얀 꽃들마다 고전의 주옥같은 구절이 숨어있는 듯하다. 삽주가 피는 계절에는 그 고전 한 권쯤 다시 읽어 봄직하다.

가난한 불쟁이의 딸 쑥부쟁이

쑥부쟁이 *Aster yomena* (Kitam.) Honda
약간의 습기가 있는 들에 나는 국화과의 여러해살이풀. 높이 50~70cm. 8~10월 개화. 주로 남부 지방에서 볼 수 있고, 우리나라 전역에서 자생하는 쑥부쟁이는 대부분 개쑥부쟁이다. [이명] 권영초, 쑥부장이

가을 '추(秋)'자는 벼가 불타는 의미를 담은 뜻글자다. 따가운 가을볕만 벼를 태우는 줄 알았더니 논둑에서 벼를 태우는 또 하나의 불길이 있었다. 바로 가난한 불쟁이의 딸이라는 쑥부쟁이 꽃이다. 쑥부쟁이는 불쟁이(대장장이의 옛말)의 딸이 쑥을 캐러 다니다가 절벽에서 발을 헛디뎌 떨어져 죽은 곳에 피어났다는 전설이 있는 꽃이다. 그 많은 아버지들 중에서 왜 대장장이의 딸이어야만 했을까?

내가 어릴 적만 하더라도 마을마다 대장간이 있었다. 대장간이라야 무덤만한 가마와 굵은 통나무 등걸 하나가 전부였다. 정확히 말하자면 상설 대장간이

아니라 대장간 터였다. 불쟁이는 풍구와 모루, 크고 작은 망치와 집게들을 짊어지고 다니며 한 마을에 일감이 떨어질 때까지 보름이건 한 달이건 머물렀다.

내가 살던 작은 마을에는 2년에 한 번씩 와서 대장간을 차렸다. 괭이, 호미, 낫, 쟁기 같은 농기구들을 두어 해 정도 쓰면 쇠가 닳아서 무디어졌기 때문에 녹여서 새로 만들어야 했다. 농촌 아이들은 대장간이 차려진 동안은 구경거리가 있어서 좋았다. 세상에서 가장 단단한 물건이라고 생각되었던 쇳덩이가 녹아서 불쟁이의 망치질로 새로운 도구로 다시 태어나는 것이 신기했다. 나는 대장간의 불구덩이 속에서 연보라색 불꽃을 처음 보았다.

그리고 그 연보라색 불꽃이 붉은 불꽃보다 훨씬 뜨거워서 단단한 쇠를 달구고 녹인다는 것을 알게 되었다. 쇠가 완전히 달궈지면 눈이 부신 노란색이 되었다. 불쟁이가 만든 연보랏빛 불꽃 위에 노란 쇳덩이가 태어났다. 쑥부쟁이는 연보랏빛 혀꽃들 가운데에 노란 대롱꽃들이 모여 핀다. 아득한 옛날 개울가 대장간의 보랏빛 불꽃을 생각해보니 쑥부쟁이는 누가 뭐래도 불쟁이의 딸이었다.

가을을 태우는 것은 따가운 햇살만이 아니다. 불쟁이의 딸이 누런 들판 여기저기에 불을 지른다. 가을엔 보랏빛 불길이 더 뜨거운 줄도 알았다.

개쑥부쟁이
Aster meyendorfii (Regel & Maack) Voss

산과 들의 건조한 곳에 나는 두해살이풀. 높이 50~100cm. 줄기는 곧게 서고, 가지를 치며, 털이 있다. 8~10월 개화. [이명] 큰털쑥부쟁이, 개쑥부장이. *쑥부쟁이와 구분이 어렵다. 개쑥부쟁이는 줄기에 털이 있고, 씨앗에 달린 자주색 관모의 길이가 약 4mm로 쑥부쟁이(0.5mm)보다 확실히 길다. 중부 지방에서 흔히 볼 수 있는 쑥부쟁이는 거의 개쑥부쟁이다.

갯쑥부쟁이
Aster hispidus Thunb.

바닷가의 산지나 건조한 곳에 나는 두해살이풀. 높이 30~100cm. 밑동에서 여러 줄기가 방사상으로 비스듬히 나온다. 8~10월 개화. 어린잎은 식용한다. [이명] 개쑥부장이, 들쑥부쟁이, 묵국화 등. *개쑥부쟁이와 많이 닮았으나 대체로 낮은 높이로 자라며, 개쑥부쟁이의 총포편이 3열인데 비해 총포편이 2열이다.

눈개쑥부쟁이
Aster hayatae H. Lev. & Vaniot

높은 산에 자라는 여러해살이풀. 높이 15~25cm. 줄기가 밑에서 갈라진다. 8~10월 개화. 한국(제주도 한라산 해발 1,200~1,500m 부근) 특산식물. [이명] 큰털쑥부장이, 눈개쑥부장이, 산개쑥부장이 등

까실쑥부쟁이
Aster ageratoides Turcz.

산이나 들에 나는 여러해살이풀.
높이 1m 가량. 쑥부쟁이 꽃(지름 3cm 정도)에 비해 꽃이 작고(지름 2cm 정도), 잎은 두 배 이상 넓고 까실까실해서 구별하기가 쉽다. 8~10월 개화. 어린잎은 식용한다.
[이명] 까실쑥부장이, 곰의수해, 껄큼취, 산쑥부쟁이 등

미국쑥부쟁이
Aster pilosus Willd.

산자락이나 들에 나는 여러해살이풀.
높이 40~120cm. 북아메리카 원산으로 1970년대에 우리나라에 유입되어 전국적으로 급속히 확산된 식물로 추정되며, 의암호의 중도에서 처음 발견되었다. 9~10월 개화.
[이명] 중도국화, 털쑥부쟁이

단양쑥부쟁이
Aster altaicus var. *uchiyamae* Kitam.

냇가 모래땅에 나는 두해살이풀.
높이 70cm 정도. 잎이 보통 쑥부쟁이들에 비해 매우 가늘다. 9~10월 개화. 한국(단양 및 남한강 중류) 특산식물.
[이명] 단양쑥부장이, 솔잎국화

섬쑥부쟁이

Aster glehnii F. Schmidt

산지에 나는 여러해살이풀.

높이 1~1.5m. 전체적으로 까실쑥부쟁이와 비슷하나, 잎이 보다 크고 부드럽다. 7~9월 개화. 어린순은 식용한다. 울릉도와 전국의 해안지대에 분포한다. [이명] 구메리나물, 부지깽이나물, 북녘쑥부쟁이 등

옹긋나물

Aster fastigiatus Fisch.

들이나 냇가에 나는 여러해살이풀.

높이 30~100cm. 전초의 모습과 크기는 개망초와 비슷하지만 혀꽃과 대롱꽃의 수가 개망초보다 확연히 적으므로 꽃들이 크고 또렷하다. 8~10월 개화. 어린순은 식용한다.

큰비짜루국화

Aster subulatus var. *sandwicensis* A. G. Jones

바다 가까운 지역의 양지바른 풀밭에 자라는 국화과의 한해살이풀. 높이 50~120cm. 전체에 털이 없으며 줄기는 가늘고 가지를 많이 친다. 8~10월 개화.

나를 올린 진득찰과 도깨비바늘

진득찰 *Sigesbeckia glabrescens* (Makino) Makino

들이나 길가에 나는 국화과의 한해살이풀. 높이 60cm 가량. 전체에 짧은 털이 성기게 난다. 8~9월 개화. 전초는 약용한다. [이명] 민진득찰, 진둥찰, 찐득찰, 희첨. * 털진득찰은 1m 정도까지 자라며 전체에 긴 털이 많다.

문명의 이기(利器)는 말 그대로 편리함을 주는 도구다. 그러나 편리함은 행복함이 되기에는 거리가 좀 멀다. 예컨대 세탁기가 사람의 수고를 덜어주어 휴식 시간이 많아졌지만 그렇다고 기쁨이나 행복까지 느끼는 건 아닐 터이다.

그러나 카메라는 내게 큰 행복감을 주었다. 십여 년 전에 생일 선물로 받은 똑딱이 카메라 사용법을 익히다가 지금까지 보지 못하던 세상을 보게 되었다. 장님이 눈을 뜨게 된 기쁨에 비할 바는 못 되지만, 또 다른 세상을 볼 수 있게 된 것은 분명했다. 그것은 작은 꽃들과 씨앗에 내재하여 있었던 우주의 질서와 기하학적 아름다움, 그리고 조물주의 창조적 예술품이었다. 그 미세한 구조와 움직임을 들여다보는 동안에 식물이 살아가는 생명의 원리도 보일 듯하였다.

첫 번째 연습 촬영으로 도깨비바늘에 초점을 맞추어 보았다. 도깨비바늘이 옷에 붙으면 잘 떨어지지 않는 까닭이 몹시 궁금했었는데, 연습 삼아 찍은 사진 한 장으로 어릴 때부터 품었던 궁금증이 풀렸다. 눈으로는 그 씨앗 끝에 1mm 남짓한 서너 개의 까락만 보였었는데, 사진을 확대해보니 그 까락마다

도깨비바늘 끝의 미늘

열 개 정도의 미세한 가시가 역방향으로 붙은 것, 즉 미늘들을 볼 수 있었다. 네 개의 까락이 섬유를 찌르고 들어가면 거꾸로 난 수십 개의 미세한 미늘이 빠지지 않도록 버티는 원리였다.

그 다음으로 연습 촬영을 해본 것이 진득찰의 꽃이었다. 가까운 곳에 흔히 있지만 이름도 모르는 이 꾀죄죄한 꽃은 어떻게 생겼을까 하는 가벼운 호기심이었다. 초점이 잘 맞은 사진을 확대해보니 화려한 왕관이나 예쁜 플라워 디자인처럼 보이기도 했다. 점성이 있는 액체가 영롱한 보석처럼 꽃차례를 장식하고 있어서 그것을 처음 본 감동은 십 년이 지난 지금도 잊히지 않는다.

나는 그 길로 서점에 가서 야생화 도감을 사고, 야생화 동호회에도 가입을 해서 그 이름을 알아냈다. '진득찰'이었다. 어쩐지 그 영롱한 보석 같은 것이 진득진득하고 찰지더라니… 진득찰이라는 재미있는 이름이 또 한 번 나를 매료시켰다. 도깨비바늘과 진득찰 씨앗이 내게 달라붙은 것이 아니라 내가 그 바늘과 씨앗에 낚이고 달라붙어서 어느새 십 년이 흘러버렸다.

도깨비바늘
Bidens bipinnata L.
산자락이나 들에 나는 국화과의 한해살이풀. 척박한 땅에 잘 자란다. 높이 30~80cm. 8~10월 개화. 두상화의 지름 6~10mm. 혀꽃이 있다. 어린순은 식용, 생즙은 약용한다.
[이명] 좀도깨비바늘, 좀독개비바눌

울산도깨비바늘
Bidens pilosa L.
산이나 들의 길가, 습지에 나는 한해살이풀. 높이 30~150cm. 8~10월 개화. 도깨비바늘에 비해 키가 큰 반면 꽃은 작다. 혀꽃이 없거나 잘 보이지 않는다. 울산에서 처음 발견되었다.
[이명] 긴털가막사리(북한명)

까치발
Bidens parviflora Willd.
들에 나는 한해살이풀.
높이 20~70cm. 줄기에 짧은 털이 있고, 잎은 새깃 모양으로 2~3회 가늘게 갈라진다. 8월 개화. 두상화가 6~12개로 도깨비바늘보다 훨씬 적고, 씨앗(바늘 모양) 끝의 까락이 2개이다(도깨비바늘은 3~4개).
[이명] 가는도깨비바늘, 두가래도깨비바늘, 잔잎가막사리
©박명숙

모든 취들의 두목 수리취

수리취 *Synurus deltoides* (Aiton) Nakai

산지의 양지에 자라는 국화과의 여러해살이풀. 높이 40~100cm. 줄기에 자줏빛이 돌고 능선이 지며 흰 털이 빽빽이 난다. 9~10월 개화. 어린잎으로 떡을 만들어 먹으며, 전초는 약용한다.

[이명] 개취, 조선수리취, 다후리아수리취, 떡취

우리말 이름씨에 '수리'가 들어간 말이 꽤 있다. 음력 5월 5일 단오를 수릿날이라고도 하며, 독수리, 수리취, 수리산 등에 '수리'가 들어있다. 국어사전에 '수리'라는 말의 뜻풀이가 여러 가지 나오지만, 대부분이 한자어이고, 앞에 늘어놓은 몇 가지 낱말에는 사전에 나온 어떤 풀이를 갖다 붙여도 그 뜻이 통하지 않는다. 여러가지 쓰임새로 미루어 볼 때 '수리'라는 접두어는 주로 명사의 앞에 붙어서 '가장 좋은', '최고의', '빼어난'이라는 뜻으로 쓰이는 아주 오래된 순수 우리말인 듯하다. 그렇다면 단오는 일 년 중에 가장 좋은 날이 되고, 독수리는 최고의 새, 수리산은 빼어난 산으로 쉽게 풀이된다. 수리취는 가장 좋은 취라기보다는 단오, 즉 수릿날에 이 나물로 떡을 만들어 먹던 오랜 풍속에서 유래한 이름으로 보인다.

강원도 정선을 지나다가 수리취떡을 만드는 집이 눈에 띄었다. 떡은 담백하고 은근히 구수했다. 높은 산과 태양의 기운을 받은 식물로 빚은 떡이라 마치 보약이라도 먹는 듯한 기분이었다.

수릿날에 떡을 해먹던 나물이라 수리취일 것이라고 짐작은 되지만 그 위풍당당한 모습을 보면 취들의 우두머리라는 느낌도 든다. 우리나라에는 무슨 취라고 이름 붙은 식물들이 수십 가지나 있다. 참취, 곰취, 미역취, 단풍취, 서덜취, 개미취, 각시취, 추분취…. 그리고 또 스무 가지나 되는 분취들이 있다. 이들은 대체로 국화과의 식물로 초가을 무렵에 꽃을 피우고, 잎을 나물로 먹으며 그중에는 향기가 좋은 것들도 있다. 그 많은 취들 중에서 수리취는 가장 체구가 우람하고 꽃도 커서 우두머리의 위엄이 철철 넘치는, 취들의 두목처럼 보인다.

보기에도 좋은 기운이 느껴지는 수리취로 만든 떡, 가장 좋은 날, 수릿날에 먹으면 보약이 따로 있으랴.

참취
Aster scaber Thunb.
산과 들에 나는 여러해살이풀. 높이 1~1.5m. 전체에 거친 털이 있으며, 잎 가장자리에 톱니가 있다. 8~10월 개화. 어린잎은 식용한다.
[이명] 나물취, 암취, 작은참취, 취 등

분취
Saussurea seoulensis Nakai
산지에 나는 국화과의 여러해살이풀.
높이 20~80cm. 전체에 잔털이 있다. 잎 양면에 거미줄 같은 털이 밀생하고, 가장자리에 뾰족한 톱니가 있다. 7~9월 개화. 어린잎은 식용한다. 한국 특산식물(충북, 경기도, 서울)
[이명] 서울분취

각시취
Saussurea pulchella (Fisch.) Fisch.
산이나 들의 양지바른 곳에 나는 두해살이풀.
높이 70~150cm. 줄기에 날개가 있기도 하며, 잔털이 있다. 8~9월 개화. 어린잎은 식용한다.
[이명] 가는각시취, 고려솜나물, 나래취, 참솜나물 등

서덜취
Saussurea grandifolia Maxim.
깊은 산에 나는 여러해살이풀. 높이 30~50cm. 잎 가장자리에 날카로운 톱니가 있다. 7~8월 개화. 어린순은 식용한다. [이명] 갈포령서덜취, 너울취, 숲솜나물, 큰잎분취 등

빗살서덜취
Saussurea odontolepis Sch. Bip. ex Herd
산지나 바닷가에 나는 여러해살이풀.
높이 60~100cm. 줄기에 털이 있고 잎이 빗살 모양으로 갈라진다. 8~9월 개화.
[이명] 구와각시취, 국화잎각시분취, 왕분취

조물주의 선물 장구채

장구채 *Silene firma* Siebold & Zucc.
산이나 들에 나는 석죽과의 여러해살이풀. 높이 30~50cm. 줄기는 자주색을 띤 녹색이고, 잎은 마주나며 긴 타원형이다. 7~11월 개화.

©김인래

장구채는 단출하게 생긴 풀이다. 두어 뼘 정도의 곧은 줄기 끝에 통통한 씨방이 있는 꽃을 달고, 잎도 가늘고 짧으며 그리 많이 달리지도 않는다. 누구라도 장구채로 쓸 만하다는 생각을 떠올리기 십상이다.

우리 전통악기인 장구는 좌우 대칭형이지만 양쪽의 소리가 다르다. 북편이라고 하는 왼쪽은 두꺼운 가죽을 씌워서 구수한 소리가 나고, 채편이라고 부르는 오른쪽은 얇은 가죽을 써서 짱짱한 소리가 난다. 장구를 치는 채도 끝이 동그란 작은 방망이인 북채가 있고, 밋밋한 대나무 막대기인 열채가 있는데, '장구채'라는 식물 이름은 그중에 북채와 많이 닮은 데서 나왔을 것이다.

장구채는 7월부터 꽃이 피기 시작해서 따뜻한 지방에서는 11월에도 꽃을 볼 수 있을 만큼 오랫동안 꽃을 피운다. 그러나 워낙 꽃이 작고 한 개체에서 고작 두어 개씩 꽃을 피울 뿐만 아니라 하루 중에도 잠깐 꽃을 열기 때문에 풀들이

©박해정

분홍장구채 *Silene capitata* Kom. 산지의 바위에서 자라는 여러해살이풀. 높이 30㎝ 가량. 줄기는 비스듬히 눕고 가지를 친다. 전체에 가는 털이 난다. 8~10월 개화. 가지 끝에 뭉쳐난다. [이명] 구슬꽃대나물, 애기대나물

무성한 한여름에는 좀처럼 꽃이 눈에 띄지 않는다.

그러한 장구채의 개화 특징 때문에 도감이나 인터넷 등의 자료에서 '7월부터 꽃이 핀다'는 명제에 대하여 한동안 의문을 품기도 했었다. 장구채의 개화시기에 대해서 장황하게 이야기를 늘어놓게 된 까닭은 '장구채'라는 이름이 그 개화와 결실 시기와 뭔가 그럴싸한 연관이 있어 보였기 때문이다.

'장구채'가 꽃을 피울 때는 장구채를 썩 닮지는 않았다. 늦가을에 꽃이 진 다음에 씨방이 통통하게 부풀어 오르고, 잎이 말라 떨어질 때 비로소 장구를 칠 만한 모양이 나온다. 이러한 장구채의 결실은 추수가 끝날 무렵이라는 시기적인 묘미가 있다. 옛날 농촌 사람들은 일 년 내내 허리 한번 제대로 펴지 못하고 늦가을에야 가을걷이를 마치고 겨우 한 숨을 돌릴 수 있었다. 조물주는 수고한 농부들에게 장구채를 선물했다.

"한 해 동안 땀 흘리며 수고하였구나. 이제 장구나 치면서 신명나게 한 번 놀아 보거라."

가는장구채
Silene seoulensis Nakai
산지의 그늘 나는 한해살이풀. 높이 30cm 가량. 줄기는 약하고 아랫부분이 옆으로 긴다. 마디에서 뿌리가 나오며, 가지가 많이 갈라진다.
7~8월 개화.
[이명] 가지가는장구채, 수양장구채, 동굴장구채

가는다리장구채
Silene jenisseensis Willd.
높은 산에 자라는 여러해살이풀. 높이 25cm 가량. 뿌리가 굵고 잎은 주로 뿌리 부근에서 뭉쳐난다.
7~8월 개화.
[이명] 짤룩장구채북한명, 짤룩대나물

갯장구채
Silene aprica var. *oldhamiana* (Miq.) C. Y. Wu
바닷가의 갯바위에 나는 두해살이풀.
높이 20~50cm. 전체에 잔털이 퍼져 있고 줄기는 곧게 선다. 5~6월 개화. 주로 분홍색 꽃이 피며, 흰색도 드물게 핀다.
[이명] 해안장구채, 흰갯장구채

달맞이장구채
Silene alba
유럽원산의 귀화식물로 여러해살이풀.
높이 40~70cm. 5~7월 개화. 꽃의 지름 1cm 정도. 야간에 꽃이 피어 아침에 시든다. 울릉도 및 내륙 일부 지역에서 드물게 발견된다.

여우구슬과 여우주머니

여우구슬 *Phyllanthus urinaria* L.

들의 풀밭이나 밭에 나는 대극과의 한해살이풀. 높이 15~40㎝. 전체가 붉은빛이 돌고 가지는 옆으로 비스듬히 퍼진다. 8~10월 개화. 꽃에 붉은 줄무늬가 있고 열매가 붉다. 주로 남해안과 제주도 지역에서 자생한다.

여우구슬과 여우주머니라는 식물이 있다. 이 둘은 생김새와 사는 환경이 비슷해서 확실한 차이를 직접 보지 않으면 두고두고 헷갈리는 식물들이다. 나는 '빨간 구슬, 초록 주머니'라는 키워드로 식별을 한다. 여우구슬은 따뜻한 지방에 살고, 꽃에 붉은 줄무늬가 있으며 열매 또한 빨간색이다. 여우주머니는 초록색의 느낌대로 냉온대 지방에 살고 꽃에 녹색 줄무늬가 있으며 열매가 녹색이다. 이 두 가지 식물은 자라는 환경조건도 비슷해서 온, 난대가 겹치는 남부 지방에서는 같이 사는 곳도 더러 있다.

이들의 꽃은 얼핏 하나의 작은 꽃으로 보이지만 자세히 보면 두 개의 꽃이 되어 사람을 홀린다. 이 꽃들은 암수딴꽃으로 두 개가 나란히 붙어 있는데, 암꽃은 비록 작아도 그런대로 볼 수 있는 크기지만 바로 옆에 붙어 있는 수꽃은 눈곱보다 작다. 여우구슬은 열매 자루가 짧아서 구슬이 줄기에 붙은 모양이고 여우주머니는 자루가 길어서 주머니를 달아놓은 모양이다. 이들이 서로 다른

남부 지방에는 여우주머니(위쪽)와 여우구슬(아래쪽)이 같이 자생하는 곳도 있다.

종이라는 것을 모르는 사람들은 어떤 때는 빨갛게 보이고 어떤 때는 녹색으로 보이니까 그야말로 여우에 홀린 듯 헷갈릴 법도 하다.

이들의 꽃이나 열매만큼 그 잎도 만만찮은 재주를 부린다. 이 식물의 잎은 낮에는 아카시 잎처럼 하늘을 보고 있다가 저녁에는 묘하게 방향을 틀어서 땅을 보고 마주 접는다. 그것은 부처님 앞에서 팔을 벌려 합장을 한 다음 몸을 굽혀 절을 할 때의 손바닥의 움직임과 같다. 이는 낮과 밤에 전혀 다른 모습이 되는 둔갑술로, 밤의 찬이슬에 꽃과 열매를 감싸 안는 모습이다.

여우구슬과 여우주머니는 온갖 재주를 다 부려서 사람을 헷갈리게 하는 여우를 닮은 식물들이다. 그런데 이들이 그리 번성하고 있지는 않다. 대자연에서 강사가 되기에는 여우의 잔재주나 잔꾀로는 역부족인 듯하다.

여우주머니
Phyllanthus ussuriensis Rupr. & Maxim.
황무지나 밭에 자라는 대극과의 한해살이풀. 높이 15~40cm. 전체가 녹색이며 가지는 좁은 각을 이루며 갈라진다. 6~10월 개화. 꽃에 녹색 줄무늬가 있고 열매는 녹색이다. [이명] 좀여우구슬

산에는 산부추, 강에는 강부추

산부추 *Allium thunbergii* G. Don

양지바른 산자락에 나는 백합과의 여러해살이풀. 높이 30~60cm. 잎의 지름은 2~5mm. 흰빛이 도는 녹색, 잎의 단면은 삼각형이다. 8~9월 개화. 비늘줄기와 어린순은 식용한다. [이명] 맹산부추, 산달래, 왕정구지, 참산부추

산부추

야생의 부추 종류를 찾아보니 무려 스무 가지나 되었다. 산부추, 강부추, 돌부추, 한라부추, 두메부추, 갯부추… 등의 이름들은 자라는 환경에 따라서 이름이 붙은 것 같다. 이 부추들 중에 산부추는 우리나라 어느 산에서나 볕이 잘 드는 비탈에서 볼 수 있고, 고운 자주색 꽃을 피우는 가을철에 눈에 잘 들어온다. 어느 자료에는 산부추의 옛 이름이 스물세 가지나 있었다. 그 이름들은 오랜 세월 동안 우리 조상들의 삶을 도와서 받은 훈장들이다.

그 많은 옛 이름 중에서 파옥초(破屋草)라는 별명이 재미있다. 산부추가 양기를 북돋우는 기양(起陽) 효과가 영험하여 밤낮없이 요란하게 그 일에만 몰두하여 집이 부서진다는 이름이다. 이 과장된 이름은 필시 중국으로부터 전래된 이름인 듯하다.

한탄강 줄기를 따라 널리 분포하고 있는 강부추

여러가지 야생 부추들 중에서 나는 겨우 세 가지만 알고 있다. 산에서 만나면 산부추, 강가에서 보면 강부추, 한라산 자락에서 만나면 한라부추라고 아는 정도다. 야생 부추들의 이름을 잘 아는 분에게 이 비슷비슷한 식물들을 어떻게 구분할 수 있냐고 물었더니 잎을 잘라보면 종마다 단면의 모양이 다르다고 했다. 예를 들어 산부추는 단면이 삼각형이고 강부추는 속이 빈 원형, 어떤 부추는 반달형, 또 어떤 것은 둔한 마름모라고 했다.

식물들이 다 그렇지만 부추들 역시 구조공학의 천재들이다. 구조공학의 핵심은 어떻게 하면 한정된 재료와 비용으로 가장 크고 튼튼한 구조물을 빨리 만드느냐는 것인데, 산부추의 형제들은 각자가 사는 환경에 알맞도록 줄기와 잎의 구조를 튼튼하게 만들었을 것이다.

무엇보다도 그들이 만들어낸 잎과 줄기 위에서 어떤 무거운 곤충들이 요란하게 짝짓기를 하더라도 잎이나 줄기가 부러져서 파옥(破屋)이 되는 식물은 본 일이 없다. 그들의 구조는 어떤 공학자들의 설계보다도 완벽하다.

강부추

Allium longistylum Baker

경기, 강원 북부의 강가에 주로 자라는 여러해살이풀. 높이 30cm 내외. 잎이 둥글고 속이 비어 있다. *2007년도에 발표되어 자세한 정보가 알려져 있지 않다.

두메부추

Allium senescens L.

산지에 나는 여러해살이풀.
높이 20~30cm. 잎의 단면이 납작한 반원기둥 모양이다. 8~9월 개화. 전초는 식용한다. 강원 동북부, 울릉도, 경남 등지에 자생한다.
[이명] 두메달래, 설령파
©윤상열

애기실부추(가칭)

국내미기록종으로 아직까지 생육특성이 밝혀지지 않았다. 러시아, 몽골, 중국 동북부 지역에서 자생하는 것으로 알려졌으나 필자는 백두산 일대를 탐사하면서 윤동주의 고향(용정) 뒷산에서 처음 본 이후, 대청도 바닷가에서 발견하였다.

투구꽃 가문의 헷갈리는 이름들

투구꽃 *Aconitum jaluense* Kommarov

산지의 숲에 나는 미나리아재비과의 여러해살이풀. 높이 1m 가량. 뿌리가 새발 모양으로 초오(草烏)라고 하며 약용한다. 9월 경 개화. [이명] 싹눈바꽃, 그늘돌쩌귀, 선투구꽃 등

우리 역사에 '견훤(甄萱)'이라는 인물이 나온다. 그런데 그의 아버지는 '아자개', 아들은 '신검', '금강' 이라고 하니 무슨 집안이 부자와 형제간에 성(姓)이 제각각인가 하는 의문이 들었다. 그 이유를 알아본 즉, 그 시대의 기록에는 통상 성을 생략했고, 원래 '이(李)' 씨였던 견훤이 성을 바꾸어 황간 견씨의 시조가 된 까닭이었다. 그렇다면 이 역사적 인물들의 성명은 이아자개, 그리고 성을 바꾼 견훤, 그 아들 견신검, 견금강으로 정리가 된다.

우리 꽃 이름에도 이 견훤 가문처럼 혼돈스러운 이름이 많다. 그중에서도 가장 헷갈리는 이름이 바로 투구꽃속(*Aconitum*)의 식물들이다. 국가표준식물목록의 투구꽃속에는 모두 24종이 나와 있는데 같은 속의 식물들을 투구꽃(6종), 바꽃(7종), 돌쩌귀(5종), 놋젓가락나물, 초오 등 다섯 가지나 되는 이름으로 부

르고 있다. 게다가 한 종마다 무슨 투구꽃, 무슨 바꽃, 무슨 돌쩌귀니 해서 여러가지 이명으로 불리고 있어서 여간 헷갈리는 것이 아니다.

추측건대, '투구꽃'은 꽃 모양이 투구를 닮아서 나온 이름일 테고, '바꽃'은 그 덩굴에서 밧줄이 연상되어 그리 부른 것 같고, '돌쩌귀'는 이 뿌리가 우리 전통가옥에 쓰이던 경첩, 돌쩌귀를 닮아서, '초오(草烏)'는 돌쩌귀처럼 생긴 뿌리가 까마귀 발을 닮기도 해서, '놋젓가락'은 밑줄기가 놋젓가락처럼 단단하고 매끈해서 유래된 이름일 것이다. 마치 몇 명의 장님이 각각 코끼리의 다른 부분을 만지고 나서 코끼리는 '둥근 기둥'이다, '담벼락'이다, '굵은 관'이다, 또는 '넓은 부채'다 라고 말하는 것과 조금도 다르지 않다.

'투구꽃'이라는 이름은 물론 투구를 닮아서 그리 불렀겠지만, 아무래도 일본 식물명에서 따온 것이지 싶다. 이는 옛날 일본 장군들이 쓰던 투구가 우리의 투구보다 더 투구꽃의 모습과 비슷한 것에서도 알 수 있다. 그나마 순수한 우리말인 '바꽃', '돌쩌귀', '놋젓가락'이 13가지 종의 이름으로 쓰이고 있으니 다행이다. 나는 우리의 투구보다 일본 투구의 모양을 더 닮은 이 꽃을 '투구꽃'이라고 부르는 일이 별로 유쾌하지는 않다.

쉽게 구별할 수 있는 투구꽃속의 식물들

세뿔투구꽃

Aconitum racemulosum Franchet

우리나라 특산종이며 주로 남부 지방에 분포한다. 투구꽃과는 달리 잎이 갈라지지 않으며 5각형이며, 잎에 3개의 뿔이 달린 모양이기도 하다.

백부자

Aconitum koreanum R. Raymond

우리나라 중부 이북 지방에 분포하며 8~9월에 꽃이 핀다. 덩굴성 여러해살이풀이며, 노랑돌쩌귀라고도 한다. 꽃은 상아색이고 다른 투구꽃류와는 모양이 달라서 개구장이 스머프를 연상하게 하는 모양이다.

노랑투구꽃

Aconitum sibiricum Poiret

강원도 이북에 분포하며 8~9월에 꽃이 핀다. 덩굴이 없이 곧게 서며 꽃이 연노란색이므로 쉽게 식별할 수 있다. 투구꽃과 진교의 중간 형태를 보여준다.

놋젓가락나물이 전하는 슬픈 역사

놋젓가락나물 *Aconitum ciliare* DC.

숲 속에 나는 미나리아재비과의 덩굴성 여러해살이풀. 길이 2m 가량. 줄기가 30cm 정도는 곧게 서서 자라다가 덩굴 모양으로 뻗어간다. 8~9월 개화. 뿌리는 약용한다. [이명] 선덩굴바꽃

멋들어진 덩굴에 연보라색 꽃을 피운 놋젓가락나물을 볼 때마다 저 식물이 놋젓가락과 무슨 관계가 있을까하는 궁금증이 들었다. 어느 날 운 좋게 전체 모습이 잘 보이는 놋젓가락나물을 만나서 몇 년 동안이나 가지고 다니던 궁금증을 시원하게 풀었다. 그때까지는 덩굴로만 알았던 놋젓가락나물을 자세히 보니 땅에서 두 뼘 정도는 곧은 줄기로 꼿꼿이 서 있었다. 그 줄기는 젓가락으로 써도 좋은 굵기로 곧고 매끈하며 단단했다.

그냥 '젓가락나물'이라고 하지 않고 '놋젓가락나물'이라고 한 까닭은 우선 봄에 노란색 꽃이 피는 '젓가락나물'과 이름이 달라야 하고, 그 매끈한 줄기의 질감과 광택이 놋쇠와 비슷했기 때문이지 싶다. 무엇보다도 이름을 지을 무렵에 우리나라에서 흔히 사용하던 식기와 수저가 놋쇠여서 쉽게 그 이름으로 차용되

었을 듯하다.

놋쇠는 구리와 아연의 합금으로 14세기에 제조법을 알게 되었다. 녹이 나지 않고 재질이 단단해서 스텐이나 플라스틱과 같은 신소재가 나오기 전까지는 그릇이나 수저를 만들기에 가장 이상적인 금속이었다. 내가 어렸을 적에도 놋그릇에 놋수저를 사용했었다.

우리 역사에서 젓가락까지 빼앗긴 한심한 일이 있었다. 1937년에 중일전쟁, 4년 후에는 태평양전쟁을 일으킨 일본이 포탄을 만들기 위해 놋그릇은 물론이고 수저까지도 강제로 공출해 갔기 때문이다. 이 과정에서 형사들까지 동원해서 집 구석구석을 뒤졌다고 하니 이 땅에 얼마나 놋젓가락이 남아있었을지 짐작이 된다. 그렇게 해서 사라진 놋젓가락이 다시 돌아온 사연이 기가 막히다. 일제에 빼앗긴 지 십여 년 만에 6·25전쟁으로 돌아왔기 때문이다. 온 나라가 잿더미가 된 뒤에 놋쇠로 만든 포탄 껍질이 산하를 덮었다.

식물 이름 하나에서도 슬픈 역사가 생각날 만큼 우리 민족은 이루 말할 수 없는 수난을 겪어 왔다. 정말 슬픈 일은 그런 뼈아픈 역사의 교훈을 너무 쉽게 잊어버려서 또 다시 민족의 자존이 짓밟히던 역사가 반복되었다는 사실이다.

수크령과 암크령

수크령 *Pennisetum alopecuroides* (L.) Spreng.
들이나 양지바른 풀밭에 나는 벼과의 여러해살이풀. 높이 40~70cm. 줄기는 곧게 서고 윗부분에 흰털이 있다. 8~9월 개화. [이명] 길갱이, 낭미초(狼尾草)

수크령은 가을날 청량한 아침 이슬에 반짝일 때 그 아름다움이 돋보이는 풀이다. 수크령은 이삭이 자잘하고 성긴 그령보다 이삭이 커서 붙은 이름이라고 한다. 수크령의 수(穗)는 원래 이삭 수자이나, 수컷과 발음이 같고, 그런 의미로 더 많이 쓰이다 보니, 상대적으로 그령은 '암크령'이라고도 한다. 암크령, 즉 그령에는 아름다운 전설과 추억이 많다.

그령은 이천 년도 더 된 결초보은(結草報恩)의 고사(古事)에 나오는 풀로 『춘추좌씨전(春秋左氏傳)』에 나오는 그령의 공덕은 이러하다.

중국 춘추시대, 진(晋)의 위무자(魏武子)는 병이 들자, 아들 위과(魏顆)에게 자기가 죽으면 아름답고 젊은 후처, 즉 위과의 서모를 개가시켜 순사(殉死)를 면하게 하라고 유언하였다. 그러나 병세가 악화되어 정신이 혼미해지자 유언을 번복하여 서모를 자살하도록 하여 같이 묻어달라고 했다. 위무자가 죽자 위과는 아비가 정신이 혼미하여 번복한 유언을 따르지 않고 서모를 개가시켰다. 후에 위과가 전쟁에 나가 적에게 쫓겨 위태로울 때 서모 아버지의 죽은 혼이 싸움터에 자라던 그령을 서로 잡아매어 추격하는 적이 다 걸려 넘어져서 위과의 목숨을 구하게 했다.

그령은 사방으로 잎을 뻗어 빽빽하게 자라기 때문에 슬쩍 묶어 놓아도 표시가 나지 않을뿐더러 뿌리가 단단히 박혀 있고 줄기가 질겨서 걸려 넘어지기 쉽다. 어릴 적에는 길가에 흔한 이 풀을 묶어서 '결초보은' 놀이를 한 게 아니고 아무나 걸려 넘어지게 하는 지뢰놀이를 했다. 달래 뿌리처럼 하얗고 도톰한 그령의 아랫부분이 달작지근해서 단맛이 빠질 때까지 씹고 다니기도 했다.

어떤 지방에서는 이 그령을 '지장풀'이라고 부른다. 사람들이 다니는데 지장을 주었으니 그럴듯한 이름이기도 하고, 곡식인 기장을 닮아서 '기장풀'이라고 하던 것이 변음되었다는 설도 있다. 어릴 적에 묶어 놓은 그령에 넘어진 적이 여러 번 있다. 넘어져도 아프지 않았던 그 풀밭, 그 시절이 그령그령 떠오른다.

그령
Eragrostis ferruginea (Thunb.) P. Beauv.
산기슭의 길가나 풀밭에 나는 벼과 참새그령속의 여러해살이풀. 높이 20~80cm. 줄기가 뭉쳐나며 곧게 선다. 8~9월 개화. 줄기와 잎이 질겨서 섬유용으로 사용할 수 있다.
©이동희

바다를 건너간 쇠무릎

쇠무릎 *Achyranthes japonica* (Miq.) Nakai

들에 나는 비름과의 여러해살이풀. 높이 50~100cm. 원줄기는 네모지고 곧게 서며 마디가 두드러진다. 8~9월 개화. 어린잎은 식용, 뿌리는 약용한다. [이명] 쇠무릅, 우슬(牛膝)

쇠무릎의 충영 ©최인화

쇠무릎은 마디가 '소의 무릎'을 닮은 식물이다. 옛날 사람들은 그것이 굵고 튼튼한 소의 무릎을 닮았으므로 무릎관절염이나 신경통에 효과가 있을 것이라고 믿어서 쇠무릎의 뿌리를 그러한 증상에 약으로 써왔다.

쇠무릎 마디는 원래 굵고 튼튼하지만 특히 둥글게 부푼 것은 '쇠무릎혹파리' 유충이 사는 벌레혹(충영, 蟲癭)이라고 한다. 가을이 되면 많은 쇠무릎들의 마디에 이 혹이 생기는 걸로 보아서 이들은 아주 오랫동안 공생을 해오지 않았나 하는 생각이 든다.

쇠무릎의 속명 '*Achyranthes*'는 왕겨를 닮은 꽃이라는 뜻이다. 왕겨처럼 보이는 것을 자세히 들여다보면 하나하나가 꽃인데 왕겨만큼 작고 향기도 없는 이 꽃을 누가 수분해줄까? 어쩌면 쇠무릎혹파리가 수분을 해 주는 대신에 자신의 알은 충영 속에서 겨울을 나게 해달라는 거래가 있었을 법도 하다.

가을에 전원을 산책하다보면 풀씨들이 옷에 붙어온다. 그중에서 도깨비바늘

이나 쇠무릎의 씨앗이 가장 질기게 붙어오는 놈들이다. 쇠무릎의 씨앗은 갈고리 같은 미늘이 세 개가 달린데다 끈끈한 접착제까지 있어서 털어내기가 여간 어렵지가 않다.

어느 해인가 쇠무릎이 독도에 상륙해서 갑자기 크게 번졌는데 하필이면 그 지역이 철새인 바다제비의 집단 서식지였다. 바다제비가 둥지를 들락날락하면서 쇠무릎에 날개만 스쳐도 끈끈한 씨앗이 붙은 줄기에 몸이 엉켜서 날 수가 없게 된다. 환경연구팀의 조사에 의하면 독도에는 해마다 200여 마리가 날아오는데, 쇠무릎 군락지에서 발견한 바다제비의 사체가 116마리라고 한다. 더욱 놀라운 것은 바다제비를 노리는 맹금류인 황조롱이까지 이 쇠무릎에 걸리면 살아남기 어렵다고 한다. 육지의 새들이 이런 어처구니없는 사고를 당했다는 말을 들어본 적이 없다. 쇠무릎이 새들을 잡아먹으려고 그런 씨앗을 만든 건 아니기 때문이다.

일본이 자꾸 독도에 시비를 걸어와서 국민들이 독도를 많이 찾다보니 누군가의 옷에 쇠무릎의 씨앗이 묻어왔을 것이라고 한다. 쇠무릎이 튼튼하기로서니 그 먼 바다까지 건널 줄이야….

쓴맛이 나는 자주쓴풀과 쓰지 않은 개쓴풀

자주쓴풀 *Swertia pseudochinensis* H. Hara

산자락의 양지바른 곳에 자라는 용담과의 두해살이풀. 높이 15~30cm. 줄기가 네모지며 검은 자주색이고, 뿌리는 노란색이고 쓴맛이 강하다. 9~10월 개화. 잎이 달린 줄기를 건위제와 지사제로 사용한다.

[이명] 자지쓴풀, 쓴풀, 어담초, 장아채, 수황연, 당약 등

쓴풀은 풀 전체가 몹시 쓰다고 붙은 이름이다. 쓴풀 가문에는 쓴풀, 개쓴풀, 자주쓴풀, 네귀쓴풀 등이 있고, 우리나라에서는 자주쓴풀을 가장 흔하게 볼 수 있다. 산천초목이 누렇게 변하는 가을에 피는 꽃이다 보니 자주색의 꽃이 곤충을 유혹하는 데 훨씬 유리했을 것이다.

10월 쯤 꽃을 피우는 자주쓴풀은 뜻밖의 시련을 겪기도 한다. 남도의 무덤 주변에서 자주쓴풀을 많이 볼 수 있는데, 추석 전에 벌초 할 때 이 풀은 무참하게 도륙된다. 다행히 남도에는 겨울이 늦게 찾아오기 때문에 자주쓴풀은 다시 꽃대를 올려 기어이 꽃을 피워 낸다. 쓴풀이라고 해서 사람에게만 쓴 맛을 주는 것이 아니라 제 스스로 쓰디쓴 고통을 딛고 다시 꽃을 피운 것이다. 무덤 옆에 있다가 줄기가 잘려서 늦게

핀 꽃은 더욱 소담스럽고 애설하다.

자주쓴풀의 가까운 친척 중에 쓴풀과 개쓴풀이 있다. 이 두 가지 꽃은 모두 흰색이고 너무 닮아서 사진을 봐도 모양으로는 구별하기가 어렵다. 개쓴풀은 우선 물기가 많은 땅에 사는지를 보고, 그래도 미심쩍으면 잎을 씹어서 쓴맛을 보면 된다. 습한 땅에 자라서 자주쓴풀처럼 쓴맛을 볼 일도 없고, 제대로 쓴맛을 내지 않으니 개쓴풀이다. 대체로 쓴맛이 강한 식물은 건위제로 많이 쓰인다. 좋은 약은 입에 쓰다는데, 개쓴풀은 어떨는지 모르겠다.

개쓴풀처럼 그럭저럭 편히 살며 피운 꽃보다 남도의 자주쓴풀처럼 절망적인 좌절을 겪고도 다시 피운 꽃이 한결 아름다워 보인다. 사람도 고난을 이겨낼 때마다 아름다워진다.

쓴풀

Swertia japonica (Schult.) Griseb.

양지나 반그늘의 풀숲에 자라는 한해 또는 두해살이풀. 높이 5~20cm. 줄기는 곧게 서고 자줏빛이다. 9~10월 개화. 지름 1cm 내외의 꽃이 가지 끝에 3~5송이 달린다. 줄기와 잎은 약용(건위제)한다. [이명] 당약

개쓴풀

Swertia diluta var. *tosaensis* (Makino) H. Hara

들의 습지에서 자라는 두해살이풀. 높이 5~35cm. 줄기는 연한 노란빛으로 곧게 서고 가지를 조금 내며 네모지다. 9~10월 개화. 꽃의 지름 15mm 정도. 줄기 끝과 잎겨드랑이에 1개씩 달린다. 뿌리가 쓰지 않다. [이명] 나도쓴풀, 좀쓴풀

용담, 누가 용의 쓸개를 맛보았을까?

용담 *Gentiana scabra* Bunge

산자락에 자라는 용담과의 여러해살이풀. 줄기는 곧게 서며 60cm 가량 자란다. 10월경 개화. 뿌리는 약용한다. [이명] 과남풀, 룡담, 초룡담(북한명), 선용담 등

가을엔 보라색 꽃을 자주 만나게 된다. 쑥부쟁이, 잔대, 투구꽃, 개미취, 자주쓴풀, 그리고 용담이 가을 산야에 보랏빛 점들을 찍는다. 계절별로 피는 꽃의 색을 연구한 자료에는, 사람들이 느끼는 만큼 봄이나 여름에 비해 가을에 보라색 꽃이 많은 것은 아니라고 한다. 가을에는 산천초목이 누렇게 물들어가니까 아무래도 보라색 꽃이 눈에 잘 띄어서 그런 느낌이 드는 모양이다.

용담은 보라색 가을꽃들 중에 가장 늦게 피는 꽃이다. '용담(龍膽)'이란 원래 한약재로 쓰이는 이 식물의 뿌리이다. 이 뿌리를 용담, 즉 '용의 쓸개'라고 부르는 까닭은 맛이 매우 쓰며 약효가 뛰어나기 때문이라고 한다. 수염처럼 생긴 용담의 뿌리는 위장을 튼튼히 하고, 해열과 진통, 암을 예방하는 효과까지 있다고 하니, "좋은 약은 입에 쓰다"는 말은 바로 용담을 두고 하는 말인가 보다.

이 속담은 타인에게 껄끄러운 충고를 할 때 곁들이는 말이지만, 진심어린 고언(苦言)일지라도 역린(逆鱗)을 건드려서는 안 된다.

역린은 용의 턱 아래에 단 한 개, 거꾸로 난 비늘이다. 이것을 건드리면 용이 참을 수 없을 정도로 고통을 느낀다고 한다. '제왕의 분노나 치명적인 약점'을 비유할 때 쓰는 말이다. 역린을 잘못 건드리면 왕이 노여움을 참지 못하여 제 아무리 일등공신이라 하더라도 사약을 내릴 수도 있다. 사람들은 누구나 하나쯤은 숨기고 싶은 역린이 있다. 상대의 역린, 즉 치명적인 약점을 건드리면 절친한 친구나 부부관계까지도 파탄이 날 수 있다.

용담의 '담(膽)'은 뿌리의 쓴맛 때문에 생긴 이름으로 보이지만, '용(龍)'은 약효에 대한 최상급 수식어는 아닌 듯하다. 용의 쓸개라고 부를 정도로 약효가 뛰어나다면 요즘 세상에 용담이 남아있을 것 같지 않아서다.

나는 용담 꽃에서 멋진 용을 본다. 여러 해 동안 잘 자란 용담의 꽃차례를 보노라면 마음은 어느새 꿈틀거리는 청룡을 타고 하늘로 오르니 말이다.

과남풀
Gentiana triflora var. *japonica* (Kusn.) H. Hara.
깊은 산에서 자라는 여러해살이풀. 높이 50~100cm. 8~9월 개화. 뿌리를 약용(건위제)한다. [이명] 긴잎용담, 북과남풀, 칼잎용담, 큰용담, 초룡담 등. *용담은 잎 가장자리가 까칠하고 줄기 전체에 꽃이 달리는 데 비해, 과남풀은 잎 가장자리가 매끈하고 꽃이 줄기 끝부분에만 달린다.

덩굴용담
Tripterospermum japonicum (Siebold & Zucc.) Maxim
산록의 음지에 나는 덩굴용담속의 여러해살이풀. 덩굴성으로 길이 40~80cm. 9~10월 개화. 꽃은 끝부분의 잎겨드랑이에 한 송이씩 달린다.
[이명] 덩굴룡담, 흰덩굴용담

좁은잎덩굴용담
Pterygocalyx volubilis Maxim.
덩굴용담에 비해 잎이 가늘고 좁다. 9~11월 개화. 강원도 중부 지역에드물게 자생한다.
[이명] 가는잎덩굴용담
©마용주

어처구니를 닮은 바위솔

바위솔 *Orostachys japonicus* A. Berger

바위나 기와지붕에 사는 돌나물과의 여러해살이풀. 높이 6~15cm. 다육질 식물로 9~10월에 꽃이 피고 열매를 맺으면 지상부는 마른다. 항암치료제로 쓰인다. [이명] 와송(瓦松), 기와버섯, 지붕지기 등

'바위솔'은 그 이름처럼 바위에 자란 소나무 순을 닮았다. 오래된 기와지붕 위에서도 자라기 때문에 와송이나 기와버섯이라는 별명도 가지고 있다. 바위솔이 풍성하게 자라던 곳을 다시 찾아갔을 때, 뿌리째 파낸 흔적만 보고 온 적이 여러 번 있다. 그 많던 바위솔이 사라진 연유를 추측건대 이 식물이 암 치료 효과가 탁월하다는 소문이 있어서 누군가가 마지막 희망을 걸고 알뜰하게도 뜯어간 듯하다. 아닌 게 아니라 불모의 바위에 뿌리를 붙이고 몇 모금도 안 되는 천수(天水)로만 살아가는 그 생명력을 보면 무슨 암인들 이기지 못하랴 하는 간절한 소망이 생겼음직도 하다. 바위 위에 무리지어 자라는 바위솔들은 저마다 간절한 기도를 간직한 작은 돌탑 같기도 하다.

바위솔은 여러해살이풀이라 지상에 나온 부분만 잘라 가면 이듬해에 다시 나올 텐데 뿌리까지 긁어 가는 건 어이없는 일이다. 이런 경우에 '어처구니 없

둥근바위솔

는 일'이라는 표현이 딱 들어맞는다.

'어처구니'라는 명사에는 두 가지의 전혀 다른 뜻이 있다. 그 하나는 맷돌의 손잡이를 일컫는 이름씨이다. 바위에 자란 바위솔은 그 생김이 '어처구니'를 빼닮아서, 그 바위솔을 뜯어 가면 그야말로 어처구니없는 맷돌이 된다.

궁궐의 지붕에 올려놓은 잡상을 '어처구니'라고도 한다. 궁궐의 어처구니는 중국의 어떤 황제가 잡귀를 막으려고 서유기에 나오는 삼장법사, 손오공, 저팔계, 사오정 등의 형상을 대궐 지붕의 추녀마루 위에 올려놓은 데서 유래되었다고 한다. 어처구니를 한자로 '어처군(御處軍)'이라고 쓰면 '임금의 처소를 지키는 군사'가 되는데, 이건 그냥 내 생각일 뿐이다.

어처구니는 백 년에 한 번 지을까 말까 하는 궁궐에만 쓰이다보니 와장(瓦匠)들이 깜박해서 '어처구니없는' 대궐을 지었다고도 한다. 기와지붕 위에 잘 자라던 바위솔을 다 긁어 가면 말 그대로 '어처구니없는 궁궐 지붕'이 된다. 식물을 그 효용에 따라 사람이 요긴하게 쓰는 것은 좋지만, 다시 싹을 틔울 수 있게 하는 최소한의 배려가 필요하다. 나는 '어처구니없는' 나라에서 살고 싶지 않기 때문이다.

좀바위솔
Orostachys minuta (Kom.) A. Berger
바위 위에 나는 여러해살이풀. 높이 15cm 가량.
밑동 잎에 손톱 모양의 부수물이 붙어 있다.
9~10월 개화. 한국, 중국 동북 지방에 분포한다.
[이명] 애기바위솔

정선바위솔
Orostachys chongsunensis Y. N. Lee
바위 위에 나며 겨울눈으로 월동하는 여러해살이 풀. 높이 7~20cm. 잎은 둥근 모양이나 끝은 뾰족하다. 9~10월 개화. 꽃잎이 연한 노란색이다.
한국(정선 일대) 특산식물.

둥근바위솔
Orostachys malacophylla (Pall.) Fisch.
산이나 바닷가의 바위 위에 나는 여러해살이풀.
높이 30cm 가량. 잎의 끝이 둥근 주걱 모양이고
잎 길이 3~7cm이다. 9~12월 개화.

난쟁이바위솔
Meterostachys sikokiana (Makino) Nakai
높은 산 바위틈에 나는 여러해살이풀로 보통 바위솔과는 달리 난쟁이바위솔속으로 분류한다.
높이 5cm 정도. 꽃줄기와 잎이 뭉쳐난다.
8~9월 개화.

공단풀의 이름에 얽힌 이야기

공단풀 *Sida spinosa* L.

들에 나는 아욱과의 한해살이풀. 높이 30~60cm. 9~10월 개화. 꽃의 지름 1.2 cm 정도이고, 오후에는 꽃잎을 닫는다. 열대 아메리카 원산으로 '한반도의 귀화식물분포' (임양재 & 전의식, 1980)를 통해 소개되었다..

'공단풀'은 70년대 말에 어느 공단에서 발견되었다고 한다. 그 비슷한 시기에 제주도에서도 발견되었다는 기록도 있지만, 언제 어떠한 경로로 우리나라에 들어왔는지는 모른다. 1990년에는 서울 아현동의 한 가정집에서 비슷한 풀이 발견되어, 그 집 주인의 이름을 따서 '순애초'라는 이름으로 발표된 적도 있다. '순애초'라는 이름이 지금은 통용되지 않는 것을 보면, 공단풀과 동일 식물로 확인되었으리라고 짐작이 된다.

이 식물의 학명이 '*Sida spinosa* Linne'라는 사실도 흥미롭다. 종소명에 'spinosus'가 들어가면 가시가 많다는 뜻이나 이 식물의 어디를 보아도 가시를 찾아볼 수 없다. 그래서 식물학자인 린네가 그보다 한 세대 앞서 간 스피노자를 기리며 종소명에다 이 이름을 붙이지 않았을까 하는 상상을 해보았다. 17세기의 철학자 스피노자는 영어권에서 'Spinoza'로 쓰지만 유럽의 나라마다 표기

법이 조금씩 다르기 때문에 한번 해 본 생각이다.

기독교적 세계관이 유럽을 지배하던 시대에 철학자 스피노자는 살얼음판을 걷듯이 자신의 신념을 지키며 처신했을 것이고, 과학자 린네 또한 그와 처지가 크게 다르지 않았을 것이다. 게다가 린네는 지인들의 이름을 식물명에 곧잘 사용했기 때문에, 그와 동병상린하는 마음으로 학명에 썼으리라는 심증이 간다.

스피노자는 하이델베르크 대학 철학교수직 제안을 사양하고, 유리 가공 기술을 배워 스스로의 노동으로 생계를 꾸려가며 평생 가난하게 살다가 44세의 나이에 폐질환으로 죽었다. 그의 사망 원인은 유리가루를 너무 많이 마신 탓이라고 한다. 반세기 전 수많은 공단 노동자들의 피와 땀과 희생 위에 오늘날 우리의 풍요가 꽃 핀 것이라고 해도 그리 틀리지 않다. 순애, 공단, 스피노자… 시대와 지역과 신분을 떠나서, 아무런 관계가 없는 조각그림들로 공단풀을 그려 보았다.

공단풀 열매는 수박풀 열매의 축소판처럼 정교하고 아름답다. 린네는 그 열매에서 유리세공을 하던 스피노자를 만났을까? 아니면 잠깐 피었다 지는 이 꽃의 요절이 안타까워서였을까….

돼지풀의 끝나지 않은 전쟁

돼지풀 *Ambrosia artemisiifolia* L.
들에 나는 국화과의 한해살이풀. 높이 50~120cm. 전체에 솜털이 많으며 잎은 새깃 모양으로 갈라진다. 8~9월 개화. 고초열(枯草熱)을 일으키는 풀이다. [이명] 두두러기풀, 쑥잎풀

우리나라에는 두 가지의 돼지풀이 살고 있다. 하나는 그냥 '돼지풀'이고 다른 하나는 잎이 단풍잎을 닮아서 '단풍잎돼지풀'이라고 한다. 두 식물 모두 북아메리카 원산의 외래종으로 추정되는데 인체에 해로운 꽃가루를 날리며 지나치게 왕성한 번식력 때문에 생태교란종으로 지정되어 사람들의 미움을 받고 있다.

DMZ 생태연구가인 함광복 선생이 쓴 돼지풀 이야기가 재미가 있어서 요약해 옮겨 보았다.

"1980년대 초에 한 일간지에서 DMZ 일대에 돼지풀이 자라고 있으며, 남부지방에서도 발견된다고 보도한 것이 돼지풀에 대한 첫 기록이다. 휴전선 일대의 병사들이 작전을 위하여 이 풀을 제거하는 작업을 한 날은 피부에 모두 두드러기가 돋아 '두드러기 쑥'이라고 불렀다. 돼지풀이라는 이름은 영어이름 'Hog-weed'의 직역이다. 돼지풀의 원산지는 북아메리카로 추정되지만 한국전쟁 전에는 만주 일대에도 자라고 있었다는 기록이 있다.

돼지풀은 중공군의 상해농구화에 묻어 만주로부터 우리나라에 왔고 단풍잎돼지풀은 미군의 워커에 묻어서 일본을 거쳐 상륙했을 가능성이 높다. 전쟁이 끝나고 그들의 숙주인 중공군과 미군은 각자의 고향으로 돌아갔지만, 그들의

서울의 하늘공원은 귀화식물의 천국이다. 단풍잎돼지풀(왼쪽)과 돼지풀(오른쪽)이 세력다툼을 하고 있다.

군화에 묻어온 돼지풀과 단풍잎돼지풀은 DMZ에 남아 아직도 치열한 영역 다툼을 하고 있다."

'돼지풀'이 만주에서 중공군의 농구화에 묻어왔다고 한 것은 픽션일 수도 있겠지만, 이 돼지풀들이 서부 전선의 비무장지대와 임진강과 한탄강 유역에 유난히 많은 것은 사실이다. 외래식물들의 전시장이나 다름없는 하늘공원의 한 구석에서도 이 두 돼지풀이 몇 년 동안이나 혈투를 벌이고 있다. 적자생존의 냉혹한 법칙이 지배하는 생태계에서는 가까운 종들 간의 싸움이 가장 처절하다. 그것은 카인과 아벨의 비극과 비슷하다.

단풍잎돼지풀

Ambrosia trifida L.

돼지풀에 비해 키가 크고(100~150cm) 잎은 세 갈래로 갈라지며 단풍잎 모양이다. 자생환경, 개화시기 및 생태가 돼지풀과 같다.

[이명] 세잎돼지풀, 큰돼지풀

작은 거인 좀딱취

좀딱취 *Ainsliaea apiculata* Sch. Bip.
숲 속에 나는 국화과의 상록성 여러해살이풀. 높이 8~30cm. 바다가 가까운 지대에 나며, 잎은 줄기 밑부분에 뭉쳐난다. 10~11월 개화. 꽃의 길이는 9mm 가량. 폐쇄화가 많다.
[이명] 좀땅취, 털괴발딱지, 털괴발딱취

대단원의 막을 내린다거나 대미를 장식한다는 표현이 있다. 야생화를 찾아다니기를 지나치게 좋아하는 나에게는 모든 꽃들이 사라지는 때가 한 해의 대미가 되고 만다. 해마다 11월 초쯤 좀딱취가 피면 이런 말을 실감하게 된다. 이 꽃 이후에는 다섯 달 정도 꽃을 만날 수 없기 때문이다. 좀딱취는 그 이름에서 느낄 수 있듯이 아주 작은 꽃이지만 수천 가지 꽃잔치의 대미를 장식하는 꽃이다.

이 꽃이 피는 늦가을의 날씨는 봄 날씨와도 비슷해서 엉뚱하게도 철 이른 봄꽃들이 피기도 한다. 계절을 잠시 착각한 개나리나 진달래 같은 꽃나무나 제비꽃, 민들레, 광대나물 같은 봄꽃들이 피기도 한다. 이 꽃들은 다음 해 봄꽃들의 예고편을 보여주는 듯하다.

여름과 가을의 꽃은 봄꽃들과 비할 수 없을 정도로 키가 크다. 키 크기 경쟁을 해서 볕을 받아야 생존할 수 있었기 때문이다. 그런데 이 좀딱취는 낙엽이 지고 키 큰 풀들이 시들어 숲에도 볕이 드는 이른 봄과 같은 환경에서 꽃을 피우기 때문에 가을꽃이지만 봄꽃처럼 자그맣게 피어도 되는 특권을 누린다.

좀딱취의 꽃은 아주 특별한 구조를 하고 있다. 이 꽃은 얼핏 보면 하나의 작은 꽃송이로 보이지만, 자세히 들여다보면 깔때기 모양을 한 세 개의 작은 꽃

좀딱취꽃은 세 개의 작은 꽃이 합쳐져 하나로 보인다.

들이 하나의 꽃 모양으로 정교하게 짜 맞추고 있다. 꽃들의 세계에서는 국화과의 식물들이 가장 번성하고 있다. 국화과의 식물들이 꽃 세상을 지배하게 되기까지는 좀딱취가 그 선구자적 역할을 한 것이 아닌가 생각된다. 작은 꽃 여러 개를 합쳐서 꽃다운 꽃 하나를 만들어내는 가장 기본적인 방법을 보여주고 있기 때문이다.

좀딱취는 작은 꽃이지만 큰 가르침을 주고 있다. 작을수록 뭉쳐라. 그러면 세상을 지배하는 큰 힘이 될 수도 있다고….

단풍취
Ainsliaea acerifolia Sch. Bip.
산지 숲 속에 나는 여러해살이풀. 높이 30~40㎝. 단풍잎 모양의 잎 4장이 줄기 중간에 돌려난다. 7~9월 개화. 좀딱취의 꽃처럼 3개의 꽃이 뭉쳐서 하나의 꽃으로 보인다. 어린잎은 식용한다.
[이명] 괴발딱지, 괴발땅취, 장이나물, 좀단풍취

꽃이름 찾아보기

01 어디서나 피는 꽃 **02** 그곳에서 피는 꽃

꽃들이 나에게 들려준 이야기

01 어디서나 피는 꽃

초판 1쇄 발행 2014년 8월 24일
초판 2쇄 발행 2015년 10월 15일

지은이 이재능
펴낸이 김정일
펴낸곳 신구문화사
디자인 은디자인
색보정 오명현

등록 1968년 6월 10일 제1-205호
주소 경기도 성남시 중원구 광명로 395번길 1
전화 031-741-3055~6, 031-741-3054(팩스)
이메일 shingupub@naver.com
홈페이지 www.shingubook.com

ISBN 978-89-7668-205-5 04480
ISBN 978-89-7668-204-8 (세트)

이 도서의 국립중앙도서관 출판시도서목록(CIP)은 서지정보유통 지원시스템 홈페이지(http://seoji.nl.go.kr)와
국가자료공동목록시스템(http://www.nl.go.kr/kolisnet)에서 이용하실 수 있습니다. (CIP제어번호: CIP2014021553)

들꽃은 우리들에게 많은 이야기를 들려준다. 하지만 꽃을 바라보는 사람들이 누구나 그 이야기를 듣는 것은 아니다. 오직 식물생태학자처럼 관찰하고 인문학적 소양을 가지고 사색하고 시적 상상력으로 글을 쓰는 사람만이 그 이야기를 들을 수 있기 때문이다. 독자들은 이 책의 저자야말로 바로 그런 비범한 들꽃 탐사가라는 생각을 하게 될 것이다.

이상옥 | 서울대학교 명예교수(영문학)

뭐랄까 한 마디로 '위대한 탄생'이다. 일찍이 이런 책의 출현을 우리가 꿈이나 꾸어 보았던가. 이제 인문적(人文的)인 아주 새로운 시선의 꽃 이야기가 우리 앞에 우뚝 나타난 것이다.

특히 어원(語源)에 기울인 정성은 놀랍다. '꽃마리'는 왜 그런 이름을 가졌을까, 그게 '태엽(胎葉)'이란 말과 너무나 잘 일치하지 않는가, 일찍이 누가 이 비슷한 생각이라도 해 볼 수 있었는가. 어원을 캐는 일은 어렵고 그만큼 조심스러운 일이면서도 우리의 지적(知的) 욕구를 자극하기도 한다. 좀 엉뚱한 경우가 있을지 모르나 저자의 어원 탐색은 무엇보다 그 상상의 기발함과 깊이가 탄복을 자아내고 또 기쁨을 준다.

드디어 우리 들꽃이 제대로 대접을 받는 세상이 열리리라는 기대가 부푼다. 그만큼 더 아름답고 반듯한 금수강산이 되지 않겠는가.

이익섭 | 서울대학교 명예교수(국어학)

값 20,000원

04480

9 788976 682055

ISBN 978-89-7668-205-5

978-89-7668-204-8(set)